Adolf Mühry

Allgemeine geographische Meteorologie

oder Versuch einer übersichtlichen Darlegung des Systems der Erd-Meteoration in ihrer klimatischen Bedeutung

Mühry, Adolf

Allgemeine geographische Meteorologie oder Versuch einer übersichtlichen Darlegung des Systems der Erd-Meteoration in ihrer klimatischen Bedeutung

ISBN: 978-3-84574-237-3
Erscheinungsjahr: 2012
Erscheinungsort: Bremen, Deutschland

www.unikum-verlag.de \ www.office@unikum-verlag.de

Adolf Mühry

Allgemeine geographische Meteorologie

oder Versuch einer übersichtlichen Darlegung des Systems der Erd-Meteoration in ihrer klimatischen Bedeutung

ALLGEMEINE
GEOGRAPHISCHE METEOROLOGIE

ODER

VERSUCH

EINER UEBERSICHTLICHEN DARLEGUNG DES SYSTEMS

DER

ERD-METEORATION

IN

IHRER KLIMATISCHEN BEDEUTUNG.

Von

A. MÜHRY, M. D.

Verf. der „Grundzüge der Noso-Geographie", der „Grundzüge der Klimatologie" u. s. w.

Mit vier Karten und vier Holzschnitten.

LEIPZIG UND HEIDELBERG.
C. F. WINTER'SCHE VERLAGSHANDLUNG.
1860.

„Enfin tout annonçait dans ce système cette belle simplicité qui nous charme dans les moyens de la nature, quand nous sommes assez heureux pour les reconnaitre."

Laplace, Exposition du système du monde, 1808, p. 357.

„Eine Wissenschaft entsteht erst dann, wenn aus unseren Forschungen eine Total-Ansicht ihres ganzen Objects hervorgeht. Auch die Meteorologie und die Klimatologie werden sich hoffentlich aus einer chaotischen Masse von Beobachtungen zu einer Wissenschaft erheben. Die Klimatologie ist die geographische Meteorologie . . ."

J. Schouw, Beiträge zur vergleichenden Klimatologie, 1827, S. 1.

Vorwort.

Unstreitig ist die Meteorologie an die Aufgabe gelangt, ihre zahlreichen localen, so aufmerksam und mühevoll gewonnenen Beobachtungen mehr und mehr geographisch zu vereinigen und wo möglich den ganzen tellurischen Zusammenhang der meteorischen Phänomene übersichtlich aufzufassen. Sind auch noch grosse Lücken übrig, unausgefüllt mit beobachteten Thatsachen, auf der Oberfläche der Erde, so ist doch mit dem vorhandenen Material möglich, die allgemeinen Linien zu ziehen; und dies ist sogar nöthig, selbst für die fernere Gewinnung der einzelnen empirischen Befunde, um danach, vom übersichtlichen Standpunkte aus, deutlicher zu erkennen, wo letztere noch fehlen. Der Art ist der Gang jeder Wissenschaft; so ist dereinst die Geologie aus der Mineralogie entstanden, so ist die Botanik von den einzelnen Floren zu einer Uebersicht ihres ganzen tellurischen Reiches gelangt, so auch wird aus der Meteorologie die Erkenntniss eines ganzen geo-physikalischen Systems sich entwickeln.

Im vorliegenden Werke ist der Versuch gemacht, eine allgemeine geographische Uebersicht der meteorischen Vorgänge, als eines zusammenhangenden Systems, zu gewinnen, so weit dies möglich war, begreifend die in klimatischer Hinsicht wichtigsten Momente, d. s. Temperatur, Winde, Dampfgehalt mit Regen, und Luftdruck. Für den Verfasser entstand diese Aufgabe als der Schluss einer langen Reihe klimatologischer Untersuchungen *). Es

*) S. „Die geographischen Verhältnisse der Krankheiten oder Grundzüge der Noso-Geographie", 1856, und „Klimatologische Untersuchungen oder Grundzüge der Klimatologie", 1858.

blieb dabei noch übrig und es ergab sich als thunlich, auch den rein meteorischen Theil zu bearbeiten; und weil dieser eine allgemeinere Bedeutung besitzt, so ist er hier als selbständiges Buch ausgegeben worden, zu etwaiger Benutzung in weiterem Kreise, auch der Botanik, der Landwirthschaft, der physikalischen Geographie, der Geschichte, der Kriegs-Wissenschaft, der Handels-Wissenschaft, der Nautik und der socialen Zustände der Bevölkerungen überhaupt.

Zur Grundlegung dieses wenig umfangreichen Buches ist zuvor eine ungewöhnlich grosse Sammlung von klimatologischen und meteorologischen Beobachtungen angelegt worden; in der That von solcher Ausdehnung, mit geographischer Ordnung, dass man sagen kann, wie sie schwerlich jemals vorher zu gleichem Zwecke zusammengetragen und benutzt worden ist. Dies wurde vorher als erste Bedingung des Erfolges anerkannt. Das daraus hervorgehende Ergebniss musste deshalb grösser ausfallen, als bei beschränkteren Sammlungen; wer zuerst eine galvanische Batterie von ungewöhnlicher Kraft construirt, wird grössere materielle Wirkungen erzielen müssen; ein solches Gleichniss ist hier anwendbar. (Ausser den in den oben erwähnten früheren Schriften schon enthaltenen Sammlungen liegt noch im Manuscript vor eine „Klimatographische Uebersicht der Erde, in einer Sammlung authentischer Berichte", welche als Fortsetzung mit jenen früheren die Zahl von 700 ausgezogenen commentirten Berichten überschreitet.) — Mit dieser Sammlung sind in Verbindung gebracht worden die in der Physikalischen Geographie gültigen Grundsätze, und zwar vornehmlich, wie man wohl sagen kann, und erklärlicher Weise, entsprechend der deutschen Schule dieser Wissenschaft, welche namentlich A. von Humboldt, L. von Buch, J. Schouw, F. Kämtz, H. Dove, H. Berghaus u. A. unter ihren Begründern und ersten Gesetzgebern anerkennt und in welcher vielleicht ganz besonders der eigenthümlich circumspective Sinn der Deutschen mit Erfolg sich geäussert hat.

Hieraus ist dann nicht sowohl ein System aufzubauen, als vielmehr das natürlich Bestehende zu erkennen erstrebt worden. Dies ist geschehen mit der ganzen schuldigen Ehrfurcht vor den empirischen Beweisen. Selbst falls noch vorhandene Lücken aus dem Zusammenhange leicht durch Interpolation zu ergänzen waren, sind auch diese dennoch offen gelassen, wenn die zuverlässigen Beobachtungen als Belege selber noch fehlten. Nachdem aber die Zusammenstellung von Thatsachen ausgeführt worden war, musste auch bei ihrer Verwendung die Combination mitwirken, d. i. diejenige Art von Phantasie, welche immer zu einer anschaulichen, gleichsam plastischen Vorstellung gehört, und noch mehr hier, zur Vorstellung von einer in so vielgliederiger und verwickelter, aber doch in regelmässiger und planvoller Bewegung sich befindenden planetarischen Ordnung.

Der Verfasser hat eben angegeben, wie der Gang seiner Studien und Untersuchungen ihn zu vorliegendem Unternehmen geführt habe. Er ist ausgegangen von einer zunehmend genauer und umfassender werdenden Beachtung der physisch-geographischen Momente in ihrer Einwirkung auf die Organismen, das ist der klimatischen Verhältnisse, und hingelangt zu einer Bearbeitung der rein meteorischen Erscheinungen, als eines tellurischen Systems, oder, wenn man den Ausdruck überhaupt gestatten will, der Erd-Meteoration. So ist ihm zugefallen, eine allgemeine geographische Meteorologie aufzustellen, zu welcher Aufgabe vielleicht Mancher ihm nicht den Beruf zuerkennen wird. Er hat dabei den Grundsatz festgehalten, „von seinen Nachfolgern solle dereinst sehr viel hinzuzufügen, aber wenig oder nichts hinwegzunehmen, für nöthig erachtet werden.“ Er ist der Meinung, dass Untersuchungen, auf welche er eine Reihe von Jahren in ununterbrochener Musse und unterstützt von den reichsten litterarischen Hülfsmitteln (wie sie die Göttinger Universitäts-Bibliothek gewährte) verwendet hat, mit diesem Werke nicht ganz unwürdig abgeschlossen worden sind. Wäre er nicht dieser Meinung, so würde er die Veröffentlichung so schwieriger und mühsamer Untersuchungen gar nicht unternommen haben, zu welcher ihn nur innere Gründe, d. s. die Befunde selbst, bestimmen konnten.

Diejenigen Einzelheiten, welche als neu und als eigenthümliche Ergebnisse gelten können, findet man unter jedem Capitel in einer Anmerkung angedeutet. Die Unvollkommenheiten werden am ersten von Kennern entschuldigt werden, weil diese auch der Schwierigkeiten am besten sich bewusst sind. Man wird nicht verkennen, dass ein zu specielles Eingehen auf topographische Verhältnisse nicht die Absicht sein durfte. Auf die annoch bestehenden Probleme der Wissenschaften ist aber, bei Gelegenheiten, absichtlich aufmerksam gemacht worden; diese zu bemerken ist immer von grösstem Nutzen, aber auch Manchem sogar willkommener, als bereits gelöste Fragen zu finden, aus erklärlichen psychologischen Gründen; denn oft ist das Forschen nach der Wahrheit dem Menschen werthvoller, als die Wahrheit selbst.

Den grössten Werth legt der Verfasser auf die Consequenz, welche in dem Ganzen unverkennbar hervortritt, d. i. das Zusammenstimmen der Thatsachen. Darin erblickt er die sicherste Gewähr für die Richtigkeit. Diese Consequenz kann nicht künstlich erreicht werden; so schöpferisch ist kein menschlicher Geist; so kann nur treue Wiedergabe der Natur sich darstellen. Man findet in diesem Buche keine mathematische Formeln, aber mathematische Genauigkeit wird man nicht vermissen. Auch präcise Sprache ist als eine Bedingung der Verständlichkeit anerkannt und letztere als das eigentliche Ziel jeder Mittheilung.

Weitere Belege und Erörterungen findet man als N o t e n am Ende des Buches und darauf verwiesen durch die Zeichen (N. 1, 2 u. s. w.), an den betreffenden Stellen.

Die Höhen-Bestimmungen sind nach Pariser Fuss-Maass angegeben (auch die des Barometers), die Temperatur nach der Réaumur'schen Thermometer-Scala, die geographische Länge meist nach dem Ptolemaei'schen Meridian der Insel Ferro, oder nach Greenwich, mit jedesmaliger Angabe. Diese Maasse sind gewählt, weil sie unstreitig in der deutschen Meteorologie und physikalischen Geographie (und auch mehrer anderer Nationen) am meisten gebräuchlich sind. Hoffentlich wird man sich in nicht ferner Zeit darüber einigen, wie man sich ja schon bei den magnetischen Beobachtungen über die Zeit-Bestimmung geeinigt hat; vor Allem ist das Decimal-System dabei zu erstreben, wenn auch ein unveränderliches Natur-Maass nicht besteht und ein conventionelles nicht erreichbar ist *).

Göttingen, im Februar 1860.

Jeder aufmerksame Leser wird ersucht, die nachfolgenden wenigen Berichtigungen vorher beachten zu wollen:

Berichtigungen.

Seite 18, Zeile 14 von oben, anstatt $^1/_{136}$° R., lies $^1/_{25}$° R.

„ 20, am Ende der Anmerkung ist anzufügen: denkt man sich endlich die Erdkugel ohne solarische Erwärmung, so würde ihre Abkühlung weit bedeutender erfolgt sein, und sie würde noch jetzt erfolgen.

„ 39, Zeile 13 von oben, anstatt — 1°,2, lies — 1°,8 R.

„ 40, „ 5 von unten, „ die, „ auf der.

„ 49, „ 3 von oben, „ 2°, „ 3° R.

„ 50, „ 5 von unten, ist einzuschalten hinter „leichter", als Anmerkung: nachdem das Wasser beim Abkühlen diesen Grad erreicht hat, das Meerwasser im Ocean selbst bei 2° R. (also nicht etwa zeigt dieses seine grösste Schwere oder Condensation erst bei 0°, wie gewöhnlich, nach Experimental-Empiric, angegeben wird), das süsse Wasser bei 3°,2 R., fährt es nicht weiter fort sich zu condensiren, sondern im Gegentheil beginnt es sich auszudehnen, also leichter zu werden, und zwar sehr rasch, so dass schon jedes Eis sogar auf kochendem Wasser schwimmt. Das specifische Gewicht des Eises (auch das Meer-Eis ist ohne Salz) rechnet man zu 0,95 bis 0,90 (s. auch Note 7b).

„ 51, Zeile 18 von oben, anstatt 10', lies 8'.

„ 52, „ 1 „ „ hinter „erfolgt" ist einzuschalten: „einigermassen durch Fortleitung".

„ 52, Zeile 2 von oben, anstatt 10', lies 20', die Dicke des Eises der Eisfelder im Polar-Meere am Ende des Winters fand Sutherland 15', Kane 20'.

„ 101, Zeile 4 von unten, anstatt 28° S., lies 30° S.

---

*) Zwei Bruchstücke aus dieser Schrift sind schon früher mitgetheilt in A. Petermann's „Mittheilungen aus J. Perthes, Geographischer Anstalt", 1859, H. 4, und 1860, H. 1; und diesem Umstande verdankt die zu Cap. III., §. 5 gehörende „Regen-Karte der Welt" einen grossen Theil ihrer trefflichen Ausführung, von der Hand des Herausgebers.

Seite 105, Zeile 20 von unten, anstatt 10,000′, lies 3000′ bis 7000′ (so hoch erhebt sich die Eruptions-Säule beim Vesuv und Aetna).

„ 106, Zeile 9 von unten, ist einzuschalten: möglicher Weise könnte die Luft die 90 Breitegrade in 8 Tagen durcheilen.

„ 113, Zeile 15 von unten, anstatt 40° N., lies 45° N.

„ 117, „ 6 von oben, „ jener „ NW.

„ 117, „ 3 von unten ist einzuschalten: Auch in Tasmania und in der südlichen Hälfte von Neu-Seeland, ist bei 40° S. die Grenze des subtropischen Gürtels zu finden, und erweist sich die Aequatorial-Grenze der Zone mit Regen in allen Jahreszeiten.

„ 124, ist zu der Ueberschrift des Capitel III. zu setzen als Anmerkung: Um auch von diesem Capitel das Eigenthümliche vorher anzudeuten, ist hervorzuheben: die geographisch durchgeführte präcisere Trennung des unklaren Begriffes von „Feuchtigkeit" in die Dampfmenge an sich und in die verschiedenen Saturations-Stufen, daraus ergiebt sich eine richtigere Unterscheidung der trockenen Klimate und eine genauere Beachtung der Evaporations-Kraft, als klimatischen Moments; die dargelegte Vertheilung der Regenzeiten schliesst sich an das System der Winde, ist Folge davon und überhaupt die weitere Ausführung anerkannter Grundlagen, sie ist auf einer Regen-Karte in Skizze veranschaulicht.

„ 127, Zeile 4 von unten, anstatt $^1/_{31}$, lies $^1/_{32}$.

„ 167, „ 16 von oben, „ 6900′ lies 16,900′.

„ 176, „ 16 von oben, „ wie lies umgekehrt wie.

„ 184, „ 5 von oben, ist zu setzen: nicht auf offnem Meere.

Inhalt.

Unser Gegenstand, obgleich nur ein Ganzes bildend, zerfällt in vier zu unterscheidende Momente, und so wird man hier beschrieben finden:

1) das geographische System der klimatischen Temperatur-Vertheilung;

2) das geographische System der Strömungen in der Atmosphäre, oder der Winde;

3) das geographische System der Vertheilung des Wasserdampfes in der Atmosphäre und der Niederschläge;

4) die geographische Vertheilung des atmosphärischen Druckes.

I. Capitel.

Das geographische System der klimatischen Temperatur-Vertheilung, oder die Thermo-Meteoration.

(Mit vier Holzschnitten und drei Karten-Skizzen).

Inhalt. §. 1. Die Insolation und ihre Bewegung im Allgemeinen. — §. 2. Ursachen der Steigerung der Insolation; Unterscheidung der Temperatur-Variationen in die regelmässigen Fluctuationen des ganzen Temperatur-Systems, abhangend vom Sonnenstande (jährliche und tägliche), und in die unregelmässigen Undulationen, abhangend zunächst von den Winden. — §. 3. Die Temperatur-Verhältnisse des Erdbodens in geographischer Uebersicht, die Insolations-Schicht, terrestrische und tellurische Bathotherm-Flächen. — §. 4. Die Temperatur-Verhältnisse des Oceans, in geographischer Uebersicht (oceanisches Bathotherm-System). — §. 5. Die Temperatur-Verhältnisse der Atmosphäre in ihrer klimatischen Vertheilung, in horizontaler Ausdehnung (das Isotherm-System mit zwei klimatischen Wärme-Centren im Sommer und mit zwei Kälte-Polen im Winter), die Stellung des Isotherm-Systems im October, im Januar, im Juli; Vertheilung der Temperatur in senkrechter Erhebung (Hypsotherm-Flächen). — §. 6. Allgemeine Eintheilung der Klimate. — §. 7. Topographische Besonderheiten der Klimate; schärfere Vergleichung der Klimate nach ihrem Wärme-Quantum; ein Beispiel topographischer Wärme-Klimatur in Mittel-Europa. — §. 8. Anomale Jahrgänge. — §. 9. Die Süd-Hemisphäre verglichen mit der Nord-Hemisphäre. — §. 10. Allgemeine Einwirkung der Temperatur-Vertheilung auf die Organismen *).

§. 1.

Wir betrachten hier die Temperatur der Erd-Oberfläche, dieses wichtigste Moment, ja die eigentliche motivirende und leitende Gesetzgeberin der ganzen Erd-Meteoration, nicht sowohl meteorologisch, wie geographisch, als das zusammenhangende System der Insolation der ganzen Erd-Oberfläche. Wenn man die Angaben des Thermometers, welche die praktische Meteorologie so mühsam gewinnt, zu einem übersichtlichen geographischen Bilde des Ganzen vereinigt, so erhält man unstreitig dadurch einen nicht geringen Gewinn für das Verständniss, sowohl ihres räumlichen Umfangs, wie auch ihrer mannigfachen Oscillationen.

Die Temperatur-Verhältnisse auf der Erde ereignen sich in einer nur schmalen Schicht auf der Oberfläche dieser Weltkugel, in der Mitte zwischen zwei in starkem Gegensatz temperirten Gebieten, nämlich zwischen dem kalten Weltraume von — 48° R. (— 50° bis — 60° C. nach Fourier's Théorie de la chaleur 1822, Mém. de l'acad. de France, T. VII, 1827, u. A.) und zwischen dem glutheissen Innern der Erdkugel selbst; und diese Schicht hat ihr jetziges Gleichgewicht erhalten und sie bewahrt es ferner nicht ohne Beziehung zu jenen beiden sie einschliessenden extremen Temperatur-Räumen. Diese klimatische Temperatur der Erde aber entsteht durch die Sonnen-Einstrahlung, Insolation, während die Erdkugel mit eigner Axendrehung und auf einer geneigten Fläche in fester

---

*) Manches Eigenthümliche ensteht der folgenden Darstellung vorzugsweise durch die geographische Zusammenstellung bekannter und auch mehrer neu gesammelter Thatsachen. Hervorzuheben mag erlaubt sein: die Unterscheidung der Temperatur-Aenderungen in die regelmässigen Fluctuationen, welche vom Sonnenstande bestimmt werden und in die unregelmässigen Undulationen; die nähere Beachtung der Temperatur des Erdbodens und des Oceans; die Unterscheidung im Isotherm-System von zwei klimatischen Wärme-Centren im Sommer, und von zwei Kälte-Polen im Winter, um welche sich die Temperatur-Linien schlingen; die Eintheilung der Klimate, auch in Bezug auf Variabilität der Temperatur.

Regelmässigkeit die Sonne umkreist. Am intensivsten wirkt die Insolation bei senkrechter Richtung der Strahlen. Ihr entspricht eine Ausstrahlung, d. h. der Absorption von Wärme entspricht eine Emission, während Unterbrechung der ersteren bei Nachtzeit; die erstere überwiegt im sommerlichen Halbjahre, weil ihre tägliche Dauer länger ist, die andere überwiegt im winterlichen Halbjahre; aber mit dem Erfolge, dass im Ganzen doch die Absorption überwiegend bleibt, insofern als die solare Wärme im Jahreslaufe niemals völlig von der Oberfläche der Erde wieder verloren geht, wiewohl sie auch nicht über ein constantes Mittel zunimmt.

Bei dieser Aufnahme der Sonnenwärme von Seiten der Erddecke betheiligen sich drei Elemente, welche dabei in Hinsicht auf ihre Reaction verschieden sich erhalten und danach zu unterscheiden sind. Dies sind der feste Erdboden, die oceanische Wassermasse und die untere Schicht der umgebenden Atmosphäre. Die Atmosphäre, dies Luftmeer, auf dessen Grunde die Organismen leben, ist vor Allem gemeint, wenn von den klimatischen Temperatur-Verhältnissen die Rede ist. Aber die Atmosphäre erhält ihre Temperation, wenn dies Wort in diesem Sinne erlaubt ist, nicht direct durch die Wirkung der Sonnenstrahlen (oder nur zu einem sehr geringen Theil), sondern fast allein mittelbar durch Rückstrahlung, durch Mittheilung der Wärme von den beiden anderen Elementen her, von dem Festen und dem Flüssigen, von dem Lande und von dem Meere; also kommt der Atmosphäre die Temperatur von unten her. Deshalb werden auch diese beiden Elemente in ihrer Reaction gegen die Sonnenstrahlung oder in ihren Temperatur-Verhältnissen zuvor gesondert zu betrachten sein. Denn ihre Wärme-Capacität oder specifische Wärme ist verschieden, und da diejenige des Erdbodens etwa nur $^1/_4$ von der des Wassers beträgt, so muss jener auch etwa um eben so viel rascher Wärme annehmen, als dieses, aber auch sie rascher wieder verlieren (abgesehen von der durch die Mischung der bewegten Wassertheile erleichterten Vertheilung). Die atmosphärische Luft kommt in dieser Eigenschaft der Wärme-Capacität ziemlich gleich dem Erdboden, obgleich ihre grosse Beweglichkeit sie zur besonderen Ueberbringerin der von ihrer Umgebung angenommenen Temperaturen geeignet macht; in verdünntem Zustande, also in bedeutender senkrechter Höhe, gewinnt sie noch mehr an Capacität, verliert sie also an Empfänglichkeit für die Wärme. Mit kurzen Worten ausgedrückt, heisst dies Alles: unter gleichem Sonnenstande wird das

Meer nie so warm durch die Einstrahlung, aber auch nie so kalt durch die Ausstrahlung, wie das Land; und die untere Schicht der Atmosphäre nimmt Theil an diesem Unterschiede des Substrats, auf dem sie lastet.

Es ist für das deutliche Verständniss der räumlichen Vertheilung der Temperatur-Verhältnisse sehr wichtig, eine möglichst anschauliche Vorstellung des ganzen Spielraums, auf welchem eine gewisse Summe von Erwärmung sich ausbreitet, zu Grunde zu legen. Es handelt sich hier um die Vertheilung auf einer Weltkugel (wir haben hier immer vorzugsweise die Nord-Hemisphäre im Sinne) und zwar einer vom Aequator nach den Polen hin abnehmenden Summe von Wärme, in der Weise, dass auf dem peripherischen Gürtel die mittlere Temperatur des Jahres etwa 22° R. beträgt, während sie am polarischen Centrum etwa — 14° R. beträgt, dass demnach innerhalb dieser Differenz der extremen Punkte von 36° R. eine Abstufung der Wärme in concentrischen, obgleich nicht parallelen Kreisen, längs der 90 Breitengrade sich vertheilt, (also auf jedem Breitengrade verlieren sich 2°,5 R); und dass dabei eine jährliche und auch eine tägliche, regelmässige Fluctuation stattfindet, welche von Süd nach Nord hin und zurück sich bewegt. Sieht man nicht allein nach dem mittleren Temperaturgrade des ganzen Jahres, sondern auch nach den absolut höchsten und niedrigsten Temperaturgraden an beiden Endpunkten, so finden wir als das eine Extrem, über dem Aequator, auf dem Wärme-Centrum im Sommer, 45° R. (noch mehr unmittelbar auf der Boden-Oberfläche), als das andere, am Kältepole im Winter, — 45° R., also eine absolut mögliche, geographisch, jedoch nicht gleichzeitig vorkommende Wärme-Differenz von 90° R. — Dies bezog sich auf die horizontale Vertheilung der Temperatur; mit ihr ist auch die verticale zu beachten. Denn eben weil der Atmosphäre die Erwärmung fast allein von unten her, von der Oberfläche der Erde zurückgestrahlt, zukommt, so erstreckt sie sich auch, abnehmend nach oben hin, nur bis in eine gewisse Höhe. In der ganzen etwa 10 geogr. Meilen hohen Atmosphäre reicht die erwärmte Schicht am höchsten über der am stärksten bestrahlten Aequator-Zone, wahrscheinlich nicht höher als etwa 2 geogr. Meilen (etwa 50000′), wo die Temperatur des Weltraums eintreten würde (— 48° R.); sie senkt sich dann nach den Polen hin und reicht hier nach strengster Ausstrahlung des Eises im Winter vielleicht kaum einige 1000′ hoch. Die Abstufung der Wärme erfolgt in verticaler Richtung etwa um 1° R. auf 700 Fuss Erhebung. Ueber dem Aequator-Gürtel selbst verliert sich die Wärme der Luft in solcher Folge, dass, während sie unten 22° im Mittel beträgt (aber mehr beträgt sie local im Innern grosser Continente beim Zenithstande der Sonne), schon in der Höhe von 16000′ der Frostpunkt erreicht ist. Die Hypsotherm-Fläche von 0° senkt sich, wie alle übrigen Hypsotherm-Linien oder Flächen, schräg absteigend nach den Polen hin, jedoch indem sie jahreszeitlich fluctuirend, im Winter die Oberfläche der Erde schon etwa in der Mitte der ganzen Breite, etwa auf der 45. Parallele, berührt, als Isotherme von 0°, aber im Sommer über den Nordpol sich erhebt (wohl aber auch zu dieser Jahreszeit unter dem Südpol bleibt). Demnach hat man sich die ganze untere, von der Oberfläche der Erde aus temperirte Schicht der Atmosphäre vorzustellen als einen Raum, welcher in Gestalt eines Prisma die Kugel umgiebt, mit dem hohen breiten Rücken längs des Aequators verlaufend, und mit nach beiden Seiten absinkenden, in der Nähe der Pole also gleichsam eine Trichterform bildenden äusseren Flächen; womit eine jährliche, um 23½ Breitengrade nord- und südwärts fluctuirende Bewegung verbunden ist.

§. 2.

Die Insolation erfährt eine Steigerung ihrer wärmenden Einwirkung durch folgende drei Haupt-Ursachen: 1) sie wird am intensivsten bei senkrechtem Sonnenstande, und wird um so schwächer, in je kleineren Winkeln ihre Strahlen einfallen*); 2) sie wird vermehrt mit der Zunahme ihrer täglichen Dauer, vermindert mit der Zunahme der Dauer der Ausstrahlung bei Nacht; 3) sie wird gesteigert durch die Gegenstände, von denen die Absorption der Strahlen geschieht, vor Allem wird die solarische Erwärmung höher, aber auch die Abkühlung wird niedriger, auf dem festen Lande als auf dem Meere, und noch

*) Die Sonnenstrahlen erfahren beim Durchgange durch die Atmosphäre einigen Verlust durch Absorption (nach Pouillet beinahe zur Hälfte), und durch Reflexion, aber erklärlich am wenigsten bei senkrechter, d. i. auch kürzester Richtung; ausserdem bewirkt die schiefe Neigung der Strahlenbündel auf einer Fläche das Gegentheil von der Sammlung derselben mittelst einer Linse, gleichsam eine Zerstreuung. — Dies gilt auch vom Meere, es empfängt und absorbirt mehr Wärmestrahlen, wenn es weniger durchsichtig (und diatherman) ist und wenn die Strahlen senkrecht einfallen.

grösser wird dieser Unterschied mit dem Umfange der Continente. (Ausserdem wird sie gesteigert nicht nur bei wolkenfreier Luft, sondern auch in rarificirter Luft, also auch in senkrechter Erhebung; verschieden wirken ferner dabei mit die dunkle Farbe der Gegenstände, deren Dichtigkeit, Wärme-Capacität, Fortleitung, Ausstrahlung und andere nur local vorkommende Momente, welche indess geringe Bedeutung für die geographische Betrachtung haben.) Die weitere Verbreitung geschieht dann theils durch die Bewegungen im Meere, theils aber und noch mehr durch die Ströme in der Atmosphäre, die Winde.

Bliebe die Sonne immer über dem Aequator, so würde die räumliche Vertheilung der Temperatur auf der Oberfläche der Erde auch immer unverändert bleiben, nur eine tägliche regelmässige Schwankung würde darin vorkommen. Nun aber, da die Erde auf einer geneigten Fläche die Sonne umkreist, so entstehen dadurch grössere und mannigfache Schwankungen, und man kann und muss sehr geeignet und zu grossem Vortheil des klaren Verständnisses, in diesem unablässigen Oscilliren der Luft-Temperatur zwei Arten von Variationen oder Oscillationen unterscheiden:

1) Fluctuationen, eine jährliche und eine tägliche,

2) Undulationen.

Die Fluctuationen sind abhangend von der Bewegung des Sonnenstandes, also direct von der Absorption und von der Emission der Insolations-Wärme, daher sind sie durchaus regelmässige, periodische und allgemein tellurische Vorgänge. Die Undulationen der Temperatur dagegen sind eben allein die unregelmässigen Vorgänge, sie sind abhangend zunächst vom Spiel der Luftströme, von den Winden, allgemeineren oder localen (und von einigen anderen Momenten), sie sind also nur indirecte Folgen der Insolation und local beschränkte Vorgänge. Die Undulationen werden auch zunächst von unseren thermometrischen Instrumenten gemessen, aber doch auch immer mit ihnen die Fluctuationen; denn diese letzteren sind die weit grösseren, jene tragenden Schritte in der allgemeinen tellurischen Temperatur-Bewegung; wenn die Undulationen sich vergleichen lassen mit den Wellen des Meeres, so die Fluctuationen mit den grösseren Bewegungen des Oceans, mit „den Gezeiten“, der Ebbe und Fluth.

1. Die Fluctuationen in der Temperatur.

a) Die jährliche Fluctuation. Wäre die Oberfläche der Erde eine homogene, bestände sie etwa nur aus Wasser oder nur aus Land und auch ohne ungleiche Erhebungen des Bodens, so würde auch die geographische Vertheilung der Temperatur, vom peripherischen Gürtel der Halbkugel bis zu ihrem Pole hin, gleichmässig in parallelen concentrischen Isotherm-Kreisen erfolgen, zugleich völlig regelmässig jährlich und täglich fluctuirend, aber wegen Stabilität des Systems der Circulation in der Atmosphäre, ohne die unregelmässigen Undulationen. — Die bestehende ungleiche Beschaffenheit und auch unsymmetrische Vertheilung von Meer und Land auf der Oberfläche der Erdkugel hindern einen solchen regelmässigen Rhythmus, und dies ist eben näher bedingt durch die ungleiche Reaction des Festlandes gegen die Sonnenstrahlung im Vergleich zum Meere, von welcher schon die Rede gewesen ist. In Hinsicht auf den Flächen-Umfang aber verhalten sich Land und Meer zu einander, etwa wie 1 zu 3, auf der nördlichen Hemisphäre jedoch etwa wie 5 zu 7. Bestände die Oberfläche der Erde bloss aus Land, so würde auf der heissen Zone besonders die Erwärmung höher sein bei Tage, aber auch die Abkühlung tiefer bei Nacht; auf den ektropischen Zonen würde besonders die Erwärmung höher sein bei culminirender Sonne im Sommer, aber auch in gleichem Verhältniss würde die Abkühlung tiefer sein bei der Declination im Winter. Bestände dagegen die Oberfläche der Erde bloss aus Meer, so würde umgekehrt auf der heissen Zone besonders der Unterschied von Tag und Nacht sehr gering sein, und auf den ektropischen Zonen würde besonders der Unterschied von sommerlicher und winterlicher Zeit ein kleiner sein. Bei der in Wirklichkeit bestehenden Vertheilung von Land und Meer, welche der ektropischen Zone, wenigstens der Nord-Hemisphäre, überwiegend Land zugewiesen hat, muss dem entsprechend eine Mischung von Land- und See-Klima für das Ganze daraus hervorgehen, aber auch eine räumliche Sonderung derselben mächtig sich geltend machen.

Der Sonnenstand bewegt sich mit senkrechter Richtung der Strahlen (wodurch so entschieden die Intensität der Erwärmung vergrössert wird) auf dem peripherischen Gürtel der Erde nur innerhalb der 47 Breitegrade zwischen den beiden Wendekreisen, und ein jeder der beiden Wendekreise wird im Jahreslaufe einmal in senkrechter Richtung bestrahlt, bei Culmination der Sonne, und einmal unter dem Winkel von 42 Grad, bei ihrer äussersten Declination; während für die folgenden höheren Breitekreise dann die Einstrahlungs-Winkel, im Verhältniss zur Sphäroidal-Gestalt der Erdkugel, zunehmend kleiner werden. — Damit steht in Verbindung die Dauer der Insolation, und wie diese im Jahreslaufe über die Breitekreise sich verbreitet, ist wichtig sich genauer zu versinnlichen. Ein jeder Punkt auf dem Erd-Sphäroïd erfährt eine gleiche Zeitdauer Sonnenschein und Schatten, nämlich ein halbes Jahr, und es handelt sich dabei, was die localen Verschiedenheiten betrifft, nur um die Vertheilung der Intermissionen. Wenn die Sonne senkrecht über dem Aequator steht, so fällt die Peripherie ihres ganzen Einstrahlungs-Kreises zusammen mit der Peripherie des Meridians, d. h. es findet dann überall auf der Erde vom Nordpol bis zum Südpol, Tag- und Nachtgleiche statt. Weil aber die Erdaxe mit der Ekliptik einen Winkel bildet von 66½ Grad, so wird nur der Aequator als grösster Kreis der Kugel, jederzeit von dem Einstrahlungs-Kreise halbirt, und werden deshalb nur auf dem Aequator Tag und Nacht stets eine gleichbleibende Dauer von 24 Stunden haben. Auf den höheren Breitekreisen ereignet sich diese Gleichheit nur während des Aequator-Standes der Sonne, also zweimal im Jahre, am 21. März und am 23. September. Dagegen erfolgt hier eine Zunahme der Dauer der täglichen Insolation, bis zum Solstitium, wo der Bestrahlungs-Kreis mit der Erdaxe einen Winkel von 23½ Grad bildet. Dann scheint die Sonne weit über den Pol hinaus, sie bescheint diesen innerhalb einer Zeit zwischen ihren beiden Aequator-Ständen anhaltend, also ein halbes Jahr lang, und das andere halbe Jahr lässt sie ihn dunkel. Der erste einen vollen Tag anhaltende Sonnenschein kommt vor auf dem Polarkreise, 66½° der Breite, am Tage der Culmination der Sonne über dem Wendekreise, zur Zeit wenn auf dem Pole die Hälfte des sonnigen Halbjahres eingetreten ist. Ganz analog verhält sich die Zunahme der Nachtzeit mit der declinirenden Sonnen-Bewegung. Folgendes Schema giebt eine Uebersicht über die jährlich zunehmende und abnehmende Dauer der täglichen Insolation längs der Breitekreise der Halbkugel und ist für jede klimatische Beurtheilung von Werth.

Breitegrade.	Dauer der längsten täglichen Insolation.	Dauer der längsten täglichen Schattenzeit.
0°	12h 0′	12h 0′
5	12 17	11 43
10	12 35	11 25
15	12 53	11 7
20	13 13	11 47
25	13 34	10 26
30	13 56	10 4
35	14 26	9 38
40	14 51	9 9
45	15 26	8 34
50	16 9	7 51
55	17 7	6 53
60	18 30	5 30
65	21 9	2 51
66° 32′	24h 0′	0h 0′
70°	65 Sonnen-Tage	60 dunkle Tage
75	103	97
80	134	127
85	161	153
90°	186	179

Schema über die Zunahme der längsten Insolations-Tage längs der Breitekreise.

Die mathematische Geographie hat hierauf auch eine Eintheilung in 30 sogenannte mathematische Klima-Gürtel gegründet, welche bestimmt werden nach der Zunahme der Tageslänge um je ½ Stunde und demnach vom Aequator bis zum Polarkreise 24 solcher Klima-Gürtel bilden, aber mit sehr ungleich abnehmendem Umfange. Der erste dieser mathematischen Klima-Gürtel hat eine Breite von 8°,34, der letzte nur von 0°,3; die anderen sechs Gürtel liegen jenseits des Polar-Kreises, bilden den Circumpolar-Raum und davon ist, in umgekehrter Folge, der erste nur 0°,5 breit, der letzte aber hat 5,5 Breitegrade im Halbmesser. (In unserem physisch-klimatologischen Sinne geben die empirisch gefundenen Isotherm-Linien bessere Grenzen für die Eintheilung der Klimate, als die parallelen Kreise vermögen.)

Also beträgt die ganze Fluctuations-Breite des jährlichen Sonnenganges über der Aequator-Linie selbst zwar nur 23½ Breitegrade (genauer 23° 27′ 30″), aber für die Orte ausserhalb der Tropen beträgt sie das Doppelte, 47 Breitegrade, d. h. um so viel nähert und entfernt sich ihnen der Sonnenstand im Jahreslaufe;

also fast mit jeder Woche um 2 Breitengrade von der südlichsten Declination bis zur nördlichsten vorrückend und zurückgehend in den beiden Jahreshälften. Jedoch die Winkel, unter welchen die Sonnenstrahlen bei der jährlichen Fluctuation die Oberfläche der Erde treffen, werden wegen der Sphäroid-Gestalt der letzteren rasch abnehmend nach den Polen hin. Auf der Aequator-Linie wechselt der Einstrahlungs-Winkel von 90° bis 66° 32′ (und zweimal im Jahre), auf den beiden Tropen-Kreisen von 90° bis 43°; auf dem 50 Breitenkreise von 63° bis 16°, auf den Polar-Kreisen von 47° bis 0°.

Es folgt aus dem Vorgetragenen, in welchem Masse im Allgemeinen die Unterschiede der Temperatur-Verhältnisse in den verschiedenen Zeiten des Jahres wachsen müssen mit der Entfernung vom Aequator, insofern sie bestimmt werden von der Richtung und von der Dauer der Sonnen-Einstrahlung. Innerhalb des 10. Grades nördlicher und südlicher Breite sind sie kaum anders, als durch die Regenzeiten bemerklich (welche freilich, trotz des Zenithstandes, einen niedrigeren Stand der Temperatur bringen, und zwar in solcher Nähe des Aequators zweimal eintretend, abwechselnd mit trockenen, um etwas wärmeren Zeiten); ausserhalb dieser Grenzen sind sie schon bedeutender, selbst schon auf der Tropen-Zone. Aber erst mit dem 30. Breitegrade stellen sich solche Verschiedenheiten der Temperatur zur Zeit der extremen Sonnenstände ein, dass dadurch die vier Jahreszeiten hervortreten. Man nennt die Differenz zwischen der Temperatur der extremen Monate die Amplitude der jährlichen Fluctuation. Sie wird nach den Polen hin zunehmend aus drei Gründen, theils weil die geographische Fluctuation des Sonnenstandes hier grössere jährliche Differenzen der Einstrahlungs-Winkel bildet, theils weil auch die Dauer der Einstrahlung grössere jährliche Differenzen hat, und theils weil wenigstens auf der nördlichen Hemisphäre ein Ueberwiegen ausgedehnten Continents eben auf den höheren Breitegraden besteht. Die Extreme der Wärme und der Kälte erscheinen nicht gerade gleichzeitig mit der Culmination der Sonne, sondern die höchste Steigerung beider erfolgt erst nach der Culmination, und zwar wegen der Langsamkeit der Fortleitung der Wärme im Erdboden und noch mehr im Ocean. Die höchste Wärme tritt ein, in der Mehrzahl der Klimate, im Juli, die tiefste Kälte im Januar. Im Meere verschiebt sich der höchste und der niedrigste Temperatur-Stand noch später, als auf dem Continent. In der That, was die meteorologischen Beobachtungen uns lehren, ist immer nur eine genauere Bestätigung dessen, was ihre allgemeinen geographisch-physikalischen Bedingungen meistens auch voraus erwarten lassen. Als Beispiele des Gegensatzes der schmalsten und der breitesten jährlichen Fluctuation kann man folgende zwei anführen: eine kleine Insel auf dem Aequator, Singapore (1° N. B.), wo die jährliche Amplitude beträgt nur 1°,5 R. (mittlere Temperatur des Januar ist 20°,8, des Juli 22°,4), und einen Ort auf der Polar-Zone im ausgedehntesten Continental-Gebiete, in Nord-Asien, Jakuzk (62° N.), wo die mittlere jährliche Amplitude beträgt sogar 50° R. (die mittlere Temperatur des Januar ist — 34°, des Juli 16° R.). (Noch bedeutender erscheint die jährliche Temperatur-Differenz, wenn man nicht nur die mittlere Temperatur der äussersten Monate vergleicht, sondern deren mittlere absolute Extreme und ferner die einzelnen accidentel und momentan vorkommenden absoluten Extreme der Temperatur.)

b) Die tägliche Fluctuation der Temperatur. Die tägliche Fluctuation ist analog der jährlichen; die klimatische Erwärmung erfolgt bei Tageszeit, wachsend mit der Culmination der Sonne und ihre Höhe erreichend einige Zeit nach der letzteren; sie geht wieder verloren bei Nachtzeit, in Folge von Ausstrahlung, und erreicht daher die grösste Tiefe am Ende der Nachtzeit, kurz vor Aufgang der Sonne. Geographisch ändert sich jedoch die Analogie in der Weise, dass die Amplitude der täglichen Fluctuation nicht zunehmend wird nach den Polen hin, wie es doch für die jährliche Fluctuation allgemeines Gesetz ist. Jedoch bleibt die Bedeutung des Unterschiedes von Festland und Meer; auf ersterem ist daher die tägliche Fluctuation auf allen Zonen bedeutender, als auf letzterem, wo sie sogar überall sehr gering ist. Die Folge davon ist, dass sie bei weitem am grössten hervortritt im Innern der grössten Continente der heissen Zone; dies geschieht in Folge der nächtlichen Ausstrahlung des Erdbodens, weit stärker bei heiterer Luft, in der trocknen Jahreszeit, und im Gegensatz zu der intensiven Erhitzung des Bodens zur Zeit bald nach Mittag. Im Gegensatz davon muss sie am geringsten sein auf den kältesten Polarstrecken zur Winterzeit, weil die Bedingung dazu, die Sonnen-Einstrahlung dann hier ganz fehlt und die Schattenzeit allein herrscht. Wenn die tägliche Amplitude als summum erreichen kann auf dem sommerlichen Wärme-Centrum der ganzen Erd-Oberfläche (d. i. in der Nähe des Rothen Meeres, in Nubien und in der Sahara), während der Trockenzeit, etwa 35° R., nämlich von etwa 35° bis 40° des Nachmittags bis nahe zum Frostpunkt 8° bis 2° R. bei Sonnen-Aufgang, so beschränkt sie sich dagegen in der Nähe des Pols, während der anhaltenden Schattenzeit, im Januar, auf 0°,5 R. *).

Die Tagesstunden, wo die extremen Temperatur-Grade eintreten, sind, für das maximum, bald nach Culmination der Sonne, auf dem Festlande zwischen 1 und 3 Uhr, auf dem Meere aber später, zwischen 3 und 4 Uhr; für das minimum, auf beiden Elementen vor Sonnen-Aufgang, zur Zeit wo der Sonnenschein am längsten gefehlt hat, am Ende der Nacht. (Unabhängig hiervon empfindet man unmittelbar vor Sonnen-Aufgang oder während desselben eine momentane Erniedrigung der Temperatur, die noch nicht genügend erklärt ist.) So verhält es sich regelmässig gleichzeitig längs der einzelnen Meridiane, was das Eintreten des Wärmemaximum betrifft; dagegen das minimum rückt erklärlicher Weise längs der Meridiane über die verschiedenen Breitegrade mit der Zeit des Sonnen-Aufgangs vor und zurück. Es muss auch eine Stunde geben, wo die mittlere Temperatur des ganzen Tages sich ausspricht, wie für das ganze Jahr im Allgemeinen der Monat October den Mittelstand der Temperatur angiebt; und wenn man den Tag eintheilt in 12 Doppel-Stunden, entsprechend der Zahl der Monate, so tritt wirklich die Analogie deutlich ferner hervor. Es ergiebt sich dann, dass die beiden Stunden 8 und 9 Uhr Abends dem October entsprechen, und dass sie auch meteorometrisch als die Zeit der mittleren Tages-Temperatur sich erweisen.

---

*) So z. B. auf Melville-Insel (74° N.) und in Boothia (70° N.); auch zu Bossokop in Norwegen (70° N.) betrug die tägliche Amplitude im Januar nur 0°,6. Davon sind wohl zu unterscheiden die unregelmässigen Undulationen; sie erkennt man aus J. Ross trefflichen meteorologischen Beobachtungen zu Boothia, im polarischen Amerika, als lebhaft wechselnd mit den Winden, und nicht selten 8° R. begreifend in nahe liegenden Tagen. Bemerkenswerth ist, dass hier im Winter die wärmeren Winde kommen aus S.O., N.O. und N., die kälteren aus S.W. und N.W., denn letztere kamen vom Continent, erstere also vom Meer; aber im Sommer kamen folgerichtig die wärmeren Winde von S.W., d. i. vom Continent. — Als fernere Beispiele der mittleren täglichen Temperatur-Amplitude auf den drei Haupt-Zonen mögen hier schon stehen: auf der heissen Zone, in Singapore (1° N.) ist sie 0°,8, im Innern Afrika's zu Gondokorò (4° N.) 5°,0 (im Febr. 8°, im Juli 3°); auf der gemässigten Zone, an der Küste zu Brüssel (50° N.) im Jan. 1°,7, im Juli 5°,4, im Innern Asiens, zu Nertschinsk (51° N.), im Jan. 4°,9, im Juli 9° R.; auf der kalten Zone, auf der Melville-Insel (74° N.), im Jan. 0°,5, im Juli 3°, im April 5° R.

2. Die Undulationen der klimatischen Temperatur.

Der Temperaturstand der Atmosphäre ist kaum einen Augenblick ruhig oder fest beharrend; wie Wellen gehen darin unablässig Hebungen und Senkungen vor, grössere oder geringere, auf weiteren Gebieten oder beschränkt local. Dies sind die unregelmässigen Variationen, die man sehr geeignet auch durch die Benennung als „Undulationen" unterscheidet von jenen allgemein tellurischen und regelmässigen täglichen Variationen, den Fluctuationen. Die Undulationen werden vor Allem bewirkt durch die Wechsel der Winde (ausserdem aber auch durch einige weniger erhebliche, abkühlende Momente, z. B. Wolkendecke, Regen und Verdunstung, Ausstrahlung des Bodens u. a.). Mit den Winden werden sie verbreitet, erhalten durch diese eine grössere oder geringere Amplitude, Dauer, Frequenz und Raschheit der Aenderung (Sprünge). Die Undulationen sind erklärlicher Weise seltener und schwächer auf der heissen Zone, wo der Passat mit seiner gleichmässigen Temperatur Alleinherrscher ist, innerhalb dessen nur noch die Küstenwinde regelmässige, aber geringere Unterschiede der Land- und der Meeres-Temperatur austauschen, obgleich auch die Wolken, Regen und die nächtliche Ausstrahlung Abkühlungen bringen. Freilich in den höheren Gebirgs-Regionen, von mannigfacher Gestaltung des Bodens, treten bedeutendere und häufigere Unterschiede ein. Dagegen ausserhalb der Tropen, im Gebiete der beiden schrägen, neben einander liegenden und alternirenden allgemeinen Luftströme, des kalten polarischen Nordost und des warmen äquatorialen Südwest, erfolgen eben vor Allem die grösseren Undulationen durch den Wechsel dieser beiden tellurischen Circulations-Ströme, auf breiteren oder schmaleren Strecken, in einer von Südwest nach Nordost sich erstreckenden Richtung, und auf längere oder kürzere Zeit. Man muss diese auf dem Wechsel der beiden Haupt-Windbahnen beruhenden Undulationen weiter eintheilen in „allgemeine" und in nur „locale" *). Ausserdem können

*) Das Gesetzliche in dem Wechsel dieser beiden allgemeinen Luftströme zu erkennen, ist eben eine der nächsten Aufgaben der Meteorologie (s. darüber Cap. II, Winde). Will man übrigens eine anschauliche Vorstellung von den Undulationen auf der gemässigten Zone gewinnen, so denke man sich die Isothermen-Linien durch Winde, auf längeren oder kürzeren Strecken, bald nach oben (nach Nordost) hin, bald nach unten (nach Südwest) hin, gebogen und so unrhythmisch schwanken (unduliren).

dann so manche locale und zufällige Luftzüge entstehen und Temperatur-Differenzen austauschen und verbreiten. — Man kann diese unregelmässigen Oscillationen der Luft-Temperatur vierfach unterscheiden, in Hinsicht auf mittlere Amplitude, Frequenz, Dauer und Raschheit des Entstehens. Was ihre Amplitude betrifft, so steht sie nicht in Verbindung mit derjenigen der Fluctuation; jene kann bedeutend sein, wo diese gering ist, und umgekehrt. Auf der heissen Zone, jedoch im Gebiete des Passats, fallen beide ziemlich zusammen, aber die Erniedrigungen der Temperatur durch die Küsten-Winde und durch die Wolken und Regen gehören den Undulationen zu. Dazu kommen noch in der Nähe von regenleeren Wüsten eigenthümliche momentane Erhöhungen der Temperatur, mit einer sehr bedeutenden Amplitude, dies geschieht durch die sogenannten Wüstenwinde; sie können die Temperatur rasch steigern um 15° bis 20° R., und gehören, was ihre Entstehung anbetrifft, zu den schwierigsten Problemen der geographischen Physik; wenn dann nach ihrer kurzen Dauer etwa bei Nacht die Temperatur tief fällt, so können hier Differenzen zu Zeiten bis 35° nahe sich folgend möglich werden. Auf der kalten Zone dagegen, z. B. zu Boothia (70° N.), wo, wie oben angegeben ist, die regelmässige mittlere tägliche Amplitude nur 0°,5 beträgt (im Januar und im Juli ist sie anzunehmen, wie auf der Melville-Insel zu 3°, im April zu 5° R.), erreicht diese unregelmässige tägliche Amplitude in absoluter Grösse, im Januar 10°, im Juli 12° R., wenn auch mit geringer Frequenz. Sehen wir aber nach dem polarischen Continental-Klima, so finden wir, in Jakuzk (62° N.) ist die oben angegebene grosse mittlere Amplitude der jährlichen Fluctuation von 50° R. noch weit überboten von der absolut möglichen der Undulationen, denn das accidentelle absolute maximum kann hier im Sommer erreichen 24°, das minimum im Winter — 46° R., also absolute jährliche Amplitude der Undulationen 70° R. Auf der gemässigten Zone, z. B. in Brüssel (50° N.), ist das absolute maximum 26°, das absolute minimum — 14°, also die absolute jährliche Amplitude der Undulationen 40° R., aber die tägliche Amplitude der Undulationen beträgt hier im Mittel im Januar 4°, im Juli 8° (während die der täglichen Fluctuation hier beträgt, bez. 1°,7 und 5°,4).

Der Mittelstand davon bildet dann die mittlere Temperatur. Die jährliche Fluctuation dagegen würde ein ruhiges Vor- und Zurückschreiten der ganzen Isothermen-Linien mit dem Sonnenstande bezeichnen. — Der Südwest bringt Wärme als Compensations-Wind.

Unsere meteorologischen Beobachtungen mittelst des Thermometers, dieses zuverlässigsten Instruments in der Meteorometrie, messen zunächst doch nur diese unregelmässigen Undulationen, wie schon gesagt ist, in welchen freilich die Fluctuation mit enthalten ist. Zwar sind sie vollständig nur mittelst der selbstregistrirenden Thermometrographen in ihren Curven-Linien zu verfolgen und zu verzeichnen; indessen auch durch stündliches Ablesen und auch durch das gebräuchliche dreimalige Ablesen an jedem Tage, etwa in achtstündlichen Terminen, des Morgens um 6^h, des Nachmittags um 2^h und des Abends um 10^h, werden bis zu einem gewissen Grade genügend die Undulationen und mit diesen die Fluctuationen gemessen. Aus der Sammlung dieser Temperatur-Wellen für die Tage, Monate, Jahreszeiten und auch Jahresreihen hat sich bekanntlich ergeben eine constante, mittlere Temperatur der einzelnen Orte, innerhalb aller vielfältigen scheinbaren Unregelmässigkeiten. Indem man dann über die Orte mit gleicher mittler Temperatur auf der Karte Linien zog, die sogenannten Isotherm-Linien, nach Humboldt's unsterblichem Gedanken, erreichte man es, die geographische Vertheilung der Temperatur auf der Erdkugel überblicken zu können, nicht nur für das Jahr, sondern auch für die verschiedenen Monate. Es entstand hieraus die Möglichkeit einer Auffassung der Temperatur-Verhältnisse der Erd-Oberfläche als eines zusammenhangenden tellurischen Systems, sowohl mit seiner regelmässigen, dem Sonnenlaufe folgenden jährlichen Schwankung, als auch ausserdem mit seinen unregelmässigen Variationen, und seitdem wurden die Temperatur-Verhältnisse der einzelnen Klimate und Orte deutlicher als Theile eines grossen Ganzen erkannt. Indem wir in der Darstellung der Temperatur-Verhältnisse auf der Erde fortfahren, nehmen wir noch einmal diese Gelegenheit wahr, um hervorzuheben, dass eben vorzugsweise die geographische Auffassung und Darstellung der meteorischen Vorgänge das Eigenthümliche dabei ist.

Demnach ist für uns die mittlere Temperatur des Jahres nicht das nach meteorologischer Weise aus allen Monaten berechnete Mittel, sondern es ist für uns derjenige Stand des geographischen Systems der Temperatur, oder der Isotherm-Linien, welchen dies einnimmt bei der mittleren Stellung der Sonne, bei deren Culmination über dem Aequator, bei ihrem Aequinoctial-Stande, d. i. im Monate October (der April eignet sich weniger dazu). In diesem Monate ist die Vertheilung der Isotherm-Linien, oder besser gesagt der Isotherm-Kreise, der räumlich mittlere Temperatur-Stand der ganzen

Jahres-Bewegung; aber er stimmt auch in der That sehr nahe überein mit dem meteorologischen, aus allen Monaten des Jahres berechneten Jahres-Mittel. Zu fernerer Erkenntniss des Umfanges der ganzen Temperatur-Vertheilung dient uns dann die Stellung des Isothermen-Systems in den beiden extremen Monaten, im Januar und im Juli, d. i. in den Monaten zunächst den Solstitien, mit dem niedrigsten und mit dem höchsten Temperatur-Stande. (Bei Bestimmung derselben kann man wohl zur Zeit keinen besseren Führern folgen, als den in den zwei Werken H. Dove's befindlichen Karten, „die Verbreitung der Wärme auf der Oberfläche der Erde" 1852 und „Klimatologische Beiträge" 1857).

Schon ein flüchtiger Blick auf das System der Isotherm-Kreise lässt erkennen, dass ihre unsymmetrische Gestalt, mit ihren ungleich schwankenden Curven, bedingt ist durch den Unterschied von Land und von Meer. Es ist daher erforderlich, zuvor das verschiedene Verhalten dieser beiden Elemente, ihre Reaction unter der Einwirkung der Sonnenstrahlung, näher, und jedes für sich gesondert zu betrachten. Wir wissen im Allgemeinen, dass die Atmosphäre ihre Temperatur von der Sonne nur secundär mitgetheilt empfängt, nämlich durch Rückstrahlung von der Oberfläche der Erde, dass das Festland rascher und stärker die Sonnenwärme annimmt, als das Meer, aber auch dass jenes sie rascher wieder verliert und sich tiefer abkühlt, zur Zeit der Abwesenheit der Sonnenstrahlen. Es dient daher wesentlich zur Beurtheilung der Temperatur-Verhältnisse der Atmosphäre, welche ja eigentlich gemeint werden, wenn von der klimatischen Temperatur die Rede ist, diese ihre zwei Wärme-Quellen zuvor näher zu prüfen und sie in die Berechnung ziehen zu können. Es wird dann erklärlicher, warum die Isotherm-Linien auf dem intertropischen Gürtel fast das ganze Jahr hindurch ziemlich flach verlaufen, nur wenig auf den Continenten sich erhebend; warum auf den höheren Breiten der Hemisphäre, aber nicht der Süd-Hemisphäre, etwa beginnend nördlich von der October-Isotherme von 16° R., ihre Curven weit grösser werden, zunehmend mit dem Umfange der Continente; warum sie auf den grossen Continenten im Sommer so hoch steigen, im Winter so tief sinken und gerade in der vorkommenden Gestalt und Richtung, dagegen auf dem Ocean im Sommer weit niedriger und im Winter weit höher bleiben, als auf den beiden grossen Continental-Bildungen von Nord-Amerika und von Europa-Asien; warum auch im Mittel des Jahres, und im

October, die Isotherm-Linien doch höher bleiben auf dem Meere, als auf jenen Continenten, woran die Westküsten, vorzugsweise die europäische, bedeutenden Theil nehmen; wie eine Anordnung besteht, die der Erd-Oberfläche zukommende Sonnen-Wärme in ihr länger zu erhalten, sie durch Winde und Ströme weiter zu vertheilen, mit manchen localen Besonderheiten, in wiefern dazu auch die eigene innere Erdwärme in Beziehung steht, und wie in hoher Polar-Zone das Meer in seiner Tiefe durchaus der Hüter einer mässigen Wärme bleibt.

§. 3.

Die Temperatur-Verhältnisse des Erdbodens, in geographischer Uebersicht (die Insolations-Schicht, terrestrische und tellurische Bathotherm-Linien).

(Hierzu Fig. 1.)

Die Wirkung der solarischen Strahlen auf die Oberfläche der Erdkugel erstreckt sich nur in eine gewisse geringe Tiefe und trifft hier zusammen mit der eignen, inneren Wärme der Erde. Es ist gerechtfertigt, ja nöthig, die erstere als „terrestrische“ Wärme oder „Insolations-Schicht“, in welcher eine jährliche verticale Fluctuation (und oberflächlich auch eine tägliche Fluctuation) vorgeht, streng zu unterscheiden von der anderen, als „innere tellurische“ zu bezeichnenden, welche die Fluctuation jener nicht theilt, sondern unveränderlich stabil ist, und auch nach unten hin gleichmässig zunimmt (etwa um 1° R. auf 110′ Tiefe). Es kann im Voraus als anerkannte Annahme angegeben werden, dass die dereinst feuerflüssige Erdkugel im Verlauf der Aeonen eine langsame Abkühlung auf ihrer Oberfläche durch Ausstrahlung in den Weltraum erfahren habe, und zwar unter Einwirkung der ihr von den Strahlen der Sonne (und der anderen Gestirne) zukommenden Erwärmung, also auch im Verhältniss zu dieser; dass deshalb ihre oberflächliche Abkühlung eine bedeutendere geworden ist nach den Polen hin, eine geringere unter dem Aequator-Gürtel, wo die Insolation am intensivsten einwirkt (und wahrscheinlich nun auch am tiefsten eindringt); und dass nunmehr die fernere Abkühlung aufgehört hat (bis auf ein minimum), weil immer über der oberen Grenze der inneren oder tellurischen Wärme ein sie übertreffender, oder doch nahe gleichkommender Wärmegrad in der Insolations-

Schicht, in Folge der sehr langsamen Fortleitung der Wärme, während der ganzen jährlichen Fluctuation, auch während der Zeit der von oben vorschreitenden Emission, verbleibt. In der That die geographische Zusammenstellung der (freilich noch sehr ungenügend vorhandenen) Thatsachen spricht für solche Vorstellung. Ohne die Insolation würde die Oberfläche der Erde sehr wahrscheinlich nahe bis zur Temperatur des Weltraums (— 40° bis — 48° R.) abgekühlt sein; jene hat dies verhindert und hindert es ferner mit ungleicher, abnehmender Stärke vom Aequator bis nach den Polen hin und bis zu dem gegenwärtig, wenigstens seit den historischen Zeiten, bestehenden stabilen Zustande, d. h. ohne dass die Erdkugel seitdem nachweisbar irgend ferneren Verlust an Wärme erfahren hat und noch erfährt (nicht $^1/_{136}$ Grad nach Laplace). Aber ohne die innere eigene Erdwärme würde die Insolation tiefer nach innen dringen und die Oberfläche kühler bleiben. Hier begegnen sich also, wie so häufig im Kleinen geschieht, Ausstrahlungen von zwei verschiedenen Wärme-Quellen. Die Insolation geschieht aber nicht in reiner Continuität, sondern mit Intervallen oder rhythmisch, und zwar doppelter Art, mit halbjährlichen und mit halbtäglichen Gegen-Wirkungen. Der Absorption der einstrahlenden Sonnenwärme von Seiten der Oberfläche der Erde steht im Wechsel-Verhältniss gegenüber ein Verlust derselben durch Ausstrahlung, erstere erfolgt zur Sonnenzeit bei Tage, die andere zur Schattenzeit bei Nacht, erstere ist überwiegend im Sommer, die andere im Winter, und beide sind an Zeitdauer völlig gleich. Die Insolation ist gleichsam zusammengesetzt aus täglichen Impulsen, 365 an Zahl, denen antworten eben so viele tägliche Repulse, indem erstere überwiegen in dem einen Halbjahre, letztere in dem anderen Halbjahre. Aber im Ganzen bleibt doch als Ergebniss, dass die Absorption der Sonnenwärme überwiegend ist über deren Emission, insofern wenigstens als die beschattete Hälfte der Erde niemals völlig die Insolations-Wärme wieder verliert, welche sie aufgenommen hatte, während sie von der Sonne beschienen war; sie nimmt ja nie die Temperatur des Weltraums an. Man kann vielleicht die Behauptung wagen, dass dies geschehen würde, wenn nicht die umgebende Atmosphäre es hinderte, welche vielleicht die Einstrahlung mehr zulässt, als die Ausstrahlung von der dunklen Oberfläche (wie Aehnliches in den Glashäusern der Gärtner zu bemerken ist); oder auch wenn nicht die innere tellurische Wärme doch auf dieses Ergebniss von Einwirkung wäre, da sie doch das weitere Eindringen hindert, selbst wenn sie selber keine Aenderung, weder Zunahme noch Verlust, erfährt.*).

1) Die terrestrischen Temperatur-Verhältnisse (die Insolations-Schicht).

Innerhalb der Insolations-Schicht erfolgt also in Uebereinstimmung mit der Fluctuation des ganzen geographischen Temperatur-Systems auch eine Fluctuation in vertikaler Richtung. Allein da die Fortleitung der Wärme (die Conductibilität) im Erdboden eine sehr langsame ist (obwohl verschieden nach dessen Beschaffenheit, kann man dafür im Allgemeinen auf der Isotherm-Linie von 8° R. annehmen, nach den Beobachtungen in Brüssel von Quételet, in einem Tage nicht 2 Zoll, in einer Woche etwas über 1 Fuss, in einem Monate nur 6 bis 7 Fuss), so erfolgen hier grosse Verspätungen. Erst seit neuester Zeit hat man überhaupt Untersuchungen über diese so wichtigen Verhältnisse der terrestrischen Temperatur anzustellen begonnen, und es ist kaum möglich, mehr als eine allgemeine übersichtliche Vorstellung davon zu gewinnen. Indessen ist schon gestattet, auch ein allgemeines Bild von der geographischen Vertheilung und Bewegung der Insolations-Temperatur zu entwerfen, weil wir Untersuchungen darüber haben von den drei klimatischen Zonen der Erde, d. i. von Punkten auf der heissen Zone, nahe dem Aequator (obgleich diese am dürftigsten), — auf der gemässigten Zone, zumal vom 50. Breitegrade in Europa, und auf der kältesten Zone, zumal vom 62. Breitegrade, in Sibirien. Es war zu erwarten und es wird bestätigt, dass, da die Luft ihre Temperatur fast allein secundär, von unten her, von der Oberfläche

---

*) Unsere physikalischen Experimente im Kleinen können nicht immer vollständig maassgebend sein für die grossartigen tellurischen Phänomene. Eben dies Gegeneinanderwirken zweier sich entgegenkommender Wärme-Quellen (strahlender Körper), aber von denen die eine, von aussen kommend, tägliche Intermission und jährliche Fluctuation erfährt, macht die ganze Frage über die Boden-Temperatur in der Insolations-Schicht so complicirt. Fourier's allgemeine mathematisch-physikalische Theorie bleibt dabei die grösste Autorität (Théorie de la chaleur 1822); aber die nachfolgenden empirischen Untersuchungen, obgleich noch sehr mangelhaft, haben auch ihr volles Recht und widersprechen ihr auch nicht. Man findet nirgends mit Bestimmtheit ausgesprochen, ob oder dass die Tiefe der Insolations-Schicht auf der ganzen Erd-Oberfläche gleich sei; dass sie zunehmend ist nach dem Aequator, ist unsere Vermuthung.

der Erde erhält *), ihr Temperaturstand, trotz aller Schwankungen, ungefähr in Uebereinstimmung sich befindet mit demjenigen des Erdbodens, den sie berührt, und zwar ihr nachfolgend, sowohl in der Steigerung wie in der Erniedrigung der Temperatur. Denn wenn auch die unregelmässigen Undulationen der Luft-Temperatur zunächst bestimmt werden durch die Winde, so besitzen und vertheilen diese doch nur die ihnen ursprünglich von der Oberfläche der Erde aus mitgetheilte Temperatur. — Die ganze, mit jährlicher Fluctuation versehene Insolations-Schicht besitzt auf der gemässigten Zone, auf dem 50° N., in Europa etwa eine Mächtigkeit oder Tiefe von 60 bis 75 Fuss (nach A. Quételet in Brüssel), aber auf der Polar-Zone ist sie von geringerer Tiefe anzunehmen, vielleicht etwa von 30 Fuss Tiefe; unter dem Aequator-Gürtel reicht sie vermuthlich (es liegen noch keine empirischen Beweise vor) bis 200′ tief. — In dieser Schicht geht mit der Sonnen-Bewegung eine doppelte vertikale Fluctuation vor, eine tägliche und eine sehr langsame jährliche, welche letztere um das 19fache tiefer eindringt als die erstere. Die erstere hat kaum einen grösseren Spielraum, als einige Fuss tief, (3,0′ im Allgemeinen im Sommer, nach den Beobachtungen in Mittel-Europa, wobei eine Verschiedenheit in den Jahreszeiten noch nicht angegeben ist), in welchem also die Tag- und Nacht-Temperatur oscilliren; die jährliche aber hat eine jahreszeitliche Bewegung mit sehr langsamen Vorschreiten während eines Halbjahres und mit sehr langsamen Rückschreiten während des anderen Halbjahres, mit einem gleichbleibenden mittleren Temperatur-Grade innerhalb einer nach unten zu schmaler werdenden Amplitude der Fluctuation, bis unten jede Variation aufhört, weil die Einwirkung der Sonnenwärme überhaupt aufgehört

*) Dies Verhalten muss besonders beachtet werden, zum Zweck der Verständigung. Nicht etwa befindet sich die Erdkugel mit dem Aequator-Gürtel in einem allgemein wärmeren Raume und gleichsam passiv, sondern ihre Oberfläche selber bewirkt, erst reagirend gegen die Insolation und im Verhältniss zu deren Intensität, eine Erwärmung nach beiden Richtungen hin, nach der Tiefe in den Erdboden und nach der Höhe in die Atmosphäre. — Denkt man sich die Erdkugel ohne ihre jetzige Hitze im Innern, dann würde die solarische Wärme in die ganze Masse dringen und nicht nur auf der Oberfläche bleiben. Denkt man sich die Erdkugel ohne Rotation und Circulation der Sonnenstrahlung ausgesetzt, so würde die Ausstrahlung dereinst bis zu einem gewissen Grade der Abkühlung erfolgt sein, d. h. bis zum Gleichgewicht mit der solarischen Erwärmung, aber es würde nun die Emission völlig fehlen, diese rhythmische Unterbrechung der Einströmung.

hat und nun das Gebiet der inneren, der tellurischen Wärme, wenn auch ohne scharfe Grenze, beginnt.

a) Auf der heissen Zone hat man bis jetzt noch am wenigsten genügende Untersuchungen über die Temperatur des Bodens angestellt. Indessen hat man nicht versäumt, sie bis zur 1′ Tiefe zu beobachten und hat gefunden, dass hier an beschatteten Stellen schon eine (bis auf etwa $^1/_8$° R.) unveränderliche, d. h. nicht die Variationen der Jahreszeiten theilende, sondern den Mittelstand der klimatischen Temperatur angebende, Temperatur von etwa 21° R. bestehe. So fand Boussingault (Ann. de chim. et phys. 1833) bei Guayaquil (2° S.) in 1′ Tiefe 20°,8 (die Luft hatte 20°,0), zu Quito (0°,4 S. 8960′ hoch) in 1′ Tiefe 12°,4 (die Luft hatte auch 12°,4), dabei eine kaum merkliche Oscillation (welche schon in Folge des hier fast täglichen Regens nicht ausbleiben kann) von 0°,1 bis 0°,2 R. Dupetit Thouars und Tessan haben gefunden zu Payta (6° S.) in 2′ Tiefe 20° (Voy. de la Vénus), Darondeau (Voy. de la Bonite) fand in Manila (14° N.) in 1′ Tiefe 19°,9. Freilich war der nächste Zweck dieser Untersuchungen nur, zu ermitteln, dass auf solchem Wege schon die mittlere Temperatur sich auffinden lasse; aber es ist dabei nicht Gegenstand der Untersuchung gewesen, zu ermitteln, ob hier im Boden noch eine jährliche Fluctuation der Temperatur bestehe, wenn auch eine sehr geringe, da sie auch in der Luft nur so gering ist; diese Thatsache ist im Voraus nicht zu bezweifeln, konnte aber unmöglich ohne eine längere Untersuchungs-Reihe bestimmt werden. Ferner ist nicht untersucht, wie tief hier auf dem heissen Gürtel die Insolations-Schicht nach unten hin reicht; dies würde sich erweisen, obgleich hier wohl gar nicht aus der Fluctuation erkennbar, doch sicher durch den Umstand, dass, so weit die Insolation eindringt, noch nicht jene gleichmässige Abnahme der Temperatur nach der Tiefe zu erfolgen würde, welche als charakteristisches Zeichen der tellurischen Temperatur gelten muss und welche überall etwa 1° R. beträgt für 100 bis 110 Fuss*). Man muss erwarten, dass hier die

*) Directe Untersuchungen sind in Bezug hierauf noch nicht angestellt. Aber ein gewichtiges Zeugniss geben hierfür die Quellen ab; ihre Temperatur würde mit derjenigen des Bodens nach unten hin zunehmen; aber im Gegentheil, sie ist in Wirklichkeit auf der ganzen heissen Zone etwas niedriger (um 1° bis 2° R.), als die mittlere klimatische Temperatur der Luft; also kann die Zunahme der Temperatur im Erdboden doch nicht nahe unter der Oberfläche beginnen, d. h. die tellurischen Wärme-

terrestrische, die Insolations-Wärme noch in beträchtlichere Tiefe eindringt, vielleicht 200′ tief. — Aus Untersuchungen, welche in Ostindien angestellt worden sind, zu Trivanderam, an der Küste von Malabar (8° N.), von Caldecott (s. Annales de l'observ. de Bruxelles 1845), welche jedoch noch nicht als ganz gültige Zeugnisse anerkannt werden können, aber bis 12 Fuss Tiefe reichen, und hier noch eine beträchtliche Variation fanden, leitet Quételet ab, eine Geschwindigkeit der Fortpflanzung der eingestrahlten Wärme von 1′ in 3 bis 4 Tagen, während er sie in Brüssel fand etwa um die Hälfte geringer, 1′ in 6 Tagen, woraus sich also schon eine etwa um das Doppelte grössere Tiefe der ganzen Insolations-Schicht in Trivanderam vermuthen liesse. Ein anderes Zeugniss dafür, dass mit der Intensität der Insolation diese auch geschwinder und bei gleicher Zeit also auch tiefer eindringt, ist gegeben in der rarificirten Luft hoher Regionen; wenigstens kann man es annehmen aus dem Umstande, dass auf dem Faulhorn (8250′ hoch) Bravais und Martins die Geschwindigkeit der Fortpflanzung zu 1 Fuss in 9,42 Stunden fanden, welche in Brüssel von Quételet nur zu 1 Fuss in 9,16 Stunden gefunden ist, wenn man bedenkt, dass die Temperatur der Luft auf dem Faulhorn im Juli nur 3°,8 ist und als max. nur 8° erreicht. — Auf der heissen Zone also haben wir noch gar keine gültigen empirischen Beweise über die Tiefe der Insolations-Schicht erhalten. Artesische Bohrungen könnten die Frage ohne grosse Schwierigkeiten entscheiden; aber es ist nicht anzugeben, dass sie zu solchem Zwecke schon unternommen oder benutzt worden sind. (S. Note 1 und 2 am Ende dieses Buches.)

b) Auf der gemässigten Zone sind erklärlicher Weise Untersuchungen über die Frage, welche uns jetzt beschäftigt, am vollständigsten ausgeführt vorhanden, und zwar in Europa namentlich auf dem 50. Breitegrade von A. Quételet in Brüssel. Diese können uns überhaupt zu maassgebenden Anhaltspunkten für die terrestrischen Temperatur-Verhältnisse dienen und mögen hier zu dem Zwecke näher angegeben werden. In Brüssel ist die klimatische mittlere Temperatur des Jahres 8°,2 R., des Januar 1°,6, des Juli 14°,5, des October 8°,0; also die Amplitude der jährlichen Fluctuation zwischen der mittleren Temperatur der beiden extremen

Schichten beginnen erst in bedeutender Tiefe; die Insolations-Schicht ist hier mächtiger, als in den höheren Breiten, wo die Quellen umgekehrt wärmer sind, als die mittlere klimatische Temperatur.

Monate 13,° R. Im Boden nun findet man eine ähnliche Fluctuation, aber sich mehr und mehr verspätend nach der Tiefe hin, zugleich rasch an Amplitude verlierend, so dass diese schon in 12′ Tiefe nur noch 3°,4 beträgt, und in der Tiefe von 60′ bis 75′ ganz aufhört, wo die sogenannte „unveränderliche“ Schicht, genauer gesagt, die innere eigene Wärme der Erde allein beginnt, also wo die Grenze zwischen der terrestrischen, von aussen kommenden solarischen Wärme und der tellurischen, indigenen Wärme angenommen werden kann, welche letztere durch Stabilität mit gleichmässiger Zunahme nach unten hin charakterisirt wird. Besonders beachtenswerth ist dabei die grosse Langsamkeit des Fortrückens der eingestrahlten Wärme, so dass hier das Juli-maximum der Oberfläche, nach unten hin eindringend, sich um mehrere Monate verspätet, ja in der Tiefe von 24′ erst im December anlangt, und stufenweise kühler geworden, von 12°,3 auf 9°,5 R., jedoch nie kühler als die mittlere klimatische Temperatur des Ortes. Analog verhält es sich mit dem Zurückgehen der Boden-Temperatur, in Folge der winterlichen Ausstrahlung. Das Januar-minimum der Oberfläche, sich fortsetzend in gleicher Richtung nach unten hin, erscheint in der Tiefe von 24′ erst im Mai und zwar indem der Verlust an Wärme nun stufenweise geringer geworden ist; das minimum von oben, im Mittel 1°,7 (zuweilen Frost bis 2′ Tiefe), ist unten 8°,5 geblieben. So stellt sich hier eine Art von Circulation dar, eine langsame Füllung und eine Entleerung; während des Juli ist oben ein maximum, aber in der Tiefe ein minimum, dagegen im Januar ist oben ein minimum, während in der Tiefe ein maximum sich befindet*).

Das folgende Schema der jährlichen Bewegung und Lagerung der Temperatur-Grade in der Insolations-Schicht ergiebt ein zuverlässiges Bild, nach A. Quételet's letzter Untersuchungs-Reihe, welche 10 Jahre umfasst, von 1843 bis 1854 in Brüssel ausgeführt, an der Nordseite und im Schatten des Observatoriums (s. Sur le climat de la Belgique 1854 und Annales de l'observ. de Bruxelles).

*) Es würde vielleicht kein Hinderniss bestehen, dass die nach innen zu grössere Wärme rasch ferner ausstrahlte, wenn nicht in der Insolations-Schicht die Veranstaltung getroffen wäre, durch die Wechsel von Absorption und Emission im Jahre, dass eine Schicht mit grösserer Wärme immer oberhalb von Schichten mit geringerer Wärme bestehen bleibt. — In der organischen Geologie ist anerkannt, dass in den Zeiten der früheren Schöpfungen auf der Erd-Oberfläche eine gleichmässige, tropische Wärme bestand, und dass erst ungefähr in der Mitte der Tertiär-Formation ein Unterschied der Zonen eintrat (nach Bronn).

Schema

der jährlichen Fluctuation der Temperatur des Erdbodens, d. i. der Insolations-Schicht, auf 50° N. Br., Isotherme von 8°,2 R.

Tiefe.	Jan.	Febr.	März.	April.	Mai.	Juni.	Juli.	Aug.	Sept.	Oct.	Nov.	Dec.	Mittel.
Oberfläche	1°,7	2°,3	2°,5	5°,4	8°,1	10°,9	12°,3	11°,5	9°,9	7°,2	5°,5	2°,9	6°,6 (auf der Sonnenseite 8°,6, im Juli 16°,5).
3′	4°,4	4°,3	4°,2	5°,8	7°,5	9°,8	11°,0	11°,8	11°,0	9°,7	7°,9	6°,1	7°,7 (auf der Sonnenseite 8°,3, im August 13°,8).
6′	6°,4	6°,0	5°,7	6°,3	7°,3	9°,0	10°,3	11°,2	11°,2	10°,5	9°,4	9°,0	8°,5 (Auf der Oberfläche erreichte das absolute min. — 8°, das absolute maxim. vielleicht 40°; der Frost drang nie tiefer als 1′ ein).
12′	8°,4	7°,7	7°,2	7°,0	7°.4	8°,2	9°,1	10°,0	10°,4	10°,4	10°,0	9°,4	8°,7
24′	9°,3	9°,0	8°,9	8°,7	8°,5	8°,6	8°,8	9°,0	9°,3	9°,4	9°,5	9°,5	9°,0 R.
50′	—	—	—	—	—	—	—	—	—	—	—	—	
60′	—	—	—	—	—	—	—	—	—	—	—	—	
75′	—	—	—	—	—	—	—	—	—	—	—	—	

Die beiden extremen Monate, Januar und Juli, und der zwischen ihnen liegende October sind besonders beachtenswerth. Es ersieht sich deutlich die Art von langsamer Circulation und die Lagerung der Temperatur-Grade übereinander im Erdboden in jedem Monate. In der Tiefe von 24 Fuss erscheint das maximum erst im December, mit 9°,5, das minimum erst am Ende des Mai, mit 8°,5 R.

Die Abnahme der Amplitude der Fluctuation der Temperatur im Boden ergiebt sich in folgender Uebersicht:

Tiefe.	maximum.	medium.	minimum.	Amplitude.
Oberfläche	12°,3 (im Juli)	7°,0 (Oct. u. Mai)	1°,7 (im Jan.)	10°,6
3′	11°,8 (Aug.)	8°,0 (Nov. u. Mai)	4°,3 (Febr.)	7°,5
6′	11°,2 (Sept.)	8°,4 (Dec. u. Juni)	5°,7 (März)	5°,5
12′	10°,4 (Octob.)	8°,7 (Jan. u. Juli)	7°,0 (April)	3°,4
24′	9°,5 (Nov. u. Dec.)	9°,0 (Febr. u. Aug.)	8°,5 (Mai)	1°,0
50′	—	—	—	0°,1
60′ bis 75′	—	—	—	0°,01

Auf der Sonnen-Seite gestalteten sich diese Temperatur-Verhältnisse etwas anders, in folgender Art:

Tiefe.	maximum.	medium.	minimum.	Amplitude.
Oberfläche	16°,5 (Juli)	8°,6	0°,8 (Januar)	15°,7
½′	13°,5 (Juli)	7°,2	1°,2 (Januar)	12°,1
3′	13°,8 (August)	8°,3	2°,8 (Jan. u. Febr.)	11°,0

Mit jenen Brüsseler Beobachtungen stimmen befriedigend überein, in Bonn ein Jahr hindurch von G. Bischof angestellte auf der Sonnenseite (s. Die Wärmelehre des Innern unseres Erdkörpers 1837, und Chemische Geologie 1846), welche noch 12′ tiefer reichen, bis 36′ Tiefe.

Tiefe.	maximum.	medium.	minimum.	Amplitude.
6′	13° (August)	7°,7 (Mai u. Nov.)	3°,1 (Febr.)	9°,9
12′	11° (September)	7°,8 (Juni u. Dec.)	4°,6 (April)	6°,4
24′	9°,2 (Nov. u. Dec.)	8°,1 (Febr. u. Aug.)	7°.0 (Mai)	2°,2
36′	8°,7 (Januar) *)	8°,4 (Mai u. Oct.)	8°,1 (Juli)	0°,6
60′	—	—	—	0°,01 R.

*) Beachtenswerth ist, dass dies maximum in dieser Tiefe mehrere Wochen hindurch blieb, December und Januar (s. auch Dove's Repertor. d. Physik, B. III. 1839, S. 284).

Auch frühere von Arago angestellte vierjährige Beobachtungen in Paris (48° N.) bezeugen hinreichend dies Verhalten; sie ergaben in 24′ Tiefe eine Amplitude von 1°,1 R.; das maximum trat ein auch hier im December, das minimum im Juni. Die Reihenfolge des Juli gestaltete sich z. B. in folgender Weise, an der Sonnenseite:

Tiefe.	Temperatur.
1½′	22°,2 R.
6′	14°,0
25′	9°,1
86′ (im Keller)	9°,4

Wie sicher die mittlere Temperatur der Insolations-Schicht der mittleren klimatischen Luft-Temperatur des Ortes entspricht, wenn auch etwas höher sich haltend, wird durch Vergleichung mit mehreren anderen Orten erwiesen. Z. B. in Stockholm (59° N.) ist die mittlere Temperatur der Luft 4°,5 R., und das medium der Boden-Temperatur fand man in 3′ Tiefe 5° (nämlich das minimum 0°,1 im Februar, das maximum 11°,1 im Juli); auch in Abbotshall (56° N.) bei Edinburg in 3′ Tiefe ist das medium gefunden zu 6°, etwa wie in der Luft (das minimum 3°,6 im Februar, das maximum 9°,1 im Juli). Die Quellen erweisen sich hierin weniger zuverlässig.

Legen wir besonders die Brüsseler Beobachtungen zu Grunde, so finden wir folgende Thatsachen hervorzuheben. Die Tiefe, in welche die tägliche Insolation eindringt, beträgt etwa 1/19 der ganzen Insolations-Schicht, d. i. hier über 3 Fuss; ihre mittlere Geschwindigkeit ist 1 Fuss in 9 Stunden, jedoch bringt dabei die Beschaffenheit des Bodens grosse Unterschiede, Lockerheit, Feuchtigkeit, Gesteinsart u. a.; in Edinburg (55° N.) erreichte die Tiefe der täglichen Einstrahlung in Trapp 3,0′, in Sand 3,5′, in Sandstein aber 5,2′. (Hierbei ist jedoch die Jahreszeit noch nicht gehörig unterschieden zu erkennen). — Die Tiefe, in welche die jährliche Insolation eindringt, beträgt auf dem 50. Breitegrade, zu Brüssel, etwa 60′ bis 75′. Nahe gleich hat man die untere Grenze der jährlichen Fluctuation gefunden in Paris (68′), Bonn (72°, in Sand), in Heidelberg (83′ in Thon), in Upsala (62′), in Edinburg (57′ in Trapp, 66′ in Sand). Auf der heissen Zone ist sie, zu Trivanderam (8° N.), freilich nur zu 53′ Tiefe berechnet, jedoch nach nicht genügenden Thatsachen, welche aber gegen die etwaige Meinung zeugen, auf der heissen Zone betrage die Tiefe nur 1 Fuss. Es scheint deshalb, dass die solarische Einwirkung auf den höheren Breiten weniger tief eindringt, als auf den wärmeren Zonen (wie auch Quételet meint, aber Kupffer nicht annimmt), namentlich nach Beobachtungen in Sibirien (s. später) *). Die Geschwindigkeit des Fortschreitens der Wärme innerhalb der Insolations-Schicht berechnet sich zu Brüssel in der jährlichen Bewegung auf 1 Fuss binnen 5 bis 6 Tagen, oder auf 6 Fuss binnen eines Monats (aus den Beobachtungen zu Trivanderam in der heissen Zone berechnet sie Quételet etwa zu 1 Fuss in 3 bis 4 Tagen). Da nun schon in der Tiefe von 12 Fuss nur noch eine Amplitude der jährlichen Fluctuation von 3°,4 besteht, mit einer mittleren Temperatur von 8° R., so ist erklärlich, dass in Kellern von solcher Tiefe die Temperatur im Sommer beträchtlich kühler, im Winter aber weit wärmer sich erhalten muss, als in den Wohn-Räumen über der Erde. Berühmt ist die Thatsache, dass in dem 86' tiefen Keller des Observatoriums zu Paris, ein kolossales, sehr fein messendes Thermometer, von Lavoisier aufgestellt, sich befindet, welches seit länger als sechzig Jahren unwandelbar auf 9°,45 R. (11°,82 C.) steht (genauer gesagt, mit einer Oscillation von mittlerem Werthe zu 0°,08 C., welche aber sicher nicht im Boden selbst vorkommen würde). In Bergwerken ist schon früher diese Stabilität der Temperatur nicht unbemerkt geblieben.

Für die Temperatur der Luft, also für die klimatische Temperatur, ist übrigens von nächster Bedeutung, das Wärme-Verhältniss der unmittelbaren Aussenfläche der Erde, wo Einstrahlung und Ausstrahlung zunächst erfolgen, zu beachten. Hier sind erklärlicher Weise die Variationen der Wärme am grössten, fluctuirend nach Tageszeit, Jahreszeit, Jahrgängen, und auch unregelmässig

*) Vergleicht man die Tiefen, in welchen die Variationen der Boden-Temperatur im Jahre aufhören an den eben erwähnten, bekannten Orten der gemässigten Zone, von Süd nach Nord, so findet man eine kürzer werdende Abstufung nicht undeutlich schon hervortreten. Die Amplitude von 1° C. und von 0°,01 C. fanden sich in diesen Tiefen:

	1° C.	0°,01 C.
Strassburg . .	9,7 Meter	25,4 Meter
Brüssel. . .	9,2	25,3
Zürich . . .	8,5	22,4
Upsala . . .	8,4	20,9
Edinburg . .	6,1	17,7

undulirend nach Wolken, Regen, Schnee, Winden u. s. w. Hier erfolgt ja die eigentliche Bestimmung der Luft-Wärme. Auf der heissen Zone kann man bei höchstem Sonnenstande die Boden-Aussenfläche weit über 50° R. nicht selten erhitzt finden; Humboldt fand hier auf den Llanos von Venezuela des Nachmittags 2 Uhr in der Sonne meistens 41° R., aber bei Nacht kühlte sich die Bodenfläche ab um 19°, d. i. sie zeigte 22° R. Die Abkühlung durch nächtliche Ausstrahlung und Abdunstung in heiteren Nächten kann noch weit bedeutender werden, bis nahe zum Frostpunkte, z. B. im Innern Afrika's und Asiens. Auf der gemässigten Zone kann im hohen Sommer der Erdboden auf seiner äusseren Fläche von Sonnenschein erhitzt werden bis auf 43° R. (von Arago gefunden zu Paris im August, am Meeresstrande aber auch über 50° R.); vielleicht ist dies nicht sehr selten der Fall, nur die Beobachtungen darüber sind selten (s. Note 3). In Tübingen hat man den Unterschied der Temperatur auf der besonnten Oberfläche und in der beschatteten Luft dieser Art gefunden; des Mittags, im Juli dort 40°, hier 17°, im Januar dort 7°, hier —2°,5, für das Jahr dort 24°, hier 8° R. (nach Schübler). Dagegen die Abkühlung im Winter erreichte zu Brüssel als minimum — 8° R. und noch mehr, aber die Frost-Temperatur drang kaum 19 Zoll tief in den Boden, und zwar erst nachdem strenge Kälte über acht Tage gedauert hatte, wie sie nur mit N.O. Winden herbeigeführt zu werden pflegt; es fand sich hier einmal, nach einer anhaltenden Kälte von fast zwei Monaten, die bis — 13° anwuchs, die Aussenfläche des Bodens —8° (während die Luft —13° hatte), in 1/3 Fuss Tiefe —5°, in 2 3/4 Fuss Tiefe 0°,3; ein anderes Mal war der Frost, nach einer achttägigen Kälte von —6°,3, bis zwei Fuss eingedrungen, wo sich noch — 0°,6 fand *). Auch in Upsala (59° N.) hat man nach einjähriger Beobachtung (von Rudberg), die Frost-Tempe-

---

*) Bei einer anderen Gelegenheit sagt der Beobachter, Quételet (Sur la relation entre les températures et la durée de la végétation des plantes, im Bullet. de Bruxelles XXII. und l'Institut 1855. p. 341), ein eintretender starker Frost an der Oberfläche des Bodens brauche [doch verschieden bei auch nur dünner Schneedecke], um seine Wirkung auf 1 Fuss Tiefe fortzuführen, etwa 6 Tage, sie erreiche die Tiefe von 2' nach 12 Tagen und von 3' erst nach 18 Tagen. Deshalb leiden dann die tieferen Wurzeln der Bäume mehr als die weniger tiefen der Gesträuche, weil bei jenen der Frost, welcher so tief gelangt, weit länger andauert, indem die später eintretende Wärme nicht sobald stark genug ist, um tief vorzudringen. Uebrigens ist das äusserste minimum, das in Brüssel vorgekommen ist, nur — 14°,6 R.

ratur in 2′ Tiefe aber nicht mehr in 3′ Tiefe gefunden, wo schon 0°,8 war (die mittlere Temperatur des Januar ist — 4°). Durch eine Schneedecke wird übrigens die Emission der Wärme sehr beschränkt, noch mehr durch Eis, obgleich beide selber ausstrahlen und das Eis z. B. bis — 40° erkaltet gefunden ist. Die Insolation selbst ist überall auf der ektropisehen Zone der Nord-Hemisphäre am intensivsten im Juni. Wenn man die mögliche Tiefe der Boden-Schicht, in welcher die tägliche Wärme-Fluctuation sich bewegt, im Allgemeinen bis 3,8′ rechnen kann, so hat hierin doch auch die Beschaffenheit des Bodens grosse Unterschiede ergeben; man hat zu Edinburg gefunden, dass sie in Sandstein um ⅓ tiefer eindrang, als in lockeren Sand, und bei schwarzem humusreichen Boden erfolgte eine Erhöhung der Wärme binnen einer Stunde um fünfmal mehr, als auf hellem Kalkboden, in jenem von 14° auf 24°, in diesem von 14° auf 16° R., und analog ging der Verlust der Wärme vor sich; auch die Feuchtigkeit minderte die obere Boden-Temperatur durch Verdunstung um 4° bis 5°, entwässerter Boden zeigte sich in 7 Zoll Tiefe um 4° wärmer, als nicht entwässerter. Ein ähnliches Resultat ergiebt sich da, wo durch Beschaffenheit der Bodendecke die Ausstrahlung stärker wirkt; z. B. eine dichte Grasfläche zeigte, dass das Gras selbst stets kühler war, als der Erdboden unter ihm in ½ bis 1 Zoll Tiefe, zuweilen um 4° (nach Wells).

Zur praktischen Benutzung lassen sich die regelmässigen Temperatur-Verhältnisse im Erdboden unter unseren Füssen, während des Jahreslaufes, auf dem 50. Breitegrade oder auf der Isotherme von 8° R., ungefähr in folgender Uebersicht angeben:

Aussenfläche, im Januar 0° (minimum — 10°), im Juli 15° (maximum 30°).

In 3′ Tiefe wird im Winter nie Frost eintreten, im Januar findet sich hier 4°, im Februar das minimum mit 3°0,; im Sommer wird die Wärme auch auf besonnten Stellen nicht über 14° steigen, dies maximum wird erreicht im August, im Juli finden sich hier 12° R.

In 6′ Tiefe ist zu erwarten im Januar 6°,5, im Juli 10°,5; das minimum tritt ein im März mit 5°,5, das maximum der Wärme im August und September mit 11°,5.

In 12′ Tiefe ist zu erwarten im Januar 8°,5, im Juli 9°, der niedrigste Temperatur-Grad erscheint im April, mit 7°, der höchste im September und October mit 10°,5.

In 24′ Tiefe findet sich im Januar 9¼°, im Juli 8¾°, die niedrigste Wärme ist hier im Mai, mit 8½°, die höchste im November und December, mit 9½° R. *)

c) Auf der kältesten Zone sind gründlichere Beobachtungen angestellt, als auf der heissen; dies bezieht sich namentlich auf eine Reihe von Untersuchungen der Boden-Temperatur auf dem winterlichen continentalen Kälte-Pole in Sibirien, bei Jakuzk (62° N.), wo der Winter eine mittlere Temperatur erreicht von —30°, der Sommer von 13° R. Man muss erwarten, dass auch auf dieser kalten Zone die mittlere Temperatur der Insolations-Schicht ungefähr gleich ist derjenigen der Luft, also da, wo diese unter 0° bleibt (in Wirklichkeit unter —1° oder —2°) **), muss in gewisser Tiefe im Boden eine bleibende Eisschicht beginnen und zunehmen nach dem Pole hin, dem Isothermen-Systeme entsprechend. Wirklich sind dafür auch hinreichend Beweise gefunden, in Nord-Asien wie in Nord-Amerika. Oberhalb dieser Schicht ewigen Eises thaut dann das Erdreich im Sommer nur einige Fuss tief auf (vermuthlich 3 bis 8 Fuss tief). Auch in dieser Eisschicht zeigt sich die jährliche Fluctuation, und ist sie breiter unterschieden, in eine halbjährige Zeit mit Aufnahme der solaren Wärme und in eine andere mit Ausstrahlung derselben. In Jakuzk ist die mittlere klimatische Temperatur —8°,2 R. Die Tiefe der ganzen Insolations-Schicht scheint hier geringer zu sein; vielleicht ist sie hier zu 30′ bis 40′ anzunehmen, wo die Fluctuation aufhören würde, deren ganze

*) Hierzu dient folgendes Schema:

Januar. 0° (min. —10°).	Tiefe.	Juli. 15° R. (max. 30°).
4°. (minimum Februar 3°,	3′ Fuss	12° maximum Aug. 14°).
6½°. (minimum März 5½°,	6′ Fuss	10½° maximum Sept. 11½°).
8½° (minimum April 7°,	12′ Fuss	9° maximum Oct. 10½°).
9¼° (minimum Mai 8½°,	24′ Fuss	8¾° (maximum Dec. 9½°).

**) Da die Temperatur der Quellen auf der kalten Zone etwas wärmer sich ergiebt, als die mittlere Temperatur der Luft, so ist dies ein besonderes Zeugniss dafür, dass ihr Ursprung tiefer ist, als in der schmalen Insolations-Schicht.

Amplitude hier viel grösser ist, wegen des extremen Klima's, aber auch rascher nach unten abnimmt. In solcher Tiefe geht zu Jakuzk die Fluctuation über in eine stabile Temperatur, d. h. es beginnt die von der Sonne unabhängige innere Temperatur der Erdkugel, und damit auch eine gleichmässige Zunahme derselben nach unten hin; die Eisschicht, welche hier etwa noch — 7° hat, hat man weiter nur bis 382′ Tiefe verfolgt, wo man ihre Temperatur zu — 2°,4 gefunden hat; aber der Berechnung nach setzt sie sich noch bis in 600′ oder 900′ Tiefe fort, wo erst 0° zu erwarten ist. Auf der Oberfläche ist die mittlere Temperatur im Juli zu 16° anzunehmen, im Januar zu — 34°, also die mittlere Amplitude zu 50° (und zwar, da hier der grösste Kältepol im Winter sich befindet, kann die grosse Erniedrigung der Temperatur nicht durch Winde kommen, sondern muss hier originär entstehen, durch Ausstrahlung des Bodens). Die Untersuchungen sind von Middendorff angestellt (Reise in den äussersten Norden und Osten Sibiriens 1848), für ein ganzes Jahr; danach ergiebt sich folgendes Schema über die Temperatur-Verhältnisse des Erdbodens bei Jakuzk (62° N.); leider fehlen die Angaben oberhalb 7′ Tiefe, sie sind hier interpolirt *).

Tiefe.	maximum.	medium.	minimum.	Amplitude.
(Oberfläche	14° (Juli)	— 8°	— 34° (Januar)	50° R.)
(3′	0°	— 12°	— 24°	24°)
7′	— 2°,7 (October)	— 9°	— 16° (März)	14°
15′	— 5°,9 (November)	— 8°,0	— 10°,2	5°
20′	— 6°,1 (December)	— 7°,5	— 9°,5 (Mai)	3° R.
50′	—	— 6°	—	0°
150′	—	— 4°	—	—
382′	—	— 2°,4	—	—

Hieran schliessen sich die Untersuchungen zu Bossekop im nördlichen Norwegen (70° N.) von Siljeström u. A. (Voy. du Nord

*) Einigermassen lassen sie sich ersetzen durch Untersuchungen in Spitzbergen (80° N.), von Martins, Bravais u. A. (Voy. de la commiss. scient. du Nord 1840). Hier hatte am 31. Juli die Luft 3°,5 R., die Oberfläche des Erdbodens 7°,2, bis 3′ Tiefe war der Boden eisfrei, dann fanden sich die ersten Eisstücke, in 6′ Tiefe war 0°. Es verläuft die Isotherme von — 4° R., durch Spitzbergen.

1840), wo die mittlere klimatische Temperatur $0^0,5$ ist (im Januar -8^0, im Juli 10^0); danach lässt sich folgendes Bild aufstellen:

Tiefe.	Januar.	Februar.	März.	Mai.	October.
Oberfl.			$-7^0,3$		
$1/2'$	(-8^0)	$-7^0,1$ $(-6^0$ bis $-9^0)$			$1^0,2$ (4 bis −3) (tägl. Ampl. $0^0,2$)
$3^1/_2'$	$-2^0,6$	$-2^0,6$	$-2^0,8$ b. $-3^0,2$)	$0^0,2$	$0^0,5$
$24'$	$1^0,3$	$1^0,2$	$1^0,2$		
$200'$	$2^0,8$	$2^0,8$	$2^0,8$	$2^0,8$	$2^0,8$ (in einem Schacht, dessen Luft $2^0,7$ beständig hatte.

Auch hier findet man schon in der Tiefe von 24′ die Amplitude sehr gering geworden; die mittlere Temperatur muss in weiterer Tiefe bald überschritten werden, also die Insolations-Schicht nicht viel tiefer reichen (s. Note 4).

Noch andere Erfahrungen in Sibirien bringen Bestätigungen für die Meinung, dass die Insolation auf den höheren Breiten weniger tief eindringt. Erman fand zu Jakuzk (Reise um die Erde u. s. w. 1838) im April in 50′ Tiefe über -6^0 R.; da dies mehr als 2^0 über der mittleren klimatischen Temperatur des Orts ist, so ist anzunehmen, dass man sich hier schon unterhalb der Insolations-Schicht, d. i. in dem tellurischen Temperatur-Gebiet befindet. Zu Tobolsk (58^0 N.) fand derselbe Gelehrte im October, bei 9^0 der Luft, in 28′ Tiefe $1^0,8$ (die mittlere Temperatur dieses Ortes ist $1^0,9$); sogar zu Beresow (63^0 N.) im December, bei -23^0 der Luft, in 22′ Tiefe, $1^0,6$ (? die mittlere Temperatur dieses Ortes ist -3^0 R.). Also spricht dies zwar nicht für eine anzunehmende höhere mittlere Temperatur des Bodens, als die der Luft, aber wohl für eine geringere Tiefe der Insolations-Schicht auf der kalten Zone, im Vergleich mit den wärmeren Breiten, weil doch nicht wahrscheinlich ist, dass die hier im Erdboden gefundenen, im Vergleich hohen Temperatur-Grade noch solaren Ursprungs vom Sommer her wären, sondern sie sind schon tellurisch*). Zu Nertschinsk

*) Da über die Tiefe der täglichen Insolation noch so wenig in Erfahrung gebracht ist, und da die Angabe, sie reiche in Brüssel 3′ tief, wahrscheinlich nur für

(51° N.), wo die mittlere Temperatur —3°,1 ist, reicht die ewige Eisschicht im Boden bis 40′ tief und ist am Ende des Sommers oben aufgethaut bis 8′ Tiefe. In Nord-Amerika, auf der kalten Zone, in Fort York (57° N.), mit der mittleren Temperatur von —2°,8, soll eine ewige Eisschicht im Boden bis 20′ tief sich erstrecken und am Ende des Sommers aufgethaut sein nur bis 3′ Tiefe (zur Erklärung dient, dass hier die mittlere Temperatur des Sommers weit niedriger bleibt als in Nertschinsk, wie 8°,9 zu 12°,9, und die des Winters weniger tief, wie —15° zu —21°,7 R.*).

Man kann nicht wohl von den Temperatur-Verhältnissen des Bodens sprechen, ohne auch die Temperatur der Quellen zu berücksichtigen. Im Allgemeinen stimmen diese überein mit jenen, insofern als die Quellen, wenn auch meteorischer Abkunft, doch einen längeren Aufenthalt innerhalb der Insolations-Schicht hatten und also deren Temperatur theilen. Entspringen sie tiefer, so zeigen sie eine Zunahme an Wärme, etwa um 1° R. für 100 bis 110 Fuss Tiefe, als Mittheilung der tellurischen Wärme, dies sind die „Therm-Quellen." Die gewöhnlichen Trinkquellen stehen im Verhältniss zu den Niederschlägen und zu der Boden-Configuration ihrer Gegend; im Ganzen entsprechen sie der mittleren klimatischen Temperatur derselben; aber da sie von Meteorwasser gespeist werden und dies ein Mal kälter sein kann, als der Boden, ein anderes Mal aber wärmerer Regen, so können auch oberflächlichere Quellen, innerhalb geringer Grenzen, momentan und unregelmässig etwas mehr oder weniger Wärme oder Kälte zeigen, eine geringe Oscil-

---

den Sommer gilt, so stehe hier das Beispiel: aus einer Untersuchung der Boden-Temperatur in Naronovo, in Nowgorod (56° N.), vom 1. bis 11. November 1854, bis 5′ Tiefe angestellt, ergab sich, dass hier und damals die Einwirkung der täglichen Insolation sich zwar noch bemerklich zeigte in ½′ Tiefe, aber nicht mehr in 2′ Tiefe; die Temperatur sank an dieser Stelle ohne Fluctuation gleichmässig von 4°,7 auf 2°,9 (die der Luft fluctuirte vom 3°,5 bis —3°,0; Bullet. de St. Petersb. XIV.).

*) Es wäre sehr zu wünschen, dass Untersuchungen über die Temperatur des Erdbodens, wenigstens im Umfange der Insolations-Schicht, nach gleicher Methode an verschiedenen Orten angestellt würden. Aber es wäre auch nöthig und möglich, die Methode dabei zu vereinfachen. Es genügt sicherlich, einige Zoll breite Bohrlöcher anzulegen, in bestimmten Absätzen, etwa in 1′, 3′, 6′, 12′ und 24′ Tiefe. Oben, auf der Aussenseite des Bodens (an einem horizontal aufliegenden Thermometer) und in 3′ Tiefe würde dreimal täglich, gleichzeitig mit den übrigen meteorologischen Beobachtungen, nachzusehen sein, aber in den tieferen Stellen wäre eine wöchentliche Untersuchung hinreichend. Kennt man die Tiefe der täglichen Insolations-Schicht, so ergiebt diese 19fach genommen auch die jährliche, die empirischen Befunde vorbehalten.

lation *). (Uebrigens ist nicht ganz abzuweisen, dass ein allgemeines Grundwasser bestehe, was sich überall in grösseren Tiefen der Erde, unterhalb der Fläche, welche der Meeresgleiche entspricht, befindet, nicht neueren meteorischen Ursprungs, sondern ewiges tellurisches Wasser darstellend. Dafür sprechen die Auswürfe und der Wasserdampf der Vulkane, auch die Erdbeben; denn in der Tiefe von etwa 6000′ bis 9000′ müsste dann eine Verwandlung (bei gleichem Druck) in Dampf erfolgen; ferner sprechen dafür die tiefen artesischen Brunnen, die tiefen Bergwerks-Stollen, gleichsam wie grosse Drainir-Röhren, und vielleicht das Erscheinen der Quellen in der Mitte der regenlosen Wüsten, wo auch keine Schneelager in der Nähe sind; sicherlich aber kann durch die Schichten des ewigen Eises im Boden kein Meteorwasser weiter nach unten dringen, und doch giebt es in der Mitte des kältesten Gebiets wenigstens einige Quellen, z. B. an der Lena). Auf der heissen Zone ist das Quellwasser bleibend ein wenig kühler, als die mittlere Temperatur der Luft, es hat etwa 20° R., z. B. in Cumanà verhielten sich beide zu einander wie 20°,5 zu 22°,4, in Jamaica wie 20°,9 zu 21,6, in Havanna wie 18°,8 zu 20,4, in Nepaul in Ostindien wie 18°,6 zu 20° und so ähnlich in Callao, Otahiti u. a.; das Gesetz steht fest (in Cairo aber nur wie 18°,0 zu 18°,0); ebenso verhält sich das Wasser in den Cisternen **). Dies Verhältniss kehrt sich um auf den höheren Breiten. Auf der gemässigten Zone, in Mittel-Europa auf dem 50. Breitegrade, auf der Isotherme von 7° bis 8° R., ist das Quellwasser im Allgemeinen schon etwas wärmer, als die mittlere klimatische Temperatur der Luft, z. B. in Göttingen (51° N.) ist dies Verhältniss wie 7°,8 zu 7°,2, in Brüssel wie 8°,8 zu 8°,2, in Philadelphia ist es 10°,2 zu 9°,9, in Paris 9°,2 zu 8°,7. Auf der kalten Zone wird dieser Unterschied weit grösser,

---

*) In diesem Falle ergab sich in Uebereinstimmung mit der terrestrischen Temperatur, dass zwischen Eintreten des maximum und des minimum meist sechs Monate verfliessen; ersteres trat ein von August bis October, das andere von Februar bis April, in dem gemässigten Klima, im mittleren Europa (s. Sendtner, die Vegetation in Süd-Bayern 1854). Dies deutet hin auf eine Tiefe von etwa 12 Fuss.

**) Beiläufig gesagt, liegt hierin ein ferneres Zeugniss für die Annahme, dass die tellurische Wärme nicht bis nahe an die Oberfläche der Erdkugel hinauf reicht, sondern dass die Insolations-Schicht in eine bedeutende Tiefe eindringt, weil sonst umgekehrt die Temperatur der Quellen thermisch sein würde, d. h. die Zunahme der Temperatur in die Tiefe hin bei ihnen sich bemerklich machen müsste.

steigend zu Gunsten der Quellen-Temperatur (also auch der Boden-Temperatur); z. B. in Kasan (56° N.) war das Verhältniss der Quellen zu der Luft wie 5°,0 zu 2°,4, in Umeo (63° N.) wie 2°,4 zu 1°,7 ähnlich in Kafiord (70° N.); in Jakuzk dagegen (62° N.) fehlen völlig terrestrische Quellen, ausser im Sommer; man trinkt hier Schneewasser und Flusswasser. Auch in hoher senkrechter Erhebung des Bodens bewährt sich als Gesetz, dass die Temperatur der Quellen im Allgemeinen derjenigen des Bodens entspricht, z. B. auf dem Rigi ist die Quellen-Temperatur in 4400′ Höhe 4°,8, die Luft hat 2°,7, auf dem St. Gotthard, 6650′ hoch, verhalten sie sich 2°,8 zu — 0°,7. Thermen sind eigentlich alle diejenigen Quellen zu nennen, welche unterhalb der Insolations-Schicht ihre Temperatur erhalten; man könnte alle Quellen unterscheiden in terrestrische und in tellurische. (Im Allgemeinen stimmt hiermit überein E. Hallmann, die Temperatur-Verhältnisse der Quellen, 1854, im zweiten Theile.)

Es ist noch übrig zu erwähnen, obgleich dies schon aus den zusammengestellten Thatsachen von selbst sich ergiebt, dass die Insolations-Schicht auch in senkrechter Richtung den Erhebungen des Bodens nachfolgt, wie sie auch einigermassen die vom Meere eingenommenen Senkungen begleiten muss, und dass also auch die innere Erdwärme den Relief-Bildungen der Oberfläche folgend, Curven bildet, mit ihrer Oberfläche aufsteigt und absteigt. Selbst da, wo Schnee und Gletscher permanent liegen, kann doch die Oberfläche des Bodens unter ihnen einige Einwirkung der jährlichen Insolation erfahren, da ja auch das Eis eine Fluctuation in seiner Temperatur erfährt, und auch diese Fluctuation muss in einem halbjährigen Eindringen und Ausstrahlen bestehen.

2. Die inneren tellurischen Temperatur-Verhältnisse.

Die innere eigene Wärme der Erdkugel erreicht mit ihrer regelmässigen Zunahme nach unten hin bald hohe Wärmegrade (jedoch muss man die Zunahme der Hitze nicht mit fortgesetzter Steigerung bis zu fabelhafter Gluth im Centrum sich denken; der flüssige Zustand bedingt auch eine Ausgleichung der Temperatur), und so wie man in der Atmosphäre Hypsotherm-Linien ziehen kann, welche als schräg absteigende Flächen, über einander lagernd, die Abnahme der Temperatur bezeichnen, so auch kann man in der Erde, unterhalb der Insolations-Schicht, eine Folge von Bathotherm-Linien oder Flächen unterscheiden, welche die Zunahme der Wärme nach der senkrechten Tiefe hin, etwa um 1° R.

für 100′ bis 110′ sich abstufend, als ein System darstellen. Dies ist erst in neuerer Zeit, besonders in Folge der artesischen Bohrungen, deutlicher zur Erkenntniss gebracht worden, und man kann sich wenigstens schon eine allgemeine geographische Vorstellung davon machen. Die Thatsachen bestätigen die Theorie von dereinst erfolgter Abkühlung der Erdkugel, im Verhältniss zu der ihr von aussen her, von der Sonne, zukommenden Temperatur, wodurch der Verlust an eigener Wärme zunehmen musste mit der Entfernung vom Aequator. Die tellurischen Bathotherm-Linien, auf der Oberfläche mit den Isotherm-Linien zusammentretend (und also auch den Hypsotherm-Flächen unmittelbar sich anschliessend), senken sich daher schräg abwärts nach dem Pole hin. Als geeignete Leit-Linie kann hierbei die auf dem Aequator beginnende und hier mit der Isotherme von 22° bezeichnete Bathotherm-Fläche gelten, eben weil sie allein für die ganze Kugel gilt, während die folgenden erst auf den höheren Breitekreisen mit den Isotherm-Linien einsetzen und successiv in Segmenten die Kugel bis zum Pole gleichsam in concentrische Schilder abtheilen *). Die graphische Skizze wird dies anschaulicher versinnlichen. Wenn wir als Regel festhalten, dass die Zunahme der Temperatur nach innen um 1° R. für etwa 100′ erfolgt **), so lässt sich diese Bathotherm-Linie von 22°, welche auf dem Aequator (und bis 200′ tief unter ihm) beginnt, berechnen als unter dem Kältepole in der Tiefe von 3600′ verlaufend; also unter der Isotherme von 12°, d. i. etwa unter dem 40. Breitegrade, liegt sie ungefähr 1000′ tief; unter der Isotherme von 8°, d. i. etwa unter dem 50. Breitegrade, ungefähr 1400′ tief ***); ferner unter der Isotherme von 0° liegt sie 2200′ tief; unter —8° etwa 3000′ tief und, wie gesagt, unter dem Pole mit —15° mittlere Temperatur würde sie erst 3600′ tief zu finden sein. Sie würde demnach für jeden Breitegrad um 40′ sinken (wie die mittlerer Temperatur auf der Oberfläche für jeden Breitegrad um 0°,4 R. abnimmt). Unterhalb dieser eben gezeichneten grössten Bathotherm-Fläche folgen nach dem Centrum hin, concentrische, zunehmend heisser werdende Flächen, die man weiter nach Graden eintheilen

---

*) S. Fig. 1.

**) Arago nahm an um 1° C. auf 20 bis 30 Meter.

***) Diese Rechnung wird empirisch bestätigt durch einen artesischen Brunnen auf dem 52. Breitegrade, an der Weser, welcher in 2140′ Tiefe 26° R. Wärme zeigt.

kann, die jedoch weiter zu verfolgen hier kaum die Mühe lohnt, da wir nicht wissen können, bis zu welchem Grade die Hitze sich steigert, obgleich zu bedenken von Werth ist, dass in der Tiefe von 6000′ bis 9000′ die hier eintretende Temperatur der Siedehitze des Wassers, bei Anwesenheit dieses Elements, und bei gleichem Luftdruck, Dampf unterhalten würde. Aber oberhalb jener Bathotherm-Fläche von 22°, d. i. zwischen ihr und dem Pole, unter welchem jene etwa 3600′ tief liegt, ist es nicht überflüssig, sich die parallel übereinander liegenden, an Temperatur und an Umfang abnehmenden, schildförmigen Segmente vorzustellen. Z. B. mit der Isotherm-Linie von 12° beginnend erstreckt sich eine Bathotherm-Fläche gleicher Temperatur bis 2600′ tief unter den Pol; ähnlich liegt in Reihenfolge die Bathotherm-Fläche von 0° bis 1400′ tief, und die von —8° etwa 700′ tief unter dem Pole. — Es mag hier nun eine ideale Skizze unserer Vorstellung von dem inneren tellurischen Temperatur-System folgen.

Fig. 1.

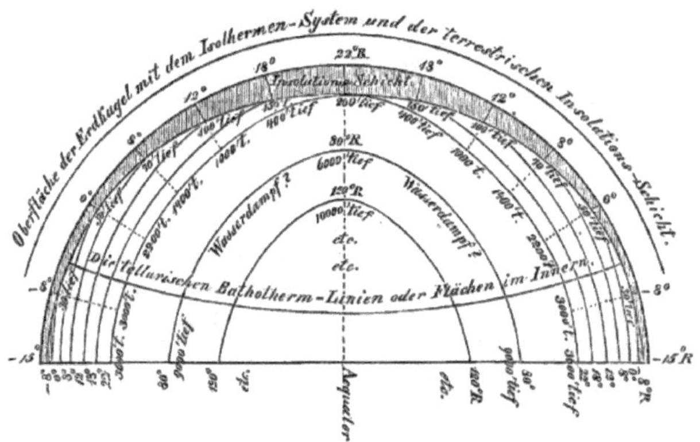

Das geographische System der inneren tellurischen Temperatur-Vertheilung. Versuch einer übersichtlichen idealen Darstellung.

§. 4.

Das oceanische Temperatur-System, in geographischer Uebersicht (submarine Bathotherm-Linien).

(Hierzu Fig. 2 und 3.)

Das Meer erfährt unter gleicher Insolation nicht so hohe und nicht so niedrige Temperaturen wie das Festland; aber weil es flüssig ist, vertheilt sich seine Temperatur leichter und weiter, sowohl in horizontaler wie in vertikaler Richtung. Die Vertheilung nach der Tiefe hin wird vorzugsweise begünstigt durch das Herabsinken der oben abgekühlten Wassermassen. Dabei tritt dann ein besonderes, denkwürdiges physikalisches Gesetz als mitwirkend hervor, darin bestehend, dass das Wasser zwar auch mit abnehmender Temperatur sich verdichtet und, schwerer werdend, untersinkt, aber nur bis auf einen gewissen Grad der Abkühlung, bis es 3°,2 R. (4° C.) erreicht hat. Indem bei fernerer Abkühlung dies Verhalten sich umkehrt und anstatt der Verdichtung eine Ausdehnung und zunehmende Leichtigkeit erfolgt, so ereignet es sich, dass nun die kühleren Schichten und noch mehr das Eis oben schwimmen. Freilich im Meere erfährt dies Gesetz durch den Salz-Gehalt (3,3 proc.), und in grösserer Tiefe auch durch den starken Druck, welcher die Ausdehnung erschwert, obwohl das Wasser bekanntlich nicht compressibel ist, einige Modification, welche noch nicht genau in ihrem Umfange bestimmt ist. Es erweist sich aber, dass das Meerwasser noch nicht bei 0° gefriert, sondern man findet es noch flüssig bis zu —1°,8 und —2° R.; ferner erweist sich, dass auch die dem Gefrieren vorhergehende Ausdehnung nicht schon bei 3°,2 eintritt, wie bei salzlosem Wasser, sondern erst etwa bei 2° R., daher diese Temperatur noch in der Tiefe des Meeres angetroffen wird (wo aber nie Eis, d. i. eine Kälte unter —2° R. bestehen kann, sondern in der Regel bis 2° Temperatur).

Auf der heissen Zone hat das Meer auf der Oberfläche als mittlere Temperatur 21° bis 22° R., selten hat man sie höher gefunden (z. B. im Indischen Meere, im Rothen Meere und bei den Gruppen von Inseln in der Süd-See), jedoch niemals über 24° R., und auch selten niedriger als 21° (es sei denn in einem der kälteren Meeresströme, die aus höheren Breiten kommen). Es besitzt diese grosse räumliche Gleichmässigkeit der Temperatur besonders zwischen den 10. Graden nördlicher und südlicher Breite. Dann wird seine Temperatur nach den Polen hin bemerklicher abnehmend. Es ist schon früher angegeben worden, und es wird später noch näher dargestellt werden, dass die Isotherm-Linien auf dem Ocean, im Vergleiche mit denen auf dem Continent, weder im Winter so weit abwärts nach dem Aequator zu, noch im Sommer so weit aufwärts nach dem Pole hin schwanken. Auch auf der Polar-Zone bleibt ein grosser Theil offenes flüssiges Wasser, und dies ist dann nie kälter als —1°,8 R. (oder auch —2°, nach seltenen Angaben), während freilich die Oberfläche des Eises durch Ausstrahlung in strengster Winterzeit hier bis unter —40° erkalten kann (nach Belcher). Also so weit das Meer offen ist, bekommt es nie eine Temperatur unter —1°,2 (bis —2°) R.

Sehen wir, unserer jetzigen Aufgabe gemäss, in die Tiefe des ganzen Oceans, so finden wir eine Abnahme der Temperatur in vertikaler Richtung, bis zu dem bekannten und erwähnten Temperatur-Grade der grössten Dichtigkeit und Schwere des Wassers, d. i. etwa 2° R. Die Bedingung dazu ist eine doppelte; theils erfolgt die Erwärmung durch die Sonnenstrahlung auf der Oberfläche, theils aber ist das wärmere Wasser leichter und bleibt deshalb oben, indem das oben etwa abgekühlte untersinkt und wärmeres aufsteigt. Am schwersten ist aber das Meerwasser bei 2° R., daher muss dies auch unten bleiben; würde es noch kälter, so würde es wieder leichter und aufsteigen; daher behält das Meer in der untersten grossen Schicht constant diesen Temperatur-Grad von 2°. Eine weitere Folge ist, dass auf den höheren, kälteren Breiten dies Gesetz auch auf der Oberfläche durch Umkehrung der Verhältnisse sich geltend machen muss; wirklich findet sich in den beiden circumpolaren Becken das Verhältniss umgekehrt; die Oberfläche des Meeres ist kälter, nach unten hin erfolgt eine Zunahme der Temperatur. Die geographische Grenze, wo diese Umkehrung beginnt, wird ungefähr bezeichnet durch den Verlauf der Isotherm-Linie von 2° bis 3° auf dem Spiegel des Oceans, freilich fluctuirend mit den Jahreszeiten. Fürerst kommt es darauf an, mit Ausschluss dieser exceptionellen polarischen Gebiete, die submarinen Temperatur-Verhältnisse im grossen und wärmeren Ocean zu betrachten.

Die Abstufung, mit welcher im Ocean die Abnahme der Temperatur nach der Tiefe hin besteht, ist sehr schwierig oder gar nicht bestimmt anzugeben, weil sehr ungleich temperirte und mannigfache Strömungen auch in der Tiefe zu viele störende locale Veränderungen bewirken. Vielleicht kann man, nach sehr unvollkommener Rechnung und vorläufig im Mittel diese Abnahme ansetzen zu 1° R. auf 300′ Tiefe. Ehemals meinte man, in der Tiefe könne die Temperatur fortwährend abnehmen und am Grunde Eismassen sich befinden; oder auch im Gegentheil, die innere Erdwärme könne am Grunde Siedhitze bewirken. Man weiss aber nun, nicht nur theoretisch, sondern auch durch gemachte Erfahrungen, dass unten weder Eis noch Hitze vorhanden sind, sondern dass man auf eine gewisse Fläche trifft, welche durch die Temperatur von etwa 2° R. bezeichnet ist und unterhalb welcher, wie gesagt, derselbe Temperatur-Grad constant und gleichmässig verbreitet sich befindet (wahrscheinlich ist hier das Meer auch ohne alle Bewegung). Diese wichtige submarine unterste, gleichmässig und unveränderlich temperirte, unbewegliche Schicht (vielleicht könnte man sie bezeichnen als „homothermische oceanische Grund-Schicht"), hat ihre tiefste Oberfläche unter der heissen Zone, etwa 7000′ tief; dann steigt diese Oberfläche nach den Polen hin schräg aufwärts, also gleichsam wie aus einem grossen Thale, das unterhalb und längs der Aequator-Zone verläuft, erreicht die Oberfläche des Oceans noch diesseits des Polarkreises, hier kreisförmig den Pol umgebend, und senkt sich dann, wieder schräg absteigend, unter den Pol hin, also gleichsam die Form eines Trichters bildend. Auf diese Weise entstehen zwei verschiedene Temperatur-Gebiete im Innern des Meeres, in dem grossen mittleren Thal-Becken des Oceans ist die Temperatur des Wassers von oben nach unten abnehmend, in den beiden polarischen Becken jeder Hemisphäre ist sie von oben nach unten zunehmend. (S. Fig. 3.)

So ist die allgemeine Vorstellung, welche man sich von der Temperatur-Vertheilung im Ocean machen muss. Die grösste Tiefe des Oceans beträgt etwa 24000′, grössere Tiefen gelten für unzuverlässig ermittelt. Unter dem Aequator-Gürtel, wo das Meer auf der Oberfläche 22° Wärme hat, nimmt diese Wärme nach unten hin ab in der Art, dass die unveränderliche Schicht mit 2° R. erreicht wird in der Tiefe von etwa 7000′, und diese, schräg aufsteigend nach den Polen hin, erscheint etwa bei dem 60. Breitekreise der Nord-Hälfte und bei dem 56. Breitekreise der Süd-Hälfte die Oberfläche des Meeres, d. i. bei der Isotherm-Linie von 2° bis 3° R., mit jahreszeitlicher Fluctuation nördlicher und südlicher rückend. In den beiden Polar-Becken aber nimmt die Temperatur des Meeres nach unten hin zu, in der Art, dass oben das flüssige Wasser — 1°,8 (aber das Eis in der Nähe des Festlandes freilich im Winter bis —40°) hat, in der Tiefe aber nie über 2° Wärme besitzt (weil es dann wieder höher aufsteigen würde).

Die Oberfläche des Oceans in ihrer ganzen horizontalen Ausdehnung theilt der auf ihr ruhenden oder, richtiger gesagt, über ihr hinziehenden Luft ihre Temperatur mit, und da der Ocean einen weit bedeutenderen Umfang besitzt, als das Festland (wie 6,7 zu 2,4, also beinahe wie 3 zu 1), freilich weniger auf der Nord-Hemisphäre (etwa $^3/_5$ zu $^2/_5$), so ist auch dessen temperirende Einwirkung auf die untere Schicht der Atmosphäre um so viel überwiegender, als die des Landes (N. 5). Im Ganzen muss demnach die Luft über dem Meere etwas kühler bleiben, als das Meer in seiner Oberfläche selbst. Auf der intertropischen Zone hat man dies auf offenem Meere auch empirisch gefunden (namentlich von J. Davy, Meyen, Duperrey, Freycinet u. A.); der Unterschied beträgt hier jedoch nur etwa 0°,8 R, höchstens 3°, und nicht selten findet man sogar umgekehrt die Luft, etwas wärmer als das Meer, d. i. in der Nähe von Land und unter Einwirkung von Festlands-Luft. Die tägliche Fluctuation der Meeres-Temperatur zeigt auch eine weit geringere Amplitude, als die Land-Temperatur irgend erweist, sie ist etwa 1° R. (auf dem Atlantischen Meere, zwischen dem 10° und 22° N. B., fand Meyen im October die tägliche Amplitude nur 0°,8 bis 1°,8). Das maximum tritt auch etwas später ein, als in der Luft über den Continenten, nämlich erst um 2 bis 4^h nach Mittag. Auch hieran nimmt die Seeluft Theil, obgleich zu berücksichtigen ist, dass letztere in rastlosem Weiterziehen begriffen ist, und dass sie von den Orten ihrer Herkunft höhere oder niedrigere Temperatur mitbringen kann, was freilich weniger für das Passat-Gebiet gilt. Aus dieser Constanz des Meer-Klima's ist zu folgern, wie weit erträglicher die tropische Hitze auf den Schiffen im offenen Meere sein muss, wo sie niemals 25° R. übersteigen kann, meist auf 21° bis 22° sich hält, freilich auch der nächtlichen Abkühlung entbehrt, und ähnlich auf kleinen Inseln, im Vergleich mit dem Innern der grossen Continente. In der That, die nachtheilige Einwirkung der heissen Klimate auf die Körper-Constitution der Nordländer ist kaum in den Morbilitäts-Verhältnissen der Schiffe wahrzunehmen, so weit jene Einwirkung allein von der Hitze abhangt (unstreitig haben den grössten Antheil daran die Boden-Verhältnisse, vor Allem die Malaria). Auch ist zu bedenken, dass die Küsten-Winde in Folge von Temperatur-Aenderungen entstehen, welche auf dem Lande erfolgen, durch Erwärmung des Bodens bei Tage, durch Abkühlung bei Nacht, aber nicht oder kaum in Folge von auf dem Meere sich ereignenden Aenderungen der Temperatur. Es gilt für eine noch nicht entschiedene Frage, ob mit der Nähe der Küste die Temperatur des Meeres zunimmt oder abnimmt; aber aus der Theorie und aus dem allgemeinen Ueberblick über das Isotherm-System ergiebt sich, dass im Allgemeinen Ersteres der Fall sein muss; denn obgleich das Festland wärmer ist bei Tage und im Sommer, kühler des Nachts und im Winter, so sehen wir doch, dass die Isotherm-Linien auch im mittleren Durchschnitt schon in der Nähe der Küsten aufsteigend zu werden beginnen, ausser im Winter auf den höheren Breiten. Manchmal indessen findet man über Untiefen das Meerwasser kühler, als über der Tiefe; dann aber lässt sich dies erklären durch bei Heranfluthen aus grösserer Tiefe aufwärts getriebenes Wasser, als locales Vorkommen. Unstreitig finden sich die wärmsten Stellen im Ocean, in der Nähe grosser Continente, z. B. längs der Südküste von Asien, im Indischen Meere, oder zwischen den Korallen-Inseln der Südsee, oder im Rothen Meere. Der Theorie nach muss das Meerwasser auf den höheren Breiten im Winter nahe bei den Küsten kälter sein, im Sommer wärmer, und die Erfahrung bringt die Bestätigung.

Die Abnahme der Temperatur auf der Oberfläche des Meeres vom Aequator nach den höheren Breiten hin erfolgt im Ganzen rascher, als die der Luft; so verhält es sich wenigstens im Atlantischen Meere, etwa vom Aequator bis zum 35° N. B. (Isotherme vom 14°); aber von hier an bleibt das Meer wärmer, während die Luft rascher an Temperatur verliert. Dies Alles hangt zusammen mit dem Verhältniss von Festland und von Meer; genauer gesagt, die Continente sind, zumal auf den höheren Breiten, im Sommer wärmer, im Winter kälter als das Meer; aber im Mittel des ganzen Jahres bleibt doch das Meer an Wärme überwiegend. Auf dem 45° N. B. hat im offenen Atlantischen Meere das Wasser nie unter 8°,5 R. (nach Arago, Oeuvr. sc. IX). Gute Untersuchungen der See-Temperatur an der Küste von Irland (51° bis 53° N.) ergeben im Jahresmittel 9°,0. Das minimum erscheint im Februar und März 6°,4 und 6°,5, das maximum im August und September 12°,5 und 12°,2 R., das medium im Mai und November (s. Irish Transact. XXII. 1851), die Luft-Temperatur ist in Dublin (53° N.), des Jahres 8°,0, des Januar 4°,1, Juli 12°,5 R. Auf 62° N., bei den Faröer, hat es im Januar etwa

$2^0,0$, im Juli $10^0,0$ *). Erklärlich ist ferner, bei der geringeren Wärmeleitung des Wassers, dass die sommerliche Wärme sich länger erhält im Meere und in dessen Luft, und sich weiter in den Herbst und Winter fortsetzt (das maximum ist im September), als auf dem Lande, aber auch dass die winterliche Kälte dort länger anhält und die wiederkehrende Sommer-Temperatur später eintritt, als hier (das minimum besteht noch im März). Die grössten Differenzen der Temperatur des Meeres und der Küsten kommen vor, wenn auch oft in kleinen Räumen, auf der nördlichen Polar-Zone, in der Nähe der offenen flüssigen See und der eisigen Küsten; denn jene erkaltet nie unter $-1^0,8$, und diese können durch Ausstrahlung sich abkühlen bis -30^0 und -40^0 R. Zu weiterer Erläuterung der marinen Temperatur-Verhältnisse dient es, sich vorzustellen, die Oberfläche der Erde bestände nur aus Wasser; dann würde auf der heissen Zone die Temperatur der Atmosphäre weniger hoch steigen, als jetzt, und auf der Polar-Zone weniger tief sinken; es würde sich hier wohl Eis bilden, aber dies würde nie so tief durch Ausstrahlung sich abkühlen, wie jetzt Land und Landeis erfahren; dagegen würde hier auch die Temperatur im Sommer niedriger bleiben, nicht über 0^0 sich erheben, wie auf der Süd-Hemisphäre wirklich schon erprobt worden ist. (N. 6.)

Von der Oberfläche des Oceans kehren wir noch einmal zu den Temperatur-Verhältnissen in seinen Tiefen zurück, da dies ein noch kaum beschrittenes Gebiet ist. Es liegt nahe, dies submarine Temperatur-System zu vergleichen mit den oben beschriebenen subterrestrischen. Auch hier auf der oberen Fläche des Meeres muss es eine Insolations-Schicht geben, insofern als der Ursprung der Erwärmung unstreitig solarisch ist, von oben nach unten geht, selbst im Polar-Becken, wo das wärmere Wasser untersinkt. Eine bestimmte Grenze dafür ist aber nicht anzugeben, auch nicht für die jahreszeitliche Fluctuation, welche doch bis in eine gewisse Tiefe sich geltend machen muss. Ob in der Tiefe des Meeres-Grundes auch von der tellurischen Eigenwärme eine Mittheilung an das Meer erfolgt, soll und kann hier nicht entschieden werden, ist aber nicht wahrscheinlich, und unzweifelhaft ist, dass die

*) Während auf demselben Breitekreise, als grösstes Beispiel des Contrastes im Innern des grössten Festlandes, in Asien, zu Jakuzk, der Januar -34^0, der Juli 16^0 erreichen, und im Innern des minder grossen Continents, Nord-Amerika, zu Fort Reliance (auf 62^0 N. B.) der Januar -25^0 hat.

Temperatur des Bodens am Meeresgrunde gleich ist derjenigen der untersten unveränderlichen Meeres-Schicht, 2° R., so weit abgekühlt von dereinstiger grösserer Wärme. Oben ist bereits angedeutet, in welcher Gestalt die submarinen Bathotherm-Linien ungefähr verlaufen würden. Es kommt aber noch darauf an, die näheren Belege dafür anzugeben. Diese finden sich in den zahlreichen und dennoch, erklärlicher Weise noch nicht genügenden Thermometer-Untersuchungen, welche von verschiedenen Seefahrern angestellt sind, namentlich seit Krusenstern's (mit Horner) und Kotzebue's (mit Lenz) Erdumsegelungen, bis zur neuesten Zeit (eine Zusammenstellung der Befunde bis zum Jahre 1837 findet sich in Gehler's Physikal. Wörterb., im Artikel Meer, von Muncke). Aber sie sind noch nicht nach einem übereinstimmenden Plane ausgeführt, namentlich fehlt noch, dass an bestimmten Stellen bis in bestimmte Tiefen untersucht würde. Besondere Schwierigkeiten, um die Regelmässigkeit in der submarinen Temperatur-Vertheilung zu erkennen, veranlassen die Meeres-Strömungen, zumal die in der Tiefe vorkommenden; und da diese vorzugsweise im nördlichen Polar-Becken Störungen bewirken, so ist die Anordnung des ganzen oceanischen Temperatur-Systems erst klar oder wenigstens übersichtlich geworden nach den Untersuchungen im freieren und regelmässigeren südlichen Polar-Becken, vor Allem auf James Ross' dreijährigen Fahrten. Beispiele mögen zu weiterer Erläuterung dienen.

Unter dem Aequator ergab sich (nach Lenz) die submarine Temperatur abnehmend nach unten hin bis 6000′ Tiefe, aber im Anfange rascher, dann langsamer und zuletzt fast unmerklich; als niedrigsten Temperatur-Grad erhielt man 1°,7 R. Dupetit-Thouars (Voy.-Vénus 1840) und Tessan fanden auf der heissen Zone im Grossen Ocean auf 12° S., 79 W. Par., d. i. in der grossen antarktischen Strömung, deren Temperatur etwa um 5° geringer ist, als das übrige Meer, im Mai, oben 15°,7, in 750′ Tiefe 10°,6; — auf dem 21° N., 158 W., bei den Sandwich-Inseln, im Juli, oben 20°, in 600′ Tiefe 10°,6; — im Atlantischen Meere (4° N., 28° W.), im Mai, oben 21°,7 in 6700′ Tiefe 2°,7. Darondeau (Voy.-Bonite 1836) fand im Atlantischen Meere auf dem 5° S., im März, oben 21°, in 4140′ Tiefe 5°,2; — im Grossen Ocean, an der Westküste von Mexico, im September, oben 21°,3, in 7300′ Tiefe 4°,6. — Auf der gemässigten Zone fand man bei Chiloë (43° S., 81° W. Par.), im April, oben 10°,5, in 3000′ Tiefe 3°,2, in 6600′ Tiefe 1°,8; — bei den Aleuten-Inseln (51° N.), im September, oben 9°,3.

in 6400′ Tiefe 2°,0; — im Atlantischen Meere nördlich von den Azoren (42° N.), im October, oben 13°,6 (die Luft hatte 13°,0), in 5230′ Tiefe 6°1. J. Ross fand auf dem 45° S., in 3600′ Tiefe 3°,3, aber auf der Aequator-Zone oben 21° und erst in 7200′ Tiefe jene Temperatur von 3°,3. — Auf den Polar-Zonen werden wir nun sehen, wie das Verhältniss sich umkehrt, nach unten hin Zunahme erfolgt, jedoch mit manchen störenden Ausnahmen.

Im nördlichen Polar-Meere fand Scoresby bei Spitzbergen (79° N. B.), im Mai, oben —0°,4. in 600′ Tiefe 0°4, in 4200′ Tiefe auch 0°,4; ein anderes Mal, im Mai, oben —1°,2, in 730′ Tiefe 2°,0, in 4500′ Tiefe 2°,7. Dagegen fand sich auch einige Mal sogar in 2000′ Tiefe eine Kälte bis —2° R. Meistens aber fanden die Beobachter, wie Scoresby, Parry, Franklin, John Ross im Nord-Polarmeere in der Tiefe eine Zunahme der Temperatur, wie es ausserhalb der Polar-Becken nicht vorkommt; während sie oben 0° war, zeigten sich in der Tiefe 1°,6 bis 2°,4. Auf dem 77° N. B., 12° O. L. Gr. fand Franklin, im Mai, oben 0°,4, in 700′ Tiefe 4°,8 (? dies ist wahrscheinlich zu hoch angegeben). Dagegen fand Beechey auf dem 80° N., 11° W., im Juli, oben 0°, aber in 330′ Tiefe nur —1°,2 (also eine Ausnahme). Da nun auf dem 60° N., 58° W., westlich von Grönland, Sabine, im October, oben 3°,2 fand, in 900′ Tiefe aber 1°,7, so scheint auf diesem Breitegrade, wo auch im October etwa die Isotherme von 4° verläuft, schon die Wende-Grenze des oceanischen Temperatur-Systems überschritten und die abnehmende Temperatur-Folge wieder gültig geworden zu sein, und erst etwas nördlicher wäre zu erwarten, dass dann eine Schicht mit gleichmässiger Temperatur (von etwa 2°) durch die ganze Tiefe sich einstellt, d. i. da, wo der Kamm der homothermischen unteren Meeresschicht an die Oberfläche tritt. Wirklich fand derselbe Beobachter auf dem 66° N., 59° W., im September, oben 0°,8, in 310′ Tiefe 1°,2. (Weit deutlichere Beweise dieser Wende-Grenze in der oceanischen Temperatur-Vertheilung liegen vor im Polar-Meere der Süd-Hemisphäre).

Muncke (Gehler's Physik. Wörterbuch, Artikel „Temperatur“ §. 130) nimmt an, dass „im Widerspruche mit der allgemeinen Regel, wonach die Wärme nach der Tiefe hin abnimmt, sie vom 60° bis 80° N. B. und von 5° O. L. bis 10° W. L. Gr. nach der Tiefe hin zunimmt.“ Demnach würde das Gebiet dieser Zunahme wieder eine meridionale Grenze finden, etwa bei der arktischen Strömung an der Ostküste von Grönland, auch in dem Baffins-Strom findet sie sich nicht. Aber auch im Bereiche des Golfstroms scheint eine jahreszeitliche Aenderung vorzukommen. Zwischen dem Nord-Cap und Spitzbergen, 70° bis 79° N., fanden Martins und Bravais (Gaimard, Voy. de la commiss. scient. — du Nord, 1838), wenigstens im Juli und August die Temperatur des Meeres, zwischen dem 77° und 79° N. B., oben 2°,1 (die Luft 2°,4), nach unten hin schwankend, in grösseren Tiefen aber gleichmässiger abnehmend, unter 0° bis — 1°,3 R., jedoch freilich, ohne dass jemals unten Eis angetroffen wäre; sie nehmen aber an, dass in den anderen Monaten, namentlich im April und Mai, wo Scoresby und Parry hier untersuchten, die Temperatur umgekehrt nach der Tiefe hin zunehmend sei *). Ueber die Temperatur der Oberfläche und auch des Eises in dieser Zone giebt neuere treffliche Angaben E. Belcher (The last arctic voyage 1852 bis 1854); er untersuchte auch im Winter regelmässig das Eis und fand es im polarischen Archipel, im Northumberland-Sund (76° N., 97° W.) nahe übereinstimmend mit der Luft, öfters — 30° bis — 35° R., während dagegen das flüssige Meer auf der Oberfläche im Januar beständig nur gegen — 1°,3 (die Luft — 31°) zeigte; im Januar 1854 war die mittlere Temperatur des Eises — 30°, aber das minimum erreichte — 40° R., das maximum — 2°,6 im Mai hatte das Eis im Mittel — 9°, am 2 Juli hatte es 1°,5 (die Luft 2°,8), bei südöstlichem Winde, also bei Seewinde. Das flüssige Meerwasser wurde auch nahe unter der Eisdecke von de Haven (Grinnel, Exped. 1855) im Winter 9 Monate lang beobachtet, im Wellington-Canal (75° N., 92° W.) und gefunden zu — 1°,7 R. Ueberhaupt scheint ein niedrigerer Temperatur-Grad als — 1°,8 R. kaum jemals das flüssige Meerwasser zu besitzen. John Ross fand jedoch nahe unter dem Eise einmal — 2°,1 R. Gewöhnlich gefriert das Meer, nach Scoresby's classischem Account

*) Das maximum erreichte 5°,8 (die Luft 4°,2), das minimum 0°,0 (die Luft 1°,7). Bei den Temperatur-Graden über 2° R. muss ja das Wasser, als leichter, oben lagern. In dem Raume von 70° bis 74° N. B. hatte die Oberfläche des Meeres im Mittel sogar 4°,2 (die Luft 4°,7 R.); die Mitwirkung des Golfstromes ist also sehr wahrscheinlich; dazu kommt, dass das schmelzende Eis Wasser ohne Salzgehalt liefert, was schon aus diesem Grunde von geringerem specifischen Gewichte ist. Uebrigens zeigte sich in der Nähe der Küste eine Zunahme der Wärme des Meeres, ausser da, wo grosse Gletscher waren; wie es ja im Sommer nach dem Gesetz zu erwarten ist, und umgekehrt im Winter. — Es fehlt leider noch ganz an Temperatur-Untersuchungen der Meeres-Tiefen im Winter.

of the arctic region 1820, bei —1°,6 oder —1°,2 R.; dabei wird bekanntlich das Salz ausgeschieden. (N. 7.)

Im Süd-Polarmeere, wo der ganze Raum so viel freier und günstiger ist, hat James Ross zahlreiche, sehr werthvolle Untersuchungen angestellt, während drei Sommerfahrten. Er fand auf den unteren Breiten das gewohnte Verhalten, d. i. Abnahme der Temperatur nach unten hin. Dann aber stellte er fest, dass es einen den Pol umgebenden Kreis giebt, wo sich eine gleichmässige Temperatur von oben nach der Tiefe hin findet. Das ist der hier an die Oberfläche tretende Kamm der unveränderlichen („homothermischen") oceanischen Grund-Schicht. Z. B. auf dem 58° S. B., 170 W. Gr., am 10. December war die Temperatur des Meeres, oben 3°,3 R., in 3600′ Tiefe 3°,5, in 7200′ Tiefe 3°,4. Weiter südlich aber, im Circumpolar-Becken, fand sich schon ganz entschieden die umgekehrte Temperatur-Folge, nämlich Zunahme nach unten hin. Auf dem 63° S. war sie oben 0°,9, in 900′ Tiefe 2°,8, in 3600′ Tiefe 3°,4 *). Auf dem 63° S. war sie oben 0°,9, in 900′ Tiefe 2°,8, in 3600′ Tiefe 3°,4; hier lag ein breiter Gürtel mit Packeis, etwa von 60° bis 69° S. Auf dem 70° S. war dieser Gürtel durchfahren, das Meer war wieder eisfrei, es hatte oben —0°,8 (die Luft —0°4), in 1400′ Tiefe 1°,1; auf einer Insel war die Luft kälter, —4°,4 und fand sich gar kein vegetabilisches Leben, nicht einmal Flechten (dies war doch im Sommer, im Januar); auf dem 77° S., am 29. Januar war das Meer oben —0°4 (die Luft —1°,7), in 900′ Tiefe 0°,4, in 1800′ Tiefe 0°,9; endlich in der Nähe der grossen Eismauer hatte das Meer, am 1. Februar, oben 0° (die Luft —9°), in 1800′ Tiefe 1°,4. Es scheint demnach, dass hier, jenseits des 70° S. das Meer und die Luft auch im Sommer nie über 0° erwärmt werden, nur weil Continent fehlt, der im Sommer die Temperatur erhöht, im Winter erniedrigt (auf der Nord-Polarzone dagegen erreicht selbst in Spitzbergen (80° N.) die mittlere Temperatur des entsprechenden Monats, des Juli, 1°,7, das maximum 9°, und auch die Meeresfläche über

---

*) Warum hier übrigens die Temperatur-Grade in der Tiefe im Durchschnitt etwa um 1° höher lauten, als im nördlichen Polar-Meere, ist doch wohl kaum anders zu erklären, als durch Differenzen der Thermometer. Die wiederholten Einsenkungen in grosse Tiefen des Meeres machen wenigstens eine Eindrückung der Glasröhren wahrscheinlich. Hierdurch soll dem Werthe dieser Beobachtungen nichts genommen werden.

3° R.). Daraus kann man schliessen, dass im Winter das antarktische Meer weit milder sein muss, als das arktische (wie denn auch dort im Allgemeinen nicht so kolossale Eisberge vorkommen), dass dort überall wenig Continent vorhanden sein muss und dass eine Ueberwinterung weit leichter zu bestehen sein würde, als am Gegen-Pole. Ferner ist zu folgern, da die Differenz der Temperatur zwischen Pol und Aequator geringer ist, muss der Austausch der Luft zwischen beiden Extremen auf der Süd-Hemisphäre minder energisch erfolgen, und wirklich wird ja der Grosse Ocean südlich vom Aequator „das Stille Meer" genannt, und ist anerkannt der Passat-Wind auf der Nord-Hälfte der Erdkugel und im Atlantischen Meere stärker, als auf der Süd-Hälfte (s. Meyen, Reise um die Welt). — Im folgenden Sommer fand sich wieder auf dem 58° S. der Gürtel mit der gleichmässig bleibenden Temperatur nach unten hin, denn das Meer hatte hier, oben 4°, in 2700′ Tiefe 4°, in 3600′ Tiefe 3°,5 R. Dieser circumpolare Gürtel wurde überhaupt auf den drei Fahrten sechsmal durchfahren und bezeugt gefunden zwischen dem 54° und 58° S. Auch bestätigte sich wieder unfehlbar die Umkehrung der Temperatur-Folge in dem Circumpolar-Becken, d. i. Zunahme von oben nach unten hin stellte sich ein; z. B. auf dem 68° S., im März, war sie, oben —0°,5, in 1800′ Tiefe 1°,5, in 3600′ Tiefe 2°,9, in 4500′ Tiefe 3°,1, und in 6600′ Tiefe 3°,3 R. Wir begegnen hier keiner Ausnahme von diesem Gesetze*), wie doch deren in dem Nord-Polarmeere einige gefunden worden sind (doch muss auch eine wärmere Einströmung, vom Aequator her stattfinden, wenn auch weniger local). (N. 8.)

Aus allem Dargelegten geht hervor, dass wir uns eine solche Vorstellung vom Temperatur-System im Ocean machen müssen, wie früher angedeutet ist. Auf der Oberfläche des Meeres liegen, in horizontaler Richtung, die Breitekreise entlang, die Isotherm-Linien, vom 22° R. über dem Aequator, bis —1°,8 (und das Eis mitgerechnet, im Winter, im Januar, bis —30° und sogar —40° R.) im Polar-Becken. Aber in senkrechter Tiefe vertheilt sich die Temperatur, nach unten hin abnehmend, auf dem Aequator von 22° bis 2° R. in 7000′ Tiefe (nach unvorgreiflicher, vorläufiger Abschätzung); unter der Isotherme von 12° beginnt die

*) Auch ein anderer Beobachter fand Aehnliches, Powel (s. Arago, Oeuvres IX. S. 627), auf 67° S. 65° W., oben 0°,0, in 950′ Tiefe 1°,0 (Luft 3°), und auf 62° S. 65° W., oben 0°,0, in 800′ Tiefe 1°.0 (Luft 1°,0), dies war im November.

unveränderliche Grund-Schicht mit 2° etwa in 3000′ Tiefe; unter der Isotherme von 8° etwa in 2000′ Tiefe, und bei der Isotherme von 3° erreicht sie die Oberfläche, d. i. etwa bei dem 60° nördlicher Breite und bei dem 56° südlicher Breite, fluctuirend mit den Jahreszeiten. Innerhalb des Polar-Beckens, wie in einem trichterförmigen Gebiete, folgt dann im Meere eine nach unten sich umkehrende, d. h. zunehmende Temperatur-Folge, bis unten die nach dem Pole hin schräg absteigende Grund-Schicht von 2° bis 3° erreicht ist, während auf der Oberfläche bei flüssigem Zustande das Meer nie unter —1°,8 erkaltet *). — In nachstehenden Figuren ist nur versucht, das oceanische Temperatur-System annäherungsweise zu versinnlichen (s. Fig. 2 und 3).

Fig 2.

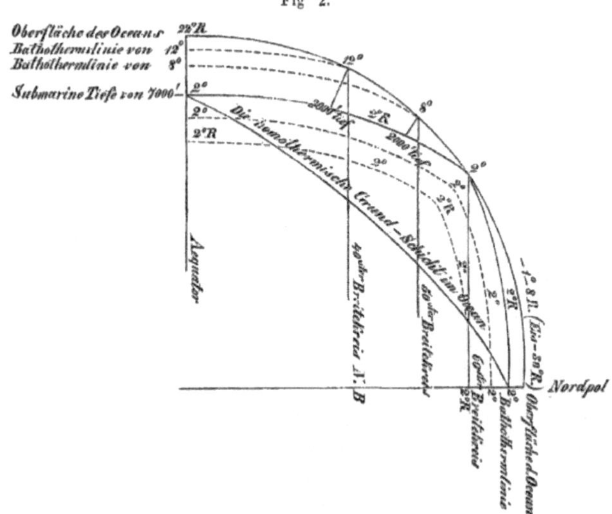

Das oceanische Temperatur-System, die submarine Temperatur-Vertheilung, in idealer Skizze.

*) Es fehlt unstreitig, wie schon bemerkt ist, noch an einer systematischen thermometrischen Untersuchung des Oceans. Man könnte z. B. das Atlantische Meer in Absätzen von 10 Breitegraden bis zum 70. Breitegrade in gewissen Tiefen in Abständen von 500′ zu bestimmen suchen, und zwar einmal im Winter und einmal im Sommer.

Fig. 3.

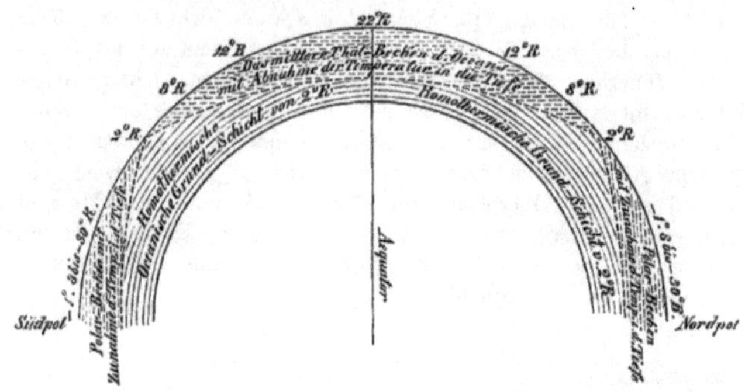

Tellurische Seiten-Ansicht der submarinen untersten unveränderlichen Temperatur-Schicht.

In Uebereinstimmung mit dem Wasser des allgemeinen Oceans verfehlen auch nicht die grossen Binnen-Seen im Innern der Continente sich zu verhalten in Bezug auf ihre Temperatur, die erwähnten hydrothermischen Gesetze anerkennend. Obgleich sie im Allgemeinen Theil nehmen an dem Klima des grösseren, festen, sie umschliessenden Elements, analog wie die Inseln im grossen Meere, so bewähren sich doch auch ihre besonderen physikalischen Eigenschaften. Auf der gemässigten Zone ist die Oberfläche der Land-Seen im Sommer wärmer als die Tiefe, im Winter aber kehrt sich dies Verhältniss um und wird die Oberfläche kälter, während die Tiefe wenig oder keine Aenderung erfährt. Man könnte also sagen, im Sommer zeigt sich in den tieferen Land-Seen die vertikal abnehmende Temperatur des Oceans, wie sie auf den wärmeren Gebieten besteht, im Winter aber die nach unten zunehmende, wie sie im polarischen Becken zu finden ist. Derjenige Temperatur-Grad, welcher sich als der Wendepunkt für die sich so ändernde Dichtigkeit und Schwere des süssen Wassers erweist, ist 3°,2 R. (4° C.); wenn das süsse Wasser bei der Abkühlung diesen Grad erreicht hat, beginnt es sich auszudehnen, wird also leichter, und steigt nach oben, während jener Grad also eben den schwersten Zustand des Wassers bezeichnet und deshalb immer die unterste Stelle einnehmen muss. Wirklich befindet sich am Grunde mancher Seen meistens bleibend dieser Temperatur-Grad von 3°,2 R. Z. B. im Genfer See ist die Temperatur in 950′ Tiefe 4°,3, im Bodensee in 370′ Tiefe 3°,6 u. a.; während sich im Sommer oben etwa 15° finden, im Winter 0° oder, falls eine Eisdecke sich gebildet hat, bis —10° u. s. w. Mit Beginn der Winterkälte, wenn die Oberfläche ihre Wärme allmählich ausstrahlt, muss ein besonderer Vorgang in dem See eintreten; sobald das obere Wasser kälter geworden ist, als das untere, muss es abwärts sinken, das untere aufsteigen; so entsteht ein Austausch, bis zu einer gleichförmigen Ausgleichung der Temperatur in der ganzen vertikalen Ausdehnung des Sees; und erst nachdem diese zu Stande gekommen, bis zu dem dichtesten Zustande des Wassers, den es bei 3°,2 besitzt, hört das Sinken und Steigen auf; dann aber kühlt die Oberfläche sich weiter ab, das kältere Wasser, weil es nun leichter wird, bleibt oben, dann erst kann auch Eisbildung erfolgen. Daher pflegt auf jedem tiefen See erst spät im Winter eine Eisdecke zu erscheinen, auf manchen und zwar auf den tiefsten gar nicht; auch überschreitet die Dicke des Eises nie einige Fuss (selbst im kältesten Polar-Lande nicht 10 Fuss), weil die Eisdecke selbst die weitere Ausstrahlung von Wärme aus dem Wasser hindert; wenn ausserdem noch eine hohe Schneedecke die Ausstrahlung hindert, wird die Eisdecke noch weniger dick, etwa nur 4½ Fuss. Grosse Land-Seen verbreiten aus diesen Gründen in ihren benachbarten Landschaften auch einigermassen dem See-Klima ähnliche Eigenschaften, indem sie den Temperaturstand der Jahreszeiten länger bewahren, den winterlichen wie den sommerlichen, und auch eine limitirtere Amplitude der Extreme zeigen, sowohl der täglichen wie der jährlichen. So sind sie im Sommer und bei Tage kühler, als das Uferland; ein Luftzug kommt dann von ihnen her; so sind sie im Winter und bei Nacht wärmer, als das Uferland, ein Luftzug geht dann zu ihnen hin.

Das Eis der Polar-Meere gewährt uns durch seine geographische Vertheilung ein deutliches Markzeichen für den Verlauf der Temperatur-Linien auf diesem Theile der Erdkugel überhaupt. Das Eis entsteht, wenn auch nicht allein, doch zuerst und zumeist an den Küsten, weil das Festland überhaupt tiefer abkaltet, und deshalb auch vorzugsweise an der Küste der grössten Continente. Warum das offene Meer seltner eine Eisdecke bildet, d. h. warum die Temperatur auf dessen Oberfläche seltner bis unter —1°,8 ausstrahlt (was ungefähr für den Gefrierpunkt des salzigen Meerwassers angesehen werden kann), ist uns erklärlich, da die Zunahme der Temperatur nach unten hin feststeht, also der Verlust, der oben erfolgt, aus der Tiefe ersetzt wird *). Jedoch wird die Eisdecke, wie schon gesagt, niemals mächtiger als 10 Fuss dick, und nahe unter der Eisdecke wird das flüssige Meerwasser niemals kälter als —1°,8 (bis —2°) gefunden, obgleich das feste Eis auf seiner Oberfläche und besonders auf dem Festlande bis —40° R. abkalten kann. Die grösste Kälte, muss man dabei bedenken, entsteht nur durch Ausstrahlung des Continents; die Eismassen bringen zwar Kälte nach fernen Orten und unterhalten Kälte, aber ursprünglich entsteht nicht die Kälte durch sie, sondern sie entstehen in Folge der Kälte. Da wo am meisten Continent sich findet, muss auch im Winter die grösste Kälte entstehen (im Sommer die grösste Erwärmung); dies bezeugt auch die Temperatur der verschiedenen Winde auf der hohen Polar-Zone (es sprechen, beiläufig gesagt, alle Erscheinungen dafür, dass am Nordpole kein grosser Continent liegt, sondern freies Meer) (N. 9). Die flachen Eisdecken zerbrechen durch die Bewegungen der Gezeiten leicht in Stücke. Dazu kommen noch die Eisberge; diese sind weit grössere, von den gletscherartigen Rücken höheren Festlandes herabgestürzte Eismassen, welche dann im Frühjahr nur mit der Polar-Strömung in untere Breiten geführt werden; zumal längs der Westküste von Grönland, und hier Kühle hinbringen. Dies geschieht besonders an der nord-amerikanischen Küste, von Neu-Fundland bis Carolina, doch auch an der

*) Wenn man erwägt, dass nur das erwähnte hydrothermische Gesetz, wonach die kälteren Wassertheile, in Folge sich umkehrender Ordnung, oben schwimmen (was eine Ausnahme bildet in der Natur, welche kaum oder sehr wenige andere Körper theilen, doch auch die Lava) — dass nur dies Gesetz die Erhaltung des flüssigen Zustandes des Meeres überhaupt möglich machte, so ist erklärlich, dass es von Vertheidigern der Teleologie in der Schöpfung vorzugsweise als Beweis benutzt wird. Es eignet sich in der That auch dazu, wegen der überraschenden, gleichsam die Absicht nahe vor der Anwendung verrathenden Umkehrung. Stellt man jenem Argumente noch an die Seite die geologisch verschiedenen Schöpfungs-Zeiten und die verschiedenen räumlich getrennten Schöpfungs-Centren, welche die neuere Lehre von der geo-historischen und geographischen Vertheilung der Organismen annimmt, so sind damit vielleicht die drei grössten natürlichen Offenbarungen genannt. Dennoch bleibt immer wahr, dass die Erkennung der Natur-Gesetze allein der Annahme eines Schöpfers nicht bedarf, die Laplace auch für die Erhaltung des Weltsystems (gegen Newton) nicht für nöthig hielt. Auch hat der menschliche Geist die natürliche Neigung, eine solche Annahme, als seinem eigenen Forschen störend, abzuweisen; deshalb hat er auch die natürliche Erlaubniss dazu. Aber sie für wissenschaftlich unberechtigt zu erklären, dazu hat eben die neuere Wissenschaft sich selber die Berechtigung mehr als früher genommen. — Diese gelegentliche Aeusserung ist zu jetziger Zeit nicht unnöthig erschienen und steht hier mit guter Absicht; der philosophische Standpunkt dieses Buches ist damit angedeutet.

nord-asiatischen Küste, im Meere von Ochotzk. Auch auf offenem Meere kann sich Eis bilden, was man dereinst bezweifelt hat; dabei erscheinen zuerst Eiskrystalle, die sich wie zu Brei und dann zu Scheiben verbinden, sogenanntes Pfannkuchen-Eis; diese wachsen zu Tafeln und zu Eisfeldern von grosser Ausdehnung, zerbrechen und schieben sich zu Pack-Eis über einander. Dagegen ist nicht möglich, dass Grund-Eis im eigentlichen Sinne existirt; obgleich in seltenen Fällen auf flachen Küsten durch Erschütterung von der Erstarrung nahen Wassers unten zuerst Eis sich bilden kann, das aber bald aufsteigen muss. — Die geographische Grenz-Linie des Eises im Nordpolar-Meere schwankt jahreszeitlich mit bedeutendem Unterschiede nach Nord und nach Süd; im Winter verläuft sie ungefähr mit der Januar-Isotherme von —5° R., d. i. von der Küste von Labrador (50° N.) aufsteigend nach nordöstlicher Richtung, unterhalb der Südspitze Grönlands (60° N.), nach der Insel Jan Mayen (71° N.), dann bis nahe zur Bären-Insel (75° N.) und dann abwärtssteigend zur Südspitze von Novaja Semlja (70° N.), längs der Nordküste von Sibirien, jedoch mit manchen offenen Stellen, sogenannte „Polinjen" fern vom Lande; oberhalb der Berings-Strasse geht sie durch den polarischen Archipel bis zur Davy-Strasse. Im Sommer schwankt die Grenze bis zur Nordküste von Spitzbergen (82° N.), von da nach der Nordspitze von Novaja Semlja herabgehend. Im Frühling aber gelangen manche schwimmende Eisberge mit der arktischen Strömung hinunter bis in den Golfstrom, etwa bis zum 45° N., einige werden sogar noch bis zum 40° N. angetroffen (N. 10). — Auf dem Südpolar-Meere trifft man Eisberge in grosser Zahl bis zum 50° und 40° S. B.

Von nicht geringer klimatischer Bedeutung, d. i. für die unregelmässige Vertheilung der Temperatur im ganzen Ocean, sind die Meeres-Strömungen. Manche Küsten und Inseln erhalten durch sie entweder anhaltend oder nur periodisch besondere klimatische Eigenschaften, um mehre Grade höhere oder niedrigere Temperatur. Zuerst ist zu unterscheiden die auf dem peripherischen Gürtel der beiden Halbkugeln bestehende grösste, allgemeine, von Ost nach West ziehende Aequator-Strömung, rings um die Erdkugel reichend; sie entsteht in Folge der Axendrehung (indem die Wassermasse hinter dem Umschwunge zurückbleibt), auch wohl zum Theil aus der Anziehung von Sonne und Mond und noch besonders gefördert durch den constanten Passat; indessen finden sich auch einzelne Gegenströme in ihr, besonders im Grossen Ocean (die aber meist nur im Calmen-Gürtel und also durch Winde zum Theil zu deuten sind). Ausserdem bestehen Strömungen in den höheren Breiten von vielfachen Richtungen, denen aber doch eine grosse allgemeine Bedingung zu Grunde gelegt werden muss, d. i. der Unterschied der Temperatur des Oceans an den Polen und am Aequator (also analog wie in der Atmosphäre die Luftströme zu Stande kommen) und der Austausch von Gewässern mit contrastirender Temperatur. Indem die kälteren und schwereren Ströme vom Polar-Becken nach dem Aequator-Gürtel dringen, sind von diesem wärmere zur Compensation an die Stelle der ersteren zu fliessen genöthigt, bei welchem Vorgange die unsymmetrischen Gestalten der umgebenden Küsten und freilich auch die Winde, jedoch oberflächlicher, sehr unregelmässige Richtungen veranlassen. Sehr wahrscheinlich ist auf solche Weise der wichtige und wohlbekannte Golfstrom zunächst zu deuten; er zieht nach der Oeffnung des Circumpolar-Beckens, welche zwischen Scandinavien und Island freigelassen ist, während der Ausfluss an der Ost- und Westseite von Grönland erfolgt; seine Richtung und Breite stimmen damit überein; der eigentliche Grund seiner Existenz ist in der That nicht unwahrscheinlich die nothwendige Compensation des Verlustes an Wasser im Polar-Becken. Auch auf der gegenüberliegenden Seite, in der schmalen Berings-Strasse, findet ein Aus- und Einströmen statt; der Japanische Strom entspricht hier dem Golfstrom, er geht zum Theil in diese Strasse hinein, zum Theil treiben die Südwest-Winde eine Strömung nach der Westküste von Nord-Amerika, wie Aehnliches beim Golfstrom sich bemerklich macht*). — Sämmtliche Meeres-Strömungen sind zunächst zu unterscheiden in kältere und in wärmere, d. h. sie haben ihre Herkunft entweder vom Pol oder vom Aequator, wenn auch von scheinbar unabhängiger Richtung oder wenn auch durch Küsten-Configuration zurückgeworfen oder abgelenkt. Vornehmlich sind in klimatischer Hinsicht folgende zu beachten:

---

*) Auf der Süd-Hemisphäre ist von dem weit freieren Polar-Meere her ein breiter Abfluss des kalten Wassers deutlich, als antarktische Drift, indess ist eine entsprechende wärmere Compensations-Strömung hier noch nicht bestimmt zu erkennen und anzugeben, welche doch bestehen muss. Am ersten kann dafür genommen werden die warme Strömung, welche längs der Ostküste und der Westseite von Afrika nach Süden hin fliesst, bei der Agullas-Bank, 4° R. wärmer ist, und noch auf dem 39° S. 14° O. Gr. eine Temperatur von 12° bis 18° S. besitzt, der sogenannte Süd-Atlantische Strom (neuerlich von Jansen als solche erkannt).

Kalte Strömungen. 1) Die arktische, sie kommt von der Ostseite von Novaja Semlja, zieht nach westlicher Richtung über Spitzbergen, dann nördlich über Island längs der Ostküste von Grönland hinunter, bei Labrador und Neu-Fundland vorbei, bis zum Golfstrom, und nun senkt sie sich unter diesen, dann wahrscheinlich in das Caraïbische Meer, das in der Tiefe kalt ist; zu ihr stösst, aus der Baffins-Bay kommend, ein anderer Polar-Strom, der längs der Nordküste von Amerika durch den Archipel von Westen her fliesst, der Labrador-Strom (vielleicht kommt hier noch ein Ausfluss gerade von Norden herunter, weil das Meer bei Nord-Grönland offen ist); die Temperatur des arktischen Stroms ist im Mai, auf dem 45° N., nur etwa 5°, d. i. um 5°,5 niedriger als die der Atmosphäre. 2) Aus der schmalen Berings-Strasse fliessen zwei seitliche Ströme heraus (während ein oberflächlicher wärmerer hineinfliesst), und im Herbst bemerkt man nördlich von dieser Strasse eine Strömung von Westen her. 3) An der Küste von Californien erscheint im Sommer regelmässig periodisch ein kalter Nordwest-Strom, wodurch die dortigen Sommer nahe der Küste so auffallend kühler (um 6° R.) werden, als die Norm ist. 4) Die nordafrikanische oder Guinea-Strömung entsteht etwa auf dem 45° N. (vielleicht die nun von unten heraufkommende Fortsetzung des arktischen Labrador-Stromes), fliesst die Westküste von Afrika entlang, bei Guinea umbiegend nach Osten; noch auf dem 21° N. ist die Temperatur im Mai, nur 16° R., anstatt etwa 19° R. 5) Auf der Süd-Hemisphäre zieht die grosse antarktische Strömung längs der West-Küste von Süd-Amerika hinunter, bis Payta (5° S.) und bringt eine um 5° bis 6° kühlere Temperatur mit (15° anstatt 21°). 6) An der West-Seite von Süd-Afrika geht der Congo-Strom hinunter, welchem der wärmere Guinea-Strom im nördlicheren Theile seitlich entgegenkommt, indem beide jahreszeitlich fluctuiren. 7) Auch an der West-Küste von Australien fehlt nicht ein von Südwest kommender Strom.

Warme Strömungen. 1) Die schon erwähnte Aequatorial-Strömung ist zwar eine allgemeine des Oceans und hat wegen ihrer peripherischen Richtung eine gleichmässig bleibende Temperatur; indessen da wo sie auf die östlichen Küsten stösst, erfährt sie eine Ablenkung nach Süd und Nord und bringt höhere Temperatur in höhere Breiten; so verhält es sich an der Ost-Küste von Süd-Amerika und von Süd-Afrika, auch von Australien und Neu-Guinea, ferner im Golf von Mexico und an der Südost-Küste von Asien.

2) Der gleichfalls schon erwähnte Golf-Strom, eine Umbeugung der eben genannten allgemeinen Strömung, bei Florida heraustretend, nach Nordosten mit entschiedener Heftigkeit strömend, breiter werdend im Sommer bis nahe nach Neu-Fundland fluctuirend (vom 40° bis 45° W.), und in das zwischen Scandinavien und Island offene Polar-Becken einfliessend, während ein anderer grosser Arm sich nach Süden umbiegt und sich etwa auf dem 38° N. verliert; seine Temperatur ist mitten im Atlantischen Meer etwa 3° bis 4° R. höher als das benachbarte Meer; bei den Azoren (38° N.) ist sie im Winter 12°, während sie an der europäischen Küste bis 8°, an der amerikanischen Küste unter 0° sinkt, auf dem 62° N. ist sie im Mai etwa 7°, weiter nach Westen nur 3°; seine Einwirkung ist unstreitig bis zum 74° N. zu verfolgen. 3) Auch längs der Westküste von Grönland geht ein wärmerer Strom aufwärts, ja in der Davy-Strasse ist eine starke submarine warme Strömung anzunehmen, nach Norden in das Polar-Meer fliessend (erwiesen durch die Richtung schwimmender Eisberge) *). 4) Analog ist der Japanische Strom, von der Südost-Küste Asiens nach der Berings-Strasse hin ziehend, aber auch nach der Nordwest-Küste von Amerika durch Winde vertheilt, er bringt der Ost-Küste von Japan um einige Grad höhere Temperatur, als die West-Küste bei den Nordwest-Winden besitzt. — 5) Auf der Süd-Hemisphäre ist wohl das wichtigste Mittel des Austausches der eben in einer Anmerkung besprochene Süd-Atlantische Strom, ein eigentlicher Gegensatz zum antarktischen Strome (doch ist er noch nicht genauer bestimmt). 6) Die Brasilische Strömung, nach Süden gerichtet, verhält sich vielleicht analog. 7) Die Mozambique-Strömung an der Ostseite von Afrika hinunter. 8) Die östliche Australische Strömung u. a. Diese wärmeren Ströme sind vielleicht sämmtlich anzusehen als Ablenkungen der allgemeinen Aequatorial-Strömung, welche gemäss der Richtung der entgegenstehenden Küsten, entweder in geringen Winkeln abbiegen oder aber zurückgeworfen und umgewendet werden und so ihren Weg nach den Polen fortsetzen; das erstere Verhalten findet man auf der Süd-Hemisphäre, das andere aber auf

*) Sie spricht für eine in nördlicher Richtung bestehende offene Verbindung mit dem Polar-Becken und ist überhaupt möglich, weil jedes Wasser, was über 2° bis 3° R. warm ist, hier, wo im Winter die flüssige Oberfläche — 1°,8 hat, dichter und schwerer sein und unten bleiben muss. In der That im Polar-Becken müssen die zuströmenden wärmeren Gewässer unten fliessen. wie im übrigen Ocean die zuströmenden kalten polarischen Gewässer ebenfalls unten fliessen müssen.

der Nord-Hemisphäre. Wenn die Erdkugel keine Umdrehung erführe, so würden sowohl die Winde, wie die Meeres-Ströme, in gerader Meridian-Richtung zwischen Aequator und Pol circuliren, und wenn zugleich die Oberfläche der Erde nur eine homogene Wasserfläche wäre, so würden weder einzelne Luftströme noch Meeresströme bestehen, sondern die Unterschiede in der Temperatur würden sich ausgleichen etwa wie in einem ruhigen Wasser-Becken, das an seinem oberen Umfange erwärmt wäre. Aber auch bei dem wirklichen Bestande muss man sich die Circulation des Wassers im Ocean nicht als eine in Strömen scharf begrenzte vorstellen, sondern diese bilden nur die Axe der Bewegungen. Als erläuternde Beispiele sind die Reisen von Flaschen anzuführen; sie lehren, dass im Atlantischen Meere der Nord-Hemisphäre auf der Oberfläche südlich vom 45° N. ein Zug besteht nach dem Caraïbischen Meere hin, also nach Südwest, aber nördlich vom 45° N. ein Zug nach Nordost. Uebrigens ist noch zu erinnern, dass, wie die Bewegungen in der elastischen Atmosphäre nur in der tieferen Schicht vor sich gehen, die höheren Schichten aber, wegen mangelnder Temperatur-Differenzen, wahrscheinlich unbewegt beharren, so auch ähnlich, aber in umgekehrter Richtung, am Grunde des tiefen, nicht elastischen, und kaum compressibeln Oceans, in der oceanischen homothermischen Grundschicht, die Bewegungen der Oberfläche und der submarinen Ströme durchaus fehlen und hier ewige Ruhe herrschen muss (N. 11 und 12).

§. 5.

Das atmosphärische Temperatur-System, in seiner geographischen Verbreitung.

Die Temperatur-Verhältnisse der Atmosphäre haben wir nun anzusehen als hervorgehend aus der Mischung der beiden eben besprochenen, durch die Insolation zunächst auf dem Festlande und auf dem Meere veranlassten Wärme-Quellen. Es ist nun leichter zu erkennen, in welcher Art verschieden die klimatische Temperatur auf der Erd-Oberfläche im Allgemeinen sich vertheilen muss. Mit kürzestem Ausdruck kann man sagen: *auf dem grössten Continente muss sowohl die grösste Wärme als auch die grösste Kälte vorkommen.* So wird es auch in der Wirklichkeit bestätigt.

Die extremste Wärme auf dem Aequator-Gürtel ist nicht etwa in linearer Ausdehnung über die Erde verbreitet, sondern concentrirt auf der Mitte der grössten Continental-Massen der intertropischen Zone, und im Sommer auf zwei klimatischen Wärme-Centren der Nord-Hemisphäre. Das eine, das östliche, und überhaupt das grösste klimatische Wärme-Centrum erscheint im Sommer in der alten Welt, in Afrika, quer über dem Rothen Meere, etwa bei Massava (15° N.), und bei Chartum (15° N.), am Nil im südlichen Nubien, mit 26° R. mittlerer Temperatur, dann im weiteren Umfange mit 24° R. sich ausdehnend über die Sahara, Arabien und Ostindien. Das zweite Wärme-Centrum, das westliche, erscheint im Sommer in der neuen Welt, das Küstenland Westindiens begreifend, jedoch nur mit 22° R. mittlerer Temperatur. Um diese beiden Centren schlingen sich im Sommer die übrigen Temperatur-Linien, entsprechend der Gestalt des Continents, also mit aufsteigenden Curven; in der Alten Welt in der Richtung nach Nordost hin, in der Neuen Welt in der Richtung nach Nordwest hin. Im entsprechender Weise ist die Kälte nicht etwa auf dem Pole concentrirt. Sondern es treten im Winter auf der Polar-Zone zwei Kälte-Centren hervor. Das eine und überhaupt das grösste klimatische Kälte-Centrum (im Winter) entsteht dann auf der östlichen, der grössten Continental-Masse, in Nord-Asien, in Sibirien, von Jakuzk bis Ustjansk (62° N.), mit —34° R. mittlerer Temperatur des Januar; das zweite, das westliche Kälte-Centrum entsteht im Winter im hohen polarischen Archipel über Nord-Amerika, etwa bei der Melville-Insel (74° N.), mit —30° R. mittlerer Temperatur des Februar. Und um diese beiden Kälte-Pole schlingen sich dann die übrigen Temperatur-Linien, wieder entsprechend der Gestalt des Continents, also in der Alten Welt mit absteigenden Curven in der Richtung nach Südwest, in der Neuen Welt in der Richtung nach Südost hin. Am entschiedensten stellen sich die jahreszeitlichen Gegensätze geographisch dar in den extremen Monaten, Januar und Juli, während sie mehr ausgeglichen erscheinen im October und im April. Und wie sich diese Temperatur-Centren in jenen Monaten darstellen, so auch verschiebt sich im ganzen Jahreslaufe die Temperatur-Vertheilung auf der Oberfläche der Erde. Um von dieser einen Ueberblick zu gewinnen, erscheint daher am rathsamsten, vor Allem und zunächst die Gestalt zu beachten, welche das Isothermen-System beim Aequator-Stande der Sonne besitzt, oder im October (nicht ganz so gut eignet sich der April dazu), und dann die Gestaltung des Isothermen-Systems in den beiden äussersten und entgegengesetzten Monaten des Jahres, im Juli und im Januar, zu vergleichen. Da hierbei die versinnlichende Anschauung auf Karten unentbehrlich ist, sind solche in Skizzen beigegeben (s. Karten 1, 2 und 3) *).

1) Im October. Die geographische Stellung des Isothermen-Systems beim Mittelstande der Sonne, d. i. über dem Aequator im Monate October, oder die mittlere Vertheilung der Temperatur auf der Erde überhaupt, ist folgende. Das östliche grösste Wärme-Centrum von 26° R. **) ist zwar vorhanden, aber es nimmt ein schmaleres Gebiet ein, als im Juli, etwa bei 15° N., quer über dem Rothen Meere; es ist umschlossen von einem weit grösseren Wärme-Gebiet mit 22° R., was den grössten Theil der Continental-Bildung nördlich vom Aequator umfasst, etwa vom 10° bis 20° N. B., und von West nach Ost, durch die östliche Hälfte von Afrika, durch Arabien, durch Ostindien sich erstreckt, hier hinuntersteigt nach dem Indischen Archipel, wo es auf dem Meere in eine nur lineare Ausdehnung übergeht. Im grossen Ocean muss man eine wärmste Linie annehmen von etwa 21°,5 R., welche etwa mit dem Calmen-Gürtel etwas nördlich vom Aequator verläuft und nur im Stillen Meere, angezogen vom Festlande Australien, südlich vom Aequator sich befindet. Das andere, das westliche Wärme-Centrum, auf dem Continent von Amerika, liegt in nordwestlicher Richtung von Guiana durch Venezuela nach Yucatan gerichtet, vom 5° bis 18° N. B., zu dieser Zeit als eine Linie von 22° R. mittlere Temperatur (s. Karte 1).

Die nächstfolgenden Isotherm-Linien folgen nun in der Gestalt, dass sie auf den Continenten von Afrika und Asien nur wenig höher als auf dem Meere aufsteigen; etwa bis zur Isotherme von 12° behalten sie diese ziemlich flache Richtung. Aber von hier an besitzt in dieser Jahreszeit die Temperatur des Meeres schon ein so bedeutendes Uebergewicht über die des rascher abkühlenden Continents, dass die Isotherm-Kreise auf dem Meere aufsteigende Curven bilden, und zwar allgemein weniger an den westlichen Küsten, als an den östlichen. Dies gilt für beide Continental-Massen

*) Sie konnten nicht wohl besser gegeben werden, als nach H. Dove's Darstellung in „Verbreitung der Wärme auf der Oberfläche der Erde, 1852“, mit einigen aus desselben Verfassers „Klimatologische Beiträge, 1857“, zu ersehenden Vervollständigungen.

**) In Massava ist die mittlere Temperatur des Juni über 29°, des October 25°,7 R.; in Chartum (15° N.) ist sie im Juni auch über 27°, im October 26°.

der Nord-Hemisphäre, sowohl für die Alte Welt wie für die Neue Welt, jedoch mehr für erstere, weil sie die grössere ist. Die Isotherme von 18° liegt nun etwa auf dem 30. Breitegrade, längs der Nordküste von Afrika über die Canarien-Inseln, Bermudas-Inseln, durch Florida u. s. w.; die Isotherme von 12° verläuft längs der Nordküsten des Mittelländischen Meeres und sinkt schon etwas in der Mitte Asiens. Stärker zeigt sich die Biegung nach unten, in Folge des im Norden sich bildenden Winter-Kältecentrums, in der Isotherme von 8°, welche etwa durch den Aral-See bis unter den 40. Breitegrad sinkt, während sie im Atlantischen Meere bis zur Spitze von Schottland reicht (60° N.) und durch Europa herabsteigend in der Mitte von Deutschland etwa bei 50° N. verläuft; ähnlich verhält sie sich in Nord-Amerika eine Curve nach unten bildend südlich von den Grossen Seen, 42° N., indem sie auch hier an der Westküste höher wieder aufsteigt, als an der Ostküste. Der Beginn der Frost-Temperatur, angezeigt durch die Isotherme von 0°, also das Eintreten der Schnee-Linie in diesem Sinne, erstreckt sich mit ähnlicher Gestalt, hoch über dem Nord-Cap, bis 74° N., aber dann herabsteigend nach beiden Seiten, bis etwa 52° in Asien, bei Nertschinsk, und 57° in Amerika, bei Fort York, so immer stärker die Nähe der beiden Kälte-Centren kundgebend. Auf den Kälte-Centren selbst aber bestehen zu dieser Zeit, auf dem östlichen, zu Ustjansk in Asien etwa —20°, und auf dem westlichen, auf der Melville-Insel in Amerika, etwa —15° R. Kälte, und zwar indem wahrscheinlich beide, durch das Meer am Nordpole getrennt, keinen Zusammenhang haben. — Hieraus ersieht sich, dass auch beim Aequator-Stande der Sonne, auf der Nord-Hemisphäre, auf den unteren Breitekreisen schon oder noch die Wärme-Centren des Sommers vorherrschen, aber dass auf den oberen Breitekreisen dann schon oder noch die Kälte-Centren des Winters überwiegend auf die Vertheilung der Temperatur einwirken, und beide stärker auf dem grösseren Continente, d. i. auf dem östlichen, der sogenannten Alten Welt.

2) Im Juli. Betrachten wir die Gestalt des Isothermen-Systems bei nördlicher Culmination, zur Zeit des Sonnenstandes über dem Wendekreise, im höchsten Sommer, im Juli, so finden wir dann die beiden Wärme-Centren in voller Herrschaft, zumal in der Alten Welt. Ihre Einwirkung dehnt sich weit umher aus, schiebt die Isothermen in Curven hoch nach Norden, und um so mehr, je grösser der Continent ist, in

nordöstlicher Richtung in Asien, in nordwestlicher Richtung in Nord-Amerika, während auf dem Ocean die Curven abwärts gebogen sind. Das östliche Wärme-Centrum begreift nun mit seiner mittleren Temperatur von 26° R. ein sehr grosses Gebiet, etwa von 12° bis 18° N. B., und der Länge nach von der Mitte der Sahara bis zum Persischen Golf; der Juli hat zu Massava (15° N.) über 29° mittlere Temperatur, desgleichen hat über 27° der Juni zu Chartum (15° N.), am Zusammenfluss des weissen und des blauen Nil, obgleich hier das Regen-Gebiet schon erreicht ist und dann die Regenzeit schon besteht (s. Denkschr. der Akad. d. Wissensch. in Wien, 1856), und im weiteren Umfange finden sich die mittleren Temperaturen von 24° und 22° R. vertheilt auf einem Gebiete, das ganz Nord-Afrika umfasst und Süd-Asien, mit Ostindien und Süd-China, bis zu den Philippinen herabgehend; namentlich besteht in Ostindien dann eine mittlere Temperatur von 24° R. Das westliche Wärme-Centrum in Amerika enthält dagegen nur 22° R. mittlerer Temperatur, umfasst damit die Westindischen Inseln mit dem Küsten-Saume des Festlandes um den Golf. Ein vergleichender Blick lehrt also, dass die wärmsten Klima's im Juli in dieser Art sich folgen; am Rothen Meer mit 26°, in Ostindien mit 24°, in Westindien mit 22° R. Das ganze übrige Isothermen-System vertheilt sich dann nach dem Pole hin, wie gesagt, in Kreisen, die sich um die genannten Wärme-Centren schlingen und über den Continenten in Curven höher aufsteigen, im Vergleich mit denen auf dem Meere. Die Isotherme von 0°, diese Schnee- und Frost-Linie, ist nun so hoch geschoben, dass sie ganz von der Oberfläche verschwunden ist und nur in senkrechter Höhe gefunden wird. Die Isotherme von 18° verläuft zu dieser Zeit längs der Nordküste des Mittelländischen Meeres (45° N.) und erhebt sich im Innern Asiens bis 50° N. Die Isotherme von 12° geht nun von der Nordküste Irlands (55° N.) aufsteigend durch Lappland, Archangel (64° N.) und steigt in Sibirien sogar bis zum 70° N. B.; in Nord-Amerika aber tritt sie an der Ostküste niedriger ein (45° N.) und erhebt sich nach der Westküste bis 64° N. Die Isotherme von 8° liegt am Nord-Cap; die Isotherme von 2° liegt schon über Spitzbergen (82° N.) und hoch über beiden Kälte-Polen des Winters, welche in der That im Sommer ganz verschwunden sind und nun sogar mehr Wärme besitzen, als das Meer; nun liegen die kühleren Gebiete verschoben, quer über der Richtung der Winter-minima, weil das Festland die Insolation ohne nächtliche Unterbrechung weit stärker absorbirt, als das Wasser; ein Gebiet, dessen mittlere Temperatur den Frost behielte, besteht im Juli auf dem Festlande gar nicht (doch wohl am Südpol im Januar) [s. Karte 2] (N. 13).

3) Im Januar. Ein ganz entgegengesetztes Bild bietet die Gestalt des Isothermen-Systems auf der Nord-Hemisphäre während des Sonnenstandes bei grösster südlicher Declination, im Januar. Nun hat der Continent seine Wärme rascher durch die Ausstrahlung wieder verloren, als das Meer; die beiden Winter-Kälte-Pole sind mehr und mehr hervorgetreten und bilden die herrschenden Mittelpunkte, um welche die übrigen Isothermen concentrisch sich schlingen, auf den beiden Continenten in tiefen Curven abwärts steigend. Diese Einwirkung erstreckt sich bis in die heisse Zone nördlich vom Aequator, wo nun, im Gegensatze, die Wärme-Centren verschwunden sind und hinüber gerückt sind auf die südliche Hemisphäre aber nur mit 21° R. mittlerer Temperatur (so stellen sich als breite Gürtel die wärmsten Gebiete dar auf der Süd-Hemisphäre, im tropischen Süd-Afrika, Süd-Amerika, Australien und in der s. g. Süd-See). An der Stelle des Juli-Wärmecentrums liegt nun die Isotherme von 18°, sogar gerade hier noch etwas nach Süden hin gebogen; die Isotherme von 12° verläuft über den Azoren (38° N.), senkt sich dann in Nord-Amerika bis an die Nordküste des Golfs (30° N.), in der Mitte Afrika's noch niedriger und geht durch Asien an der Südseite des Himalaya hin. Die Isotherme von 8° liegt am höchsten im Atlantischen Meere (45° N.), steigt dann nach beiden Seiten abwärts, geht durch Süd-Spanien, Sicilien, Syrien (38° N.) und sinkt in Asien etwa bis zum 25° N.; noch grössere Curven zeigt die Isotherme von 0°, die Frost- und Schnee-Linie; im Atlantischen Meere oberhalb Island liegend (68° N.) sinkt sie steil hinunter in die Mitte Europa's and erreicht in einem grossen Bogen in Asien etwa den 32° N. B.; in Nord-Amerika tritt sie bei Boston (42° N.) ein, und unter den Grossen Seen verlaufend steigt sie bis Sitka (57° N.) wieder auf an der Westküste. Endlich die beiden Kälte-Pole zeigen sich nun in ihrer grössten Macht, der östliche und grössere in Sibirien, zwischen Jakuzk und Ustjansk (62° bis 70° N.) mit —34° R., der westliche auf dem arktischen Archipel, auf der Melville-Insel (74° N.), mit —30° R. Sie sind getrennt sehr wahrscheinlich durch Meer, was nicht so tief erkalten kann wie Continent, wegen Zunahme seiner Temperatur nach der Tiefe hin, wie oben erläutert ist. Eis bedeckt zwar den grössten Theil der Polar-Zone, allein es besteht

darin auch eine mannigfache Vertheilung der Temperatur-Grade, von —1⁰,8 an bis —40⁰ R.; man muss bedenken, dass das Eis zwar Kälte bringt, aber dass zuvor bestehende Kälte in Folge der Ausstrahlung doch erst das Eis gebildet hat; auf dem Meere erreicht nun die Eisdecke höchstens eine Mächtigkeit von 11 Fuss, während auf dem Festlande sich Gletschermassen bilden von mehreren hundert Fuss Mächtigkeit (s. Karte 3).

So verhält und so bewegt sich die Temperatur-Verbreitung auf der Erdkugel in horizontaler Ausdehnung. Die mittlere, meteorologisch sich ergebende, Temperatur der Orte wird ziemlich genau angegeben durch die October-Isothermlinien und die Amplitude der jährlichen Fluctuation durch den Unterschied in der Stellung der Isotherm-Linien im Januar und im Juli. Die Breite dieser jährlichen Schwankung ist nicht nur zunehmend auf den höheren Breitekreisen, sondern auch mit dem Umfange der Continente und nach deren Innerm hin; am schmalsten aber ist sie über dem Aequator und auf dem offenen Meere. Daher liegen die Extreme in dieser Beziehung einerseits auf der Polar-Zone im Innern des grössten Continents und andererseits auf einer kleinen Insel der Aequator-Zone; das maximum der jährlichen Amplitude findet sich z. B. in Jakuzk (62⁰ N.), mit 50⁰ R. (im Juli 16⁰ im Januar —34⁰), das minimum findet sich z. B. in Singapur (1⁰ S. B.), mit 1⁰,5 R. (im Juli 22⁰,8, im Januar 20⁰,4).

Die Temperatur-Verbreitung in vertikaler Erhebung. Zur Vervollständigung der Uebersicht über die klimatische Temperatur-Vertheilung gehört wesentlich, dass man nie versäumt, zugleich die vertikale Vertheilung sich vorzustellen. Von der Oberfläche der Erdkugel aus wird die Atmosphäre in ihren unteren Schichten in abnehmendem Grade erwärmt, etwa bis 2 geogr. Meilen hoch, d. i. also etwa zu $^1/_5$ ihrer ganzen Höhe. Von den verschiedenen Isotherm-Kreisen kann man sich schräg aufsteigend nach dem Aequator hin Temperatur-Flächen denken, Hypsotherm-Flächen zu nennen, welche die abnehmende Gradation nach oben hin darstellen. Als Leiterin kann dabei die Hypsotherme von 0⁰ dienen; sie liegt über dem Aequator, bei der Mittel-Stellung der Sonne, im October, etwa 16000′ hoch, und abwärts steigend nach den Polen hin, berührt sie zu dieser Zeit die Oberfläche der nördlichen Erdhälfte etwa auf dem 65. Breitekreise (als Isotherme von 0⁰), aber im Jahreslaufe weit vor- und rückwärts fluctuirend. Sie wird zur Schnee-Linie, indem sich die Grenze des Schnee-Gebiets im höchsten Sommer höher schiebt und im tiefsten Winter sich wieder abwärts senkt. Das ganze klimatische den Organismen angehörende Temperatur-Gebiet muss man sich also vorstellen als in der unteren Atmosphäre in der Gestalt eines Prisma längs des Aequators die Erde umgebend und auch in solcher Gestalt mit der Sonne nach Nord und nach Süd sich bewegend. Ausführlicher sind diese vertikalen und orographischen Temperatur-Verhältnisse zu betrachten bei der Klimatologie der Gebirge *); hier wird eine ideale Skizze in Seiten-Ansicht zur Versinnlichung nicht überflüssig erscheinen (s. Fig. 4).

Fig. 4.

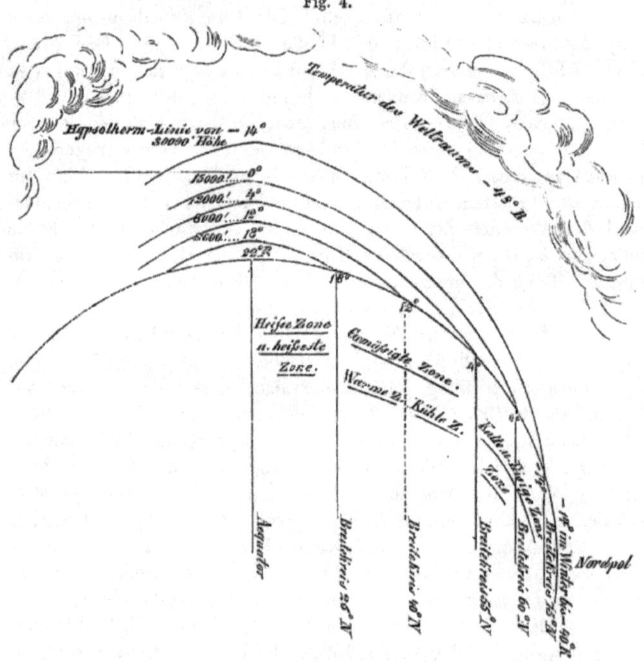

Das geographische System der atmosphärischen Temperatur-Vertheilung, in October-Stellung, in idealer Seiten-Ansicht.

---

*) Siehe „Klimatologische Untersuchungen oder Grundzüge der Klimatologie, 1858", Cap. I. „Klimatologie der Gebirge".

Als allgemeine Ergebnisse lassen sich anführen: die Abnahme der mittleren Temperatur in der Atmosphäre, wie sie auf Gebirgen gefunden wird (freilich local mannigfach verschieden, indem die Wärme mit deren Masse zunimmt), erfolgt auf der heissen Zone in einer Reihenfolge mit Absätzen von 1° R. auf 715 Fuss; d. h. längs der senkrechten Erhebung von 0′ bis 16000′ erfolgt die Abnahme von 22° bis 0° R. Aber auf der gemässigten Zone (etwa vom 45° bis 47° N. B.) erfolgt sie etwas rascher, um 1° R. auf 670′, wenigstens verhält sich dies so bis 8900′ Höhe (nach Humboldt, Kleinere Schriften, 1853, B. I.). In Mittel-Europa, in den Alpen Tyrol's und Bayern's, rechnet man eine Abnahme der mittleren Temperatur um 0°,16 für 100′, d. i. um 1° R. auf 630′; hier findet man in 3000′ Höhe eine mittlere Temperatur von 4°,5 R., in 6000′ Höhe nur von —0°,2; dies ändert sich im Winter und im Sommer fast um $^1/_3$, in der Art, dass im Juli die Abnahme etwa 0°,18 für 100′, aber im Januar etwa nur 0°,11 R. beträgt (s. O. Sendtner, Die Vegetations-Verhältnisse Süd-Bayern's, 1854).

§. 6.

Allgemeine Eintheilung der Klimate in Bezug auf die Temperatur-Verhältnisse. Bekanntlich unterscheidet man

1) in Hinsicht auf den Grad der Erwärmung im Allgemeinen drei Arten von Klimaten, heisse, gemässigte und kalte. Die Begrenzung derselben ist freilich ziemlich willkürlich und auch auf verschiedene Weise angenommen; jedenfalls aber bestimmt man sie passender, wie überhaupt die Zonen, nach Isotherm-Linien, als nach Breitekreisen. Man kann als heisse Klimate bezeichnen die zwischen den beiderseitigen Isotherm-Kreisen von 18° R. liegenden Gebiete; demnach würde eine mittlere Temperatur von 26° bis 18° R. (und damit ist zugleich verbunden eine geringe jährliche Fluctuation) ein heisses Klima bilden, aber auszuzeichnen wären dabei die Wärme-Centren mit 26° bis 22°, als heisseste Klimate, vor den mässig heissen, von 22° bis 18° mittlere Temperatur. Die gemässigten Klimate enthielten dann zwischen 18° und 4° mittlere Temperatur, d. h. sie liegen zwischen diesen Isothermen, aber zweckmässig unterscheidet man sie weiter in warme und in kühle, indem die Temperatur-Linie von 12° da-

für die Scheide-Linie bildet. Die kalten Klimate würden dann von 4° bis —15° R. mittlere Temperatur haben und könnten ferner eingetheilt werden durch die Isotherme von 0° in mässig kalte und eisige *).

Demnach unterscheiden sich auf jeder Hemisphäre drei Zonen (oder Klimate), welche durch weitere Eintheilung zu sechs werden, abgegrenzt durch gewisse Isotherm-Linien, in dieser Folge:

—15°		
		eisiges Klima
0°	Kalte Zone	
		kaltes „
4°		
		kühles „
12°	Gemässigte Zone	
		warmes „
18°		
		heisses „
22°	Heisse Zone	
		heissestes „
26° R.		

Diese Reihenfolge der Klimate bezieht sich auch auf die senkrechte Erhebung; auf der heissen Zone besteht eine Uebereinander-Lagerung der ganzen Reihe, wenn die Gebirge hoch über 16000′ aufsteigen.

2) Ausserdem ist von nicht geringer Bedeutung, die Klimate auch in Bezug auf ihre ganze Oscillation, auf die Variabilität der Temperatur näher zu unterscheiden. Völlig constant ist bekanntlich auch nicht einmal die Temperatur des freien Meeres auf der Aequator-Zone und unter dem unveränderlichen Passat-Winde; am grössten wird die Mannigfaltigkeit des Wechsels auf den höheren Breiten und durch locale Bedingungen auf dem Lande. Auch die Variabilität der Klimate lässt sich wieder klarer unterscheiden, wenn man die geographische Anschauung in Anwendung bringt.

---

*) Wenn man fragt, warum gerade die genannten Isotherm-Linien als klimatische Grenzen gewählt sind, so ist zu erwidern, dass die Isotherme von 18° R. ziemlich übereinstimmend als Grenze der heissen Zone angenommen ist, z. B. auch in Studer's trefflichem Lehrbuch der physikalischen Geographie und Geologie, 1847. Was dann die Bezeichnung der Grenze der kalten Zone durch die Isotherme von 4° R. betrifft (anstatt der gewöhnlicheren von 0°), so sprechen dafür Gründe der Vegetations-Vertheilung und auch der Noso-Geographie. L. von Buch sagt (Reise nach Norwegen, Bd. 2. S. 316), es sei, als ob man mit der Grenze der Eiche und der Fruchtgärten u. a. erst eigentlich den Charakter des Polar-Klima's zu bemerken aufange. Auch die wichtige Grenze der Malaria fällt ungefähr zusammen mit der genannten Isotherme.

Dann scheiden sich wieder zuvor die regelmässigen Variationen, als abhangend vom Sonnenstande, deutlicher von den unregelmässigen, als abhangend von den Winden u. s. w., oder die fluctuirenden von den undulirenden.

a) In Hinsicht auf die periodische jährliche Fluctuation sind sich entgegengesetzt die Klimate mit grosser Amplitude und mit geringer; erstere nennt man „excessive“ (seit Buffon) oder extreme, die anderen sind „limitirte“ zu nennen. Erstere heissen auch wohl „continentale Klimate“, indessen obgleich vorzugsweise eine wesentliche Eigenschaft der Continente dadurch bezeichnet wird, sagt doch diese Bezeichnung zu viel; letztere heissen sehr gewöhnlich auch „See-Klimate“, indessen obgleich das Meer vorzugsweise eine constante wenig fluctuirende Temperatur besitzt, hat sein Klima doch auch andere Eigenschaften und findet sich eine geringere Fluctuation ja auch auf der Höhe der Gebirge; daher ist der Ausdruck „limitirtes Klima“ manchmal unentbehrlich. Beispiele von beiden Gegensätzen sind früher schon angeführt; für erstere besonders Jakuzk (62° N.), mit einer jährlichen Amplitude von 50° R.; auch das weit südlicher gelegene Kiwa (41° N.) kann ein Beispiel für excessive Jahres-Differenz abgeben; für die limitirten Klimate sind besonders Singapur (1° N.), mit nur 1°,5, und Quito (0°,1 S.) 8970′ hoch, mit nur 1°,3 jährlicher Amplitude, als Repräsentanten zu nennen.

b) In Hinsicht auf die unregelmässigen Undulationen sind sich entgegengesetzt die Klimate, welche man im engeren Sinne als „variable“ und diejenigen, welche man als „äquable“ (oder constante) bezeichnet. Diese Unterschiede bezieht man besonders nur auf die Häufigkeit der unregelmässigen Oscillationen; ausserdem aber müssen auch darunter begriffen werden die Breite und die Raschheit der Oscillationen, die Temperatur-Sprünge. Es giebt Gebiete und Orte, wo ein Spiel der Winde fast nie ruht, und andere, wo eine gewisse Windlosigkeit besteht. Uebrigens ist das früher schon bei den Undulationen Gesagte hier zu wiederholen; der topographischen Klimatologie muss das Nähere überlassen bleiben. Genauere Beachtung der Klimate in dieser Rücksicht ist nicht unwichtig; die Meteorologie hat selten ihre mühsamen Beobachtungen hierauf ausgedehnt, was auch kaum anders, als durch selbstregistrirende Thermometrographen geschehen kann. Die vornehmlichen Ursachen sind immer neben einander local bestehende oder momentan eintretende Temperatur-Contraste. Constant ist ein Klima vorzugsweise im Gebiete des Passats, auf kleinen Inseln (auf grossen Continenten ist der Unterschied des Nachts und des Tages, wie gesagt, oft sehr bedeutend, in der trocknen Zeit); aber auch auf den monotonen Eis- und Schnee-Flächen der kältesten Polar-Zone im Winter, so in Sibirien, und auch an manchen Orten der gemässigten Zone, kennt und schätzt man diese Eigenschaft constanter oder äquabler Temperatur; um deren willen werden sie als Valetudinarien aufgesucht, z. B. Madeira, Süd-Spanien, Rom, Meran u. a. — Variabel dagegen sind vorzugsweise die Klimate der Küsten, in Folge der Küstenwinde, wenigstens in Bezug auf die Frequenz, wenn auch nicht in Bezug auf Grösse der Unterschiede. Letztere Art, die excessive Variabilität unstreitig die ungünstigere für die Organismen, wegen raschen Ueberganges zu niedrigeren Graden, findet sich vorzüglich in den vielfach gegliederten Gebirgs-Regionen. Denn hier, wo bald die Gipfel, bald die Thäler und Gehänge wärmer oder kühler werden, entstehen dadurch theils regelmässige Winde, Thal- und Berg-Winde, theils auch unregelmässige, und bei nahen Schnee- und Eis-Decken mit bedeutenden Differenzen. Als einige Beispiele des variabeln Klima's können genannt werden, Caracas, Buenos-Ayres, die Capstadt, Biskra in Algerien, Madrid, Lissabon, Turin u. a. In Europa ist das Klima im Allgemeinen variabler im Sommer, als im Winter, am variabelsten aber im Frühling, am constantesten im Herbst; Alles in Folge der Winde. Es ist auch erklärlich, dass es Klimate geben kann, welche excessiv sind und doch äquabal, z. B. Sibirien im Winter, und andere, welche limitirt sind und doch variabel, z. B. Westindien ist auf den Inseln weit äquabler als Ostindien, besonders was die tägliche Fluctuation betrifft; das Klima von Sénégal ist auch weit variabler, als das der Insel Réunion, obwohl etwa gleich limitirt.

Wenn man die Klimate nach der ganzen Oscillation der Temperatur oder nach ihrer Variabilität eintheilen will, so unterscheidet man diese vielleicht am geeignetsten in folgender Ordnung:

1) In Hinsicht auf die jährliche Fluctuation,
   a) excessive (oder extreme), b) limitirte Klimate.
2) In Hinsicht auf die Undulationen,
   a) variable (häufig, breit, rasch), b) äquable (oder constante) Klimate.

§. 7.
Locale Besonderheiten der Klimate.

Im Allgemeinen also, haben wir gesehen, giebt es unter dem zeitigen Sonnenstande drei geographische Momente, welche bestimmend sind für die klimatischen Temperatur-Verhältnisse der Orte, nämlich: der Breitegrad, die continentale oder aber die oceanische Lage und die senkrechte Erhebung. Aber es giebt auch locale oder topographische Bedingungen, wodurch in sonst gleich, selbst nahe gelegenen Orten die Temperatur entweder erhöhet oder erniedrigt werden kann, wodurch also Gebiete klimatisch individualisirt werden. Als solche sind folgende zu bezeichnen. Temperatur erhöhende Bedingung: vor Allem (um dies noch einmal zu erwähnen, weil es oft übersehen wird) geringere senkrechte Höhe des Bodens; das Vorherrschen eines wärmeren Luftstroms; die Nähe eines warmen Meeresstroms, ein südlich gelegenes Meer, für den Winter, ein südlich gelegener Continent, für den Sommer; Schutz gegen die kälteren Luftströme durch ein Gebirge, oder auch durch Wald, daher ein nach Süden geöffnetes Thal; Gefäll des Bodens nach Süden; Abwesenheit von Schnee und Eismassen auf der Windseite; Begünstigung der Landschaft durch Zulenkung warmer Winde; Abwesenheit eines polarischen Eismeers; trockner Sandboden und noch mehr Sandstein mit geringer Ausstrahlung; die Nähe eines grossen Binnensees, für den Winter; stätige Heiterkeit der Atmosphäre im Sommer, Wolkendecke im Winter; überhaupt Meeres-Einwirkung für den Winter, Continental-Einwirkung für den Sommer. — Temperatur erniedrigende Bedingungen: höhere senkrechte Erhebung des Bodens, das Vorherrschen eines kälteren Luftstroms, die Nähe eines kalten Meeresstroms, ein nördlich gelegenes Meer (zumal ohne directe Verbindung mit den südlicheren Theilen des allgemeinen Oceans) für den Sommer, ein nördlich gelegener Continent für den Winter, Verhinderung der südlichen Winde durch ein Gebirge, daher ein nach Norden geöffnetes Thal, Anwesenheit von Schnee- und Eis-Massen auf der Windseite, Zulenkung kühler Winde durch Configuration der Landschaft, herabsinkende Winde von Bergen zur Abendzeit, feuchter Thonboden, Moräste, Waldungen und die stark ausstrahlenden Wiesen, wo in Folge der Verdunstung Wärme verbraucht wird, und Feuchtigkeit sich erhält, grosse Landseen für den Sommer, heiterer

Himmel, mit schneefreiem Boden im Winter, wegen der nächtlichen Ausstrahlung, überhaupt Meeres-Einwirkung im Sommer, Continental-Einwirkung im Winter.

Feinere Bestimmung der Klimate nach ihrem Wärme-Quantum. Es kann zuweilen einen besonderen Werth haben, zumal für die Kenntniss der Vegetations-Verhältnisse, eine noch weit schärfere Abschätzung, zur Vergleichung verschiedener, auch nahe gelegener, Klimate, zu besitzen, in Hinsicht auf die ganze Wärme-Summe, welche ihnen innerhalb einer gewissen Zeit zu Theil wird, eine schärfer gemessene, als sie die mittlere Temperatur der Monat gewährt. Dies ermöglicht die Wärme-Summe, welche über einen gewissen Grad hinaus, etwa über 0°, 8°, 12° oder 20° R., während einer gleichen oder einer verschiedenen Zeitdauer an den zu vergleichenden Orten entsteht, gleichsam der Flächen-Inhalt des graphisch dargestellten Curven-Systems in den thermometrischen Tabellen. Die mittleren Werthe der Jahres- und Monats-Temperaturen geben hierüber keine genügende Auskunft; denn es kann ja sehr wohl vorkommen, dass bei gleichen Mittel-Werthen zweier Klimate, doch in dem einen die Temperatur nie einen gewissen niedrigen Grad übersteigt, während in dem anderen Klima, ein weit höherer Grad erreicht wird, freilich auch compensirt durch entsprechend grössere Kälte zu anderen Zeiten. Dadurch unterscheiden sich ja eben die See-Klimate von den Land-Klimaten auf gleichen Isotherm-Linien. Ausserdem kann bei gleicher Wärme-Summe an mehreren Orten doch deren Vertheilung auf einen längeren oder kürzeren Zeitraum eine verschiedene sein. Es kommt dann also darauf an, die Summe der atmosphärischen Wärme auch nach der Zahl der Wochen (fünftägige Mittel), Tage oder sogar Stunden zu messen, wenn man einmal sehr genau messen wollte. Als Mittel zu genauerer Vergleichung der Klimate in dieser Weise könnte dienen, zu untersuchen, wie viel Zeit, d. i. wie viel Tage oder sogar Stunden, in einem Klima ein gewisser Temperatur-Grad überschritten bleibt und wie hoch die ganze Summe der überschreitenden Wärme beträgt. Einige Beispiele werden dies erläutern. Auf der Isotherme von 8° wäre von verschiedenen Orten anzugeben, wie viel Temperatur, in jener Weise durch Zusammenzählen der mittleren Temperatur von Monaten, Wochen (Tagen oder Stunden), über 12° vorkommt. Schon die Monate gewähren zu solchen Vergleichungen brauchbare und noch wenig benutzte Mittel (in Decandolle's Géographie botanique, 1856, findet man dies wohl berücksichtigt, auch in Brüssel, Wien u. a. meteorologisch beachtet), wenn man die Zahlen, womit die mittlere Temperatur der Monate bezeichnet wird, summirt, indem man etwa die unter 0° enthaltenden dabei ausschliesst.

Auf dem grössten Wärme-Centrum der Erde, zu Massava (15° N.) am Rothen Meere, ergeben auf diese Art die monatlichen Wärme-Mittel das Wärme-Quantum von 304° R. (nach Dove's Temperaturtafeln, 1848, bestimmt), wohl das höchste, was man überhaupt findet; in Ostindien, zu Madras (13° N.), erhält man auf diese Weise 276°, in Westindien, zu Paramaribo (5° N.) 256° R. Im extremen Gegensatze finden wir auf dem grössten Winter-Kältepole zu Jakuzk (62° N.), dass hier während der fünf Sommer-Monate, d. h. in denen allein die mittlere Temperatur über 0° steht, das summirte Quantum ergiebt 46°, aber auf dem westlichen, weniger continentalen Winter-Kältepole, auf der Melville-Insel (74° N.) ergiebt die Summe der drei Sommer-Monate nur 5°,4, und in Spitzbergen (80° N.) gar nur 3°,3 *). Auf dem Nord-Cap von Scandinavien bilden sechs sommerliche Monate zusammen doch nur 18° R. — Auf der gemässigten Zone beträgt in Rom (41° N.) diese Summe 151°, in Mannheim (49°,29 N.) binnen 11 Monate, 97°,2 [in Carlsruhe, das so nahe dabei liegt (49°,1 N.) 99°,4, in Brünn, auf derselben Parallele (49°,1 N.), binnen 10 Monaten, 102°,2 R. und auch in Wien (48°,13 N.) binnen 11 Monaten, 102° R.]. Vergleicht man nun allein noch höhere Spitzen der Temperatur-Curven, etwa über 10°, so findet man, in Rom bleibt diese Höhe 7 Monate hindurch, und diese liefern eine Summe von 34°, über 15° bleibt sie 4 Monate und diese liefern 13°, über 18° bleibt sie 2 Monate und diese liefern 2° R. Wärme-Summe. In Mannheim bleibt die mittlere Temperatur über 10° nur 5 Monate und liefert eine darüber hinausgehende Wärme-Summe von nur 22°, über 15° bleibt sie hier nur 3 Monate und liefert nur 2°,1 R. Es ist einleuchtend, dass man auf diese Weise die Genauigkeit der Vergleichungen noch steigern kann dadurch, dass man noch kleinere Zeittheile summirt, anstatt der mittleren Temperatur der Monate, die von fünf Tagen, oder der einzelnen Tage, sogar der Stunden, obgleich die Leistung der Instrumente gewisse Grenzen setzen muss.

*) Demnach ist für den Sommer doch Spitzbergen als dem Kältepol näher angehörend zu betrachten, welcher jedenfalls zu dieser Jahreszeit im Meere liegen muss; wieder ein Beweis, dass am Nordpol kein grosser Continent vorhanden sein kann (N. 13).

Das eigentliche messende Instrument dafür ist aber der selbst registrirende Thermometrograph (und im Allgemeinen wird dieser gewiss auch eine Uebereinstimmung zeigen mit dem Anemographen)*).

Beispiel einer topographischen Temperatur-Bestimmung. Betrachten wir nun zu weiterer Erläuterung das über die klimatischen Temperatur-Verhältnisse Vorgetragene in einem Beispiele, vereinigt und angewendet an einem Orte auf der gemässigten Zone, in der Mitte Europa's auf dem 50. Breitekreise, auf der Isotherme von 8° R. (diese verläuft über Brüssel, Coblenz, Stuttgart, Wien), und bei dem Aequator-Stande der Sonne, d. i. im October; der Ort aber sei zunächst Brüssel (50°,51 N.)**). Zu der angegebenen Zeit beträgt hier der Winkel der Sonnen-Einstrahlung etwa die Mitte zwischen dem höchsten Stande von 63 Graden und dem niedrigsten Stande von 16 Graden. Nach Westen hin liegt das Meer in einer Entfernung von etwa 15 geogr. Meilen, in der Richtung von Südwest nach Nordost, einwirkende Gebirge befinden sich nicht in der Nähe. Die mittlere Temperatur der untersten Schicht der Atmosphäre ist hier also, wie gesagt, in diesem Monate (nahe wie für das ganze Jahr) 8°,0 R.; in der Höhe, über den Köpfen der Bewohner, verläuft die Hypsotherm-Fläche des Frostgrades von 0° etwa 4500′ hoch, in der Tiefe des Bodens unter ihren Füssen erstreckt sich die Insolations-Wärme etwa bis 75′ tief, und ihre jahreszeitlich fluctuirende Temperatur beträgt zu der angenommenen Zeit nahe unter der Oberfläche etwa 8°,6, in 3′ Tiefe 9°,7, in 6′ Tiefe 10°,5, in 12′ Tiefe 10°,4 R., im Mittel aber besitzt diese Insolations-Schicht hier 8° bis 9° R. Damit übereinstimmend zeigt das Quellwasser etwa 8°,6. In grösserer Tiefe, im Gebiete der tellurischen Wärme, welche unveränderlich ist und nach unten gleichmässig zunimmt, liegt die Temperatur-Linie von 22° R. etwa 1400′ tief. Das im Westen liegende Meer hat dann etwa 12° R. Zu gleicher Zeit, muss man sich zur Vervollständigung des Bildes vorstellen, befindet sich die Isotherm-Linie von 0°, am Nord-Cap von Scandinavien (70° N.), sie schwankt im

---

*) Es giebt in den topographischen Erscheinungen der Temperatur-Verhältnisse noch andere Eigenthümlichkeiten, welche bei Vergleichung von Klimaten in Betracht kommen, z. B. die Dauer anhaltender Kälte oder Wärme, die möglichen maxima und minima u. s. w. Materialien dazu finden sich in Arago's „Oeuvres" T. 8. 1858. Sur l'état thermométrique du globe.

**) Mit besonderer Benutzung von A. Quételet's Beobachtungen (Sur le climat de la Belgique, 1854. Annales de l'observ. de Bruxelles).

Winter, im Januar, bis nahe hierher herunter, und im Sommer, im Juli tritt hier die Isotherme von 14° ein, welche zu dieser Zeit, im October, in Sicilien liegt, im Januar aber bis Madeira (32° N.) hinunter geht. Demnach ist hier die jährliche Amplitude der mittleren Temperatur 13° R. Innerhalb des Jahres drehen sich die Isothermen einigermassen, in der Art, dass sie im Sommer nach Nordost hin aufsteigen, im Sommer aber nach Nordwest hin, das heisst, dass im Sommer nach Osten und Nordosten hin die grössere Wärme sich befindet, im Winter aber die grössere Kälte, und umgekehrt, dass im Sommer die kühlere Luft von West und Nordwest kommt, im Winter aber die wärmere. Die Sonnenwärme dringt im Umfange der Tageszeit im Sommer etwa bis 3′ tief in den Erdboden, im Winter kann der Wärme-Verlust, durch Ausstrahlen von der Oberfläche aus, so weit den Frost in die Tiefe führen, dass bei anhaltender strenger Kälte der Frostgrad bis 19 Zoll und selbst bis 2 Fuss in den Boden dringen kann (weit weniger tief bei Schneedecke, und wahrscheinlich mehr unter Pflastersteinen). Jedoch schon in 12′ Tiefe besteht im Erdboden eine so geringe Veränderlichkeit der Temperatur, dass hier die jährliche Amplitude nur 3°,4 beträgt (mit dem Mittel von 8°,7). Die Temperatur der Quellen (aus einem Brunnen von 60′ Tiefe) ist 8°,8, also um 0°,6 höher, als die der Luft, sie variirt im Jahreslaufe um 1/8°. — Was die Temperatur der unteren Luftschicht betrifft, in welcher die Bewohner leben und die Vegetation wächst, also die klimatische Temperatur, so ist sie im Mittel des Jahres zu 8°,2 R. anzunehmen, des Januars 1°,6, des Juli 14°,5. Die jährliche Fluctuation also besitzt eine Amplitude von 13° R. Die regelmässige tägliche Fluctuation der Temperatur erreicht ihre Extreme verschieden nach den Jahreszeiten; das minimum tritt ein im Januar des Morgens 6^h, im Juli schon um $3^1/_4{}^h$, das maximum erscheint im Januar um $1^1/_2{}^h$ Nachmittags, im Juli erst um 3^h; im Durchschnitt des Jahres ereignet sich das minimum gegen 4^h Morgens, das maximum gegen 2 Uhr Nachmittags. Die Temperaturen um 9 Uhr Morgens und um 8 Uhr Abends stellen auch die mittlere Temperatur des Tages dar (wie October und April die des Jahres). Die Temperatur der minima des Morgens ist im Durchschnitt im Jan. 0°,0, im Juli 10°,0, der maxima Mittags im Jan. 1°,7, im Juli 15°,4, also die tägliche Fluctuation besitzt etwa eine mittlere Amplitude von 4°,3, im Januar 1°,7, im Juli 5°,4 (im August 6°,4). (Demnach ist das Klima von Brüssel ein mässig limitirtes zu nennen, sowohl in Bezug auf die jährliche wie auf die tägliche Fluctuation). - Was die Undulationen oder die unregelmässigen, vor Allen von den Winden abhangenden, Variationen der Temperatur betrifft, so ist als absolutes maximum, binnen 10 Jahren, ein Mal erreicht 26°,5 R. (am 9. Juli 1834), als absolutes minimum —14°,6 (am 16. Januar 1838). Die grösste wiederkehrende Regelmässigkeit der Temperatur in der Reihenfolge der Jahre findet sich im Herbst, die grösste Anomalität im Winter. Der Anfang des Frostes fällt im Durchschnitt auf den 9. November, das Ende auf den 31. März, doch erschien drei Mal der Anfang schon am 19. October und drei Mal das Ende erst am 17. April, also zählt man gerade 6 Monate (185 Tage) wo jeder Frost fehlt, möglicher Weise aber 7 Monate. Im Januar ist als ein tägliches minimum im Durchschnitt vorgekommen —12°,9, als maximum 8°,8, im Juli ist im Durchschnitt als maximum erreicht 20°, als minimum 8°,8 R.; demnach ist die Amplitude der extremen Undulationen in den einzelnen Monaten bedeutender im Winter, als im Sommer, im Januar 21°, im Juli 11° R. Die einzelnen Monate können ihre normale Mittel-Temperatur überschreiten, im Januar um 7°, im Juli um 6°, aber sie können darunter fallen, im Januar um 14°, im Juli um 5°; doch erreicht die Winter-Kälte selten unter —12°. Die Gesammtzahl der Frost-Tage für die Winterzeit war im maximo einmal 77 Tage, in minimo 21 Tage. [Aehnlich in Paris, wo als Mittel sich 48 Frost-Tage im Jahre ergeben; aber in anhaltender Tages-Reihe nur 12 Tage. Wenn man diejenigen Sommertage, an welchen als maximum über 20° erreicht wird, bezeichnet als „heisse Tage", und als „sehr heisse", die welche über 25° R. erreichen, so findet man in der Jahres-Reihe von 1832 bis 1852, zu Paris, als warme Sommer bezeichnet 11, und in diesen Jahren betrug die Zahl der „heissen Tage" von 30 bis 51, die Zahl der „sehr heissen" Tage von 1 bis 11.] Wenn man in Brüssel die ganze Wärme-Summe, welche über 0° liegt, aus der mittleren Temperatur aller Monate berechnet, so ergiebt sie sich als 98°,9; diejenige Wärme-Summe, welche über 10° R. hinausgeht und hierin der mittleren Temperatur von 5 Monaten enthalten ist, ergiebt sich nur als 15°,8 R.

§. 8.

Anomale Jahrgänge. Da die Sonne den scheinbaren Kreislauf in ihrer Stellung zur Oberfläche der Erdkugel unwandelbar und fest in jedem Jahre wiederholt, und da auch das von ihr bestrahlte Substrat, die Oberfläche der Erde, eine gleichbleibende Ausdehnung und Beschaffenheit ihr darbietet, so muss auch das Product davon, die Wärme, in ihrer Gesammtheit in gleicher Menge daraus hervorgehen und gleichbleiben in jedem Jahre. Aber dennoch kann in ihrer räumlichen Vertheilung streckenweise in der Reihenfolge der Jahre, auf längere oder auf kürzere Zeit, eine Verschiedenheit eintreten, indem der mittlere Werth um einige Grade entweder überschritten oder nicht erreicht wird. Dies nennt man zeitliche Anomalität (wie es auch bleibend locale giebt). Diese können sich erstrecken auf ganze Jahre oder nur auf Monate u. s. w. Sie beruhen also nicht auf Aenderungen in der Fluctuation, sondern nur in den Undulationen; d. h. der Sonnengang ist jährlich und täglich derselbe, aber die Winde sind wandelbar in Hinsicht auf ihre vorherrschende Richtung, und sie bestimmen ja fast allein, ausser der Wolkendecke, den Regen u. a., alle unregelmässigen Variationen der Temperatur. Es folgert sich daraus schon von selbst, dass die anomalen Abweichungen vom Mittel in den Jahresreihen vorzugsweise nur ausserhalb der Tropen, d. i. ausserhalb des Gebiets des Passats, im Gebiete der zwei alternirenden Luftströme vorkommen, d. i. des polarischen Nordost- und des äquatorialen Südwest-Stromes. In der That betragen sie innerhalb der Tropen im Durchschnitt kaum 1° R. Untersuchungen (vor Allen von Dove ausgeführt) haben beweisend ergeben, dass es nicht etwa siderische Einflüsse sind, sondern nur die vorkommenden unregelmässigen oder unrhythmischen Aenderungen in der atmosphärischen Circulation, welche die Bedingungen für die zeitlichen Anomalien abgeben, und dass diese auch wirklich räumlich beschränkt sind auf die Bahnen der genannten beiden Haupt-Luftströme und also seitlich neben einander liegend vertheilt sind, meist in der Richtung von Südwest nach Nordost. Ob demnach der Winter irgend eines Jahres in einem bestimmten Landstrich strenger oder milder ist, oder ob ein Sommer heisser oder kühler ausfällt, hangt davon ab, ob dieser Landstrich für jene Zeit aufgenommen war in den allgemeinen Südwest-Passat, oder aber in den kalten Nordost-Passat*). Bis jetzt wissen wir noch nicht, auf welchen Ursachen die Verdrängung des einen Stroms durch den anderen beruht; vielleicht findet

*) Da auf der Subtropen-Zone während des Sommers allein der Nordost-Passat herrscht, so ist zu erwarten, dass längs dieses Gürtels zur Sommerzeit nur geringe Anomalie vorkommt.

man dereinst auch in diesem Wechsel das Gesetzliche. Manchmal ereignet es sich, dass Europa bei seiner Lage in der Mitte zwischen Amerika und Asien, von einem entgegengesetzten Luftstrome beherrscht wird, als gleichzeitig jene beiden ihm zur Seite liegenden Welttheile in ihren höheren Breiten erfahren, dass es also entweder durch eine kühlere oder durch eine wärmere zeitliche Klimatur unterschieden ist. Obgleich im Winter der Südwest-Strom in Europa vorzuherrschen pflegt, sind doch gerade die Winter ausgezeichnet durch die möglichen Unterschiede ihrer normalen Mittel-Temperatur, welche der Nordost-Strom herbeiführt. Manchmal kann es auch vorkommen, dass dieser Welttheil in der Mitte durchschnitten wird durch die Grenzen beider Winde und in zwei contrastirende Anomalien geschieden wird (z. B. verhielt es sich so in dem bekannten sogenannten Kometen-Jahre 1811, wo nur das westliche Europa einen anhaltend ungewöhnlich heissen Sommer erhielt).

Es fragt sich, wie gross die Abweichungen vom normalen Mittel zu werden pflegen, also wie gross die Amplitude der zeitlichen Anomalien ist, welche entweder den Mittelstand überschreiten, die sogenannten positiven Anomalien, oder ihn nicht erreichen, die sogenannten negativen Anomalien. Die „Anomalität" (dies ist ein bezeichnenderer Ausdruck, als Variabilität eines Klima's auch hier zu sagen, er ist sogar nothwendig, um Missverständnisse zu vermeiden) erstreckt sich, wie gesagt, auf einzelne oder mehrere Monate, und zwar ergiebt sich, dass die grössten Abweichungen im Winter erfolgen, die kleineren im Sommer und im Herbst. Besonders gross sind sie, was Europa betrifft, weder nahe an der Küste, noch im Innern der Continente, sondern in dem Raume zwischen beiden; z. B. in der Mitte von Deutschland. In Paris hat die Anomalität innerhalb 33 Jahren im Durchschnitt betragen, für das Jahr 1°,8 R., für den Januar 7°,6, für September 3°,1; in Carlsruhe, innerhalb 40 Jahre, für das Jahr 1°,5, für Januar 7°,4, für Juli 3°,7; in Jakuzk (62° N.), also im Innern des grössten Continents, innerhalb 10 Jahren, für Januar 10°,0, für Juli aber nur 7°,0. In Berlin ergab eine Reihe von 6 Jahren (1829 bis 1834) Folgendes: Das normale Mittel aller 6 Jahre war 7°,1, es wurde aber positiv anomal im Jahre 1834, bis 8°,5, negativ anomal im Jahre 1829, bis 5°,5 (grösste Amplitude also 3°,0); der Januar hatte als normales Mittel für alle 6 Jahre —1°,9, aber als grösste negative Anomalie (im Jahre 1830) —6°,1, als grösste positive Anomalie (1834) 2°,8 (also grösste Amplitude 8°,9); der Juli hatte als normales Mittel 15°,0, grösste positive Anomalie 18°,6 (1834), grösste negative Anomalie 12°,6 (1832) (also grösste Amplitude 6°,0); der September aber zeigte als Amplitude der Anomalität nur 1°,9 (12°,4 und 10°,5, beim normalen Mittel 11°,7). — In Petersburg ist, nach 40 Jahren Beobachtungen (1806 bis 1845) die mittlere normale Temperatur des Winters —6°,4, fünf Mal ist eine negative Anomalie unter —10° gefallen (im berühmten Winter 1812/13 bis —10°,1), die extremste erreichte sogar —12° (im Jahre 1820), die extremste positive Anomalie blieb bei —1°,5 (im Jahre 1843), also beträgt die grösste Amplitude der Winter-Anomalität 10°,5, die des Januar allein noch mehr, 15°,6 (—17°1 und —1°,5); dagegen der Sommer hatte im Mittel 12°,7, als höchstes anomales Mittel 15°,2 (1826), als niedrigste Anomalie 10°,8 (1821), also Amplitude der Sommer-Anomalität ist nur 4°,4, die des Juli aber ist 5°,4, das maximum 16°,6 (in den Jahren 1814 und 1826) und das minimum 11°,2 (1832). Ein neues Beispiel einer positiven Anomalie hat für Europa der Winter 1858/59 gebracht, während er wieder in Nord-Amerika und auch in Sibirien ungewöhnlich streng ausgefallen ist.

§. 9.

Eine Vergleichung der Süd-Hemisphäre mit der Nord-Hemisphäre.

Da die Süd-Hemisphäre weit weniger Continent den Sonnenstrahlen darbietet, als die Nord-Hemisphäre und auch davon vorzugsweise auf der tropischen Zone besitzt, so geht daraus schon im Voraus hervor, dass sie nicht so hohe Wärmegrade erreicht, aber auch, dass sie nicht so tiefe Kälte-Grade erfährt. Genauer unterschieden muss man annehmen, viel Continent auf der Tropen-Zone vermehrt die ganze Wärme-Menge, aber viel Continent auf den höheren Breiten mindert die ganze Wärme-Menge; indem er hier zwar für die kurze Sommerzeit mehr Wärme liefert als das Meer, giebt er für die lange Winterzeit auch mehr davon ab, und das Ergebniss ist im Jahres-Mittel höhere Temperatur des Meeres, wie auch die höheren Isotherm-Curven auf dem Ocean hinreichend bezeugen. Der Voraussetzung zufolge hat also die Süd-Hemisphäre auf der Tropen-Zone ein etwas kühleres Klima, aber auf den höheren Breiten ein etwas wärmeres Klima, als die Nord-Hemisphäre;

namentlich auch muss das Klima der gemässigten und der kalten Zone ein weit limitirteres sein. So wird es wirklich empirisch bestätigt. Die grossen Wärme-Centren, welche auf den tropischen Continenten der Nord-Hälfte im hohen Sommer erscheinen, treten nicht ein auf den schmaleren Continenten der Süd-Hälfte, wenn die Sonne hier culminirt; auch im Januar kann man im tropischen Süd-Amerika, Süd-Afrika und Australien die mittlere Temperatur kaum auf 22° R. schätzen. Dies allein bildet schon einen erheblichen Unterschied zwischen beiden Hemisphären. Ausserdem aber macht sich auch in der Polar-Zone im Winter kein mächtiger Kälte-Pol geltend. Schon vom 55° S. B. an entbehren die höheren Breiten der Continental-Bildung; auch das Polar-Land scheint, der hier gefundenen, sehr niedrigen Sommer-Temperatur zufolge (welche sich nie über 0° erhob) keinen bedeutenden Umfang und keine mächtige Einwirkung auf die Temperatur-Verhältnisse zu besitzen. Die Isotherm-Linien auf der Süd-Hemisphäre verlaufen nicht in so ausgeschweiften Curven, sondern mehr parallel mit den Breitekreisen. Jedoch an der Westküste von Süd-Amerika und auch von Süd-Afrika werden sie weit abwärts geschoben, aber in besonderer Weise, durch die kalten Meeresströme, während an der anderen Küste warme Ströme sie höher drängen. Und auf den höheren Breiten schwanken sie auch weit weniger mit den Jahreszeiten zwischen Süd und Nord. Selbst im Sommer sehen wir die Frost- und Schnee-Linie, d. i. die Isotherme von 0° im Januar, nur etwa bis 64° S. hinaufgeschoben, welche auf der Nord-Hemisphäre dann bis hoch über 80° N. steigt, dagegen im Winter, im Juli, weicht sie hinunter etwa nur bis 54° S., während sie auf der Nord-Hälfte dann, auf dem Continent, bis unter 40° hinuntergeht. An der äussersten Spitze des Festlandes, am Cap Horn (55°,10 S.), kann man annehmen, liegt im Juli die Isotherme von 0°,4, im Januar von 8°,4, die Amplitude der jährlichen Fluctuation beträgt hier nur 8°, die mittlere Jahres-Temperatur, oder die Temperatur beim Aequator-Stande der Sonne, beträgt 4° R. (es würde schon hier die klimatische Grenze der gemässigten Zone sich befinden). In Neu-Seeland (43° S.) erscheint im Juli die Isotherm-Linie von 4°, im Januar nur die von 12° R., beim Aequator-Stande der Sonne liegt hier die von 8° R. Zur ungefähren Vergleichung der Temperatur-Vertheilung auf beiden Hemisphären, die Breite-Kreise entlang, lässt sich, bis zur 50. Paralle, folgendes Schema aufstellen:

Breite.	Nord-Hälfte.	Süd-Hälfte.
10°	21°,3 R.	20°,4 R.
20°	20°,2	18°,7
30°	16°,8	15°,5
40°	10°,9	10°,8
50°	4°,0	5°,0

Wollte und könnte man diese Vergleichung auch für die höheren Breiten fortsetzen, so würde also das Verhältniss umkehren, wie schon mit dem 50. Breitekreise hervortritt; das See-Klima würde sich überwiegend zeigen auf der Pol-Hälfte und damit die Temperatur im Jahres-Mittel hier höher, wenn auch im Sommer niedriger, wo sie nicht einmal hoch genug steigt, dass irgend eine Vegetation möglich ist (ausser vielleicht in der Tiefe des Meeres, wovon die Fische leben, und wieder zahlreiche Vögel ernähren). Dennoch hat im Ganzen die Nord-Hemisphäre ein plus von Temperatur, im Vergleich zu der Süd-Hemisphäre; dies wird schon bewiesen durch den Umstand, dass der Calmen-Gürtel, dieser wärmste Mittel-Gürtel immer einige Breite-Grade nördlich vom Aequator bleibt, ausser auf einer Strecke im Grossen Ocean, aber da gerade, wo auf keiner der beiden Hemisphären Continent, mit seiner Einwirkung, sich vorfindet.

§. 10.

Die Einwirkung der Temperatur-Vertheilung auf die Organismen ist zwar immer als das wichtigste klimatische Moment erkannt worden; aber durch den geographischen Ueberblick ist unstreitig ihre Bedeutung für die organische Welt, sowohl für die vegetabilische wie für die animalische, vollständiger und deutlicher hervorgetreten. Man kann sagen, besonders erst seit Humboldt's Zeitalter ist die Flora in ihrer tellurischen Gesammtheit aufgefasst worden und ihre Vertheilung, in horizontaler, und in verticaler Richtung, in Verbindung mit der Vertheilung der Temperatur. Was dann die Einwirkung der Temperatur-Verhältnisse auf das physische Gedeihen der Menschen betrifft, so erweist auch sie sich in ihrer ganzen Bedeutung erst, theils durch die natürliche Vertheilung der Menschen-Varietäten auf ihnen zugewiesene Klimate, für welche allein sie die natürliche, angepasste physiologische Constitution besitzen, theils aber auch durch eine geographische Vertheilung der Krankheitsformen selbst. Denn eine solche besteht und wird, wenn auch nicht ausschliesslich, doch vorherrschend, bestimmt durch das System der Temperatur-Vertheilung. Was Bernardin de St. Pierre von den Pflanzen sagte: „elles ne sont pas jetées au hasard sur la terre", das gilt auch von den Krankheiten der Menschen *). — Das Menschen-Geschlecht ist zwar über die ganze Erde verbreitet, von dem heissen Wärme-Centrum mit 26°, bis zur Pol-Nähe (78° N,), mit nur — 15° R. mittlerer Temperatur. Aber die Bevölkerungen sind doch nicht kosmopolitisch, sie sind mehr oder weniger glebae adscripti, ihrem Klima angehörend, von dem sie nicht ungestraft zu weit entfernt in einem anderen sich ansiedeln können; treffe die Strafe sie selber oder ihre Nachkommen, in nächster oder in etwas entfernten Generationen. Am wenigsten können zwar die indigenen Bewohner der beiden extremen Zonen, der heissesten und der kältesten, ihre Klimate tauschen, oder ihre Wohnsitze einander nähern; aber auch die indigenen Bewohner der mittleren, d. i. der gemässigten Zonen, sind nicht befähigt in einer der extremen Zonen sich niederzulassen, noch weniger ihren Stamm dahin zu verpflanzen, ohne auszuarten. Die besonderen Formen, welche die Mittel zum Untergange der Einzelnen abgeben, sind vor allem auf der heissesten Zone, chronische Leiden der Leber, Dysenterie und die Malaria, auf der kältesten Zone, Scorbut. Acclimatisation der Europäer in den heissen Klimaten ist so wenig zu erwarten, dass man die europäischen Truppen in Westindien, Ostindien, auf Java, den Philippinen u. a. alle 3 oder 6 Jahre ablöst, dass man an der West-Küste von Afrika nur Neger-Truppen verwendet, dass in Westindien die Kreolen nicht gedeihen, dass in Ostindien keine dritte Generation von Europäern entstanden ist, am Rothen Meer aber nicht einmal ein europäisches Handelshaus besteht. Erträgliche tropische Klimate finden sich zwar einzelne, aber dann auf kleinen Inseln, welche die See-Temperatur erfahren und doch nur auf solchen, welche frei sind von der Malaria, gegen welches Gift nur die Neger-Race bis zu einem hohen Grade unempfänglich sich verhält. Dagegen sind die heissen wie die kalten Zonen auch frei von einzelnen Krankheitsformen, welche nur den mittleren Breiten angehören. Denn die geographische Verbreitung der Krankheiten äussert sich zu nicht geringem Theil durch Grenzen, welche

*) Das Nähere darüber findet man in „Die geographischen Verhältnisse der Krankheiten oder Grundzüge der Noso-Geographie" 1856.

sich, oft mathematisch genau, durch Isotherm-Linien nachweisen lassen, übereinstimmend auf dreifache Weise, d. i. nach der horizontalen Ausdehnung auf den Breite-Graden, nach der senkrechten Erhebung des Bodens und nach den Jahreszeiten. Durch das Erkennen dieser gesetzlichen Abhängigkeit von gewissen Temperatur-Graden wird unstreitig ein neues weites Feld für die Erkennung ihrer Causalität (Aetiologie) und für den Schutz dagegen (Hygiene) eröffnet. Zunächst aber muss die Einsicht in die klimatische Vertheilung und Bedeutung der Temperatur-Verhältnisse auf der Erde uns auch beschränken in den Ansprüchen auf die Herrschaft und die Besitznahme fremder, ferner Länder, in der Erwartung von universeller Verbreitung oder Verpflanzung der europäischen Cultur und überhaupt von dem historischen Beruf der europäischen Race. Dieser ist eine gewisse physische Begrenzung für ihre tellurische Ausbreitung gesetzt, welche sie zwar erweitern, aber niemals ganz aufzuheben vermag*).

*) Für die Geographie der Vegetation aber möge die unmassgebliche Bemerkung erlaubt werden, dass auch für sie an Uebersichtlichkeit gewonnen werden würde, wenn man analog einmal ein System ihrer tellurischen Vertheilung nach folgenden 4 Classen aufstellte:

1. Die ubiquitären oder universellen, d. i. auf allen Zonen vorkommenden Pflanzen.
2. Die vorzugsweise von der Temperatur abhängigen oder die Pflanzen der Zonen.
3. Die singulär endemischen oder gewisser Areale.
4. Die auf gewissen Arealen klimatisch fehlenden oder absenten Pflanzen.

Dasselbe eignet sich für die animalische Welt.

II. Capitel.

Das geographische System der Winde in klimatologischer Hinsicht *).

Inhalt. §. 1. Die allgemeine-tellurische Circulation in der Atmosphäre, ihre Entstehung und ihre Unterscheidung in zwei Systeme. — §. 2. Das intertropische oder peripherische Wind-System; — der Calmen-Gürtel; — die beiden über einander liegenden Passate, der untere oder im engeren Sinne sogenannte Passat, der obere, rückkehrende Passat; — grosse geographische Ablenkungen vom Passat. — §. 3. Das ektropische oder centrale Wind-System (oder das Gebiet der beiden neben einander liegenden schrägen, alternirenden Winde); — der subtropische Gürtel; — der Polar- oder NO.-Passat-Strom, der Aequatorial- oder SW.-Passat-Strom; — geographische Ablenkung davon.

§. 1.

Nächst dem Sonnenstande sind es vor Allem die Winde, welche ein Klima bestimmen und zwar, indem sie Luft-Schichten von verschiedener Beschaffenheit verbreiten, vornämlich verschieden an Temperatur und an Dampfmenge. Alle Strömungen in der Atmosphäre aber erfolgen nur in deren unteren Schichten; die oberen Schichten der Atmosphäre (welche bekanntlich eine Höhe erreicht von sieben bis zehn Geographischen Meilen mit allmählich abnehmender Dichtigkeit und ohne scharfe Begrenzung) erfahren

*) In der hier gegebenen Darstellung, wird man finden, ist anerkannten fundamentalen Annahmen nicht widersprochen. Aber diese sind mit nicht wenigen neuen Thatsachen und Ueberblicken zu einer gleichsam plastischen Vorstellung vereinigt, und ausserdem sind manche Probleme in unserer Kenntniss bezeichnet. Besonders ist hier auch die senkrechte Höhe der Winde in Berücksichtigung genommen, der so wichtige subtropische Gürtel ist um die ganze Erde verfolgt, die Annahme von sechs Regen-Gürteln ist als wahrscheinlich anerkannt und bei Gelegenheiten erwiesen, und überhaupt ist das System der Winde auf dem Festlande, zumal der Passat, mehr in Verbindung mit dem auf dem Meere gebracht. (Dies Capitel ist aus Petermann's „Geographische Mittheilungen, 1859", wenig geändert.)

wahrscheinlich oberhalb der Erhebung von 2 geogr. Meilen gar keine weitere Störung ihrer Ruhe, insofern als hier keine Temperatur-Differenzen mehr vorkommen, und diese Erhebung wird niedriger nach den Polen zu. Manchmal werden mit den Strömungen in der Atmosphäre verglichen die Strömungen im Meer. Beide haben manche Analogie, aber man darf dabei die hauptsächlichen Unterschiede nicht übersehen, dass die Luft Elasticität besitzt, das Wasser nicht, dass letzteres auch nicht kompressibel ist wie erstere, dass in der Atmosphäre die Wärme vom Boden ausgeht und nach oben hin abnimmt, während im Meere die Wärme von oben nach unten hin abnimmt (bis zu einem gewissen, unveränderlichen Temperatur-Gebiete, mit Ausnahme in den kalten Polar-gegenden, wenn die Temperatur den bestimmten Grad unter 3° bis 2° R. erreicht hat), und dass, während in der Atmosphäre, wie gesagt, es nur die unteren Schichten sind, welche sich bewegen, im Gegensatz davon im Meere sehr wahrscheinlich nur die oberen Schichten Strömungen erfahren, insofern in der Tiefe keine Temperatur-Differenzen bestehen, sondern jene gleichmässige Temperatur von etwa 3° bis 2° R.

Um das ganze Verhalten der Winde zu verstehen, muss man unterscheiden: die allgemeine tellurische Circulation, welche in dem ganzen uns umgebenden Luftmeere in Folge der grossen Temperatur-Differenz zwischen den Polen und dem Aequator beständig vorgeht, vermittelt durch zwei Ströme, den Passat und den Anti-Passat, — dann die innerhalb derselben vorkommenden geographischen Ablenkungen, längs der Küsten der grossen Continente und auch längs grosser Gebirgsketten, — dann die mannigfachen kleineren topographischen oder localen Luftzüge, — ausserdem aber ist nicht zu übersehen, in vertikaler Richtung, das auf der ganzen Oberfläche der Erde mit der Sonnen-Bewegung täglich erfolgende, kaum merkliche Aufsteigen der erwärmten Luft vom Boden, d. i. eine allgemeine tägliche „Ascensions-Strömung“, am höchsten reichend mit der Culmination der Sonne, sinkend des Winters und des Abends, auch am höchsten auf der heissen Zone, am niedrigsten auf der kältesten Zone, wie überhaupt das ganze Wind-System nach dem Aequator zu an Höhe zunehmend gedacht werden muss.

Die Winde entstehen zwar zunächst und in eigentlicher Bedeutung des Wortes dadurch, dass in einem Theile der Atmosphäre eine Verdünnung und Ausdehnung durch höhere Erwärmung stattfindet und in Folge davon die benachbarten dichteren Luftmassen angezogen werden (was ausserdem zu einem sehr kleinen Theile durch rasche Minderung der Dampfmenge geschehen kann); also entstehen die Winde im Allgemeinen durch Aspiration. Aber nothwendig muss auch an der Stelle, wo kältere Luft weggezogen ist, andere wieder eintreten, und häufig wird die erwärmte und aufgestiegene Luft eben in dieselbe Stelle zurückfliessen, mit senkrechter Rotation, woher der Aspirations-Wind gekommen ist. Eine solche rückfliessende Luft kann man bezeichnen als Compensations-Wind; dieser ist demnach doch nur secundär, Folge der Aspiration. Ein aspirirter Windzug, den man sich immer von einer gewissen longitudinalen Ausdehnung denken muss, kann weit früher am Orte seiner Bestimmung wahrgenommen werden, als an seinen Durchgangs-Orten; daher bringt auch ein solcher neu entstandener Wind nicht immer sogleich, d. i. mit seinem vorderen Ende, die seiner Richtung entsprechenden physikalischen Eigenschaften der Atmosphäre mit, z. B. Kälte oder Dampfgehalt oder Trockenheit. Ein aspirirter Wind wird in der Mehrzahl kühlere Luft herbeiführen, aber ein compensirender Wind wärmere Luft und zwar letzterer meistens, indem er aus der Höhe heruntersteigt, wo solche Luft hinaufgestiegen war.

Die grosse allgemeine tellurische Circulation in der Atmosphäre ist ein Vorgang, welcher nur auf zwei Circulations-Passaten beruht, wie schon bemerkt ist, auf einem Austausch von zwei different temperirten Luftmassen, an die extremen Endpunkte vertheilt. Genauer vorgestellt (und es ist von grosser Bedeutung, sich dabei die Gestalt des Spielraums deutlich zu versinnlichen) befindet sich das eine Extrem, die kälteste Luft, gleichsam auf der Centralhöhe einer Halbkugel, das andere Extrem, die wärmste und aufsteigende Luft, auf dem peripherischen Gürtel dieser Halbkugel oder richtiger einer ganzen Kugel. Die Differenz der Isotherm-Linien an beiden Extremen beträgt etwa 37° R. (— 15° und 22° R.), aber die des möglichen gleichzeitigen minimum und maximum im Winter auf der Nord-Hemisphäre etwa 70° R. (— 40° und 30° R.); dabei besteht freilich in dem zwischenliegenden Raume eine allmähliche Gradation der Temperatur. Die Entfernung jener beiden Räume mit extremer Temperatur beträgt etwa 1350 geogr. Meilen und die senkrechte Höhe der ganzen Luft-Circulation, wie schon erwähnt, nicht über 2 geogr. Meilen auf dem Aequator und ist ohne Zweifel weit niedriger an den Polen. Dieser grosse Austausch in den unteren Schichten der Atmosphäre erfolgt während gleichzeitiger Axendrehung der Erdkugel von Westen nach Osten. — Der so zu Stande kommende grosse Luftwechsel hat also seine Motiv-Kraft, seine eigentliche und gemeinsame Anziehungs-Linie, auf dem Aequator, in Folge des hier kulminirenden Sonnenstandes. Hier befindet sich ein Gürtel (der Calmen-Gürtel), wo von der erhitzten Oberfläche die Luft hoch sich erhebt, vorzugsweise genannt der „courant-ascendant", etwa von 21° bis 22° R. mittlerer Temperatur, doch auf dem Continent Mittags möglicher Weise im maximum bis 36° R. erhitzt, dann in der Höhe abnehmend an Wärme in der Art, dass diese Luft nach einer Erhebung von etwa 15,000′ bis 0° Temperatur abgekühlt ist. Während nun unten an die Stelle der aufsteigenden Luft unablässig der von den Polen her aspirirte Luftstrom eintritt, fliesst oben die aufgestiegene, auch vom Ocean her mit Dampf erfüllte Luft nach beiden Polen hin zurück als Compensations-Wind.

Zur besseren Uebersicht unterscheidet man diese ganze atmosphärische Circulation sehr geeignet in zwei geographische Hälften oder Systeme, getrennt und verbunden durch den subtropischen Gürtel.

1) Auf der heissen Zone ist das peripherische oder intertropische Wind-System ferner aus drei Gliedern zusammengesetzt; a) aus dem im engeren Sinne sogenannten, beständig von Ost nach West die Erde umkreisenden, unteren Passat-Wind beider Hemisphären; b) aus der aufsteigenden Luft („courant ascendant") längs des Calmen-Gürtels, die hier weit über 20,000′ hoch emporsteigt, und c) aus der hoch von oben wieder zurückfliessenden Luft, dem oberen, rückkehrenden Passat, welcher letztere jedoch hier wegen seiner Höhe kaum schon praktische Bedeutung besitzt.

2) Auf der gemässigten und kalten Zone ist das centrale oder ektropische Wind-System auch in drei Glieder zu unterscheiden. Es beginnt a) mit dem subtropischen Gürtel, da wo der obere, rückkehrende Passat heruntersteigend die Oberfläche der Erde wenigstens mit seiner unteren oder südlichen Grenze zuerst wieder berührt, fluctuirend etwa vom 25. bis 40. nördlichen Breitengrade auf dem Atlantischen Meere, bis 44° im Mittelländischen Meere, bis 50° in Mittel-Asien und bis 40° N. Br. wieder an der Westküste von Nord-Amerika, d. i. von seiner Wintergrenze bis zur Sommergrenze. Als seine Mittellinie kann man auf dem Atlantischen Meere etwa 30° N. Br. ansetzen. — Das System wird dann weiter gebildet aus zwei in schrägen und in entgegengesetzten Richtungen

neben einander sich bewegenden und zu Zeiten sich verdrängenden Luftströmen, d. i. b) aus dem vom Pole nach dem Aequator ziehenden kälteren, schwereren, niedrigeren und dampfärmeren Nordost-Passat — und anderen Theils c) aus dem vom Aequator, d. h. zunächst vom subtropischen Gürtel, her nach dem Pole dringenden wärmeren, leichteren, höheren und dampfreicheren Südwest-Passat; dieser hat auch den kürzeren Namen „Aequatorial-Strom" und jener „Polar-Strom". Wie hoch die senkrechte Höhe des Polar-Stroms reicht, lässt sich auch nicht annähernd angeben; wie hoch aber die senkrechte Höhe des Aequatorial-Stroms reichen kann, ersieht sich daraus, dass noch auf der 50. Parallele die mit ihm ziehenden charakteristischen weissen Cirri-Wolken weit über 20,000' hoch berechnet werden können. — Diese beiden in mehreren Bahnen die Circulation unterhaltenden Luftströme pflegen sich, in nicht ganz regelmässigem Rhythmus, aus ihren Bahnen gegenseitig zu verdrängen, so dass bald der eine, bald der andere nur zeitweise ein geographisches, die Meridiane schräg durchschneidendes Gebiet beherrscht. — Auf der Süd-Hemisphäre ist in richtiger Analogie die Richtung der beiden Winde von Südost (des Polar-Stroms) und von Nordwest (des Aequatorial-Stroms). — Man könnte das ganze Gebiet auch nennen „das Gebiet der beiden schrägen, alternirenden Winde"; bei den Seefahrern heisst es meist „das Gebiet der veränderlichen Winde."

Wir gehen nun zur näheren Betrachtung der geographischen Verhältnisse der Winde über.

§. 2.
Das intertropische oder peripherische Wind-System.

1) Da der in der Mitte der ganzen atmosphärischen Circulation liegende C a l m e n - G ü r t e l mit dem heissen, aufsteigenden Luftstrom (wo freilich auch innerhalb der Windstille fast täglich Nachmittags Gewitterregen und manche veränderliche Winde, besonders aus Süden, eintreten) bestimmt wird durch den vertikalen Sonnenstand und durch die intensivste Insolation, so folgt daraus, dass jener Gürtel die jährlichen Declinationen der Sonne bis zu einem gewissen Grade begleitet und auch der Regenzeit in keinem Monate entbehrt. Also mischen sich hier die Luftmassen beider Hemisphären und damit auch deren Dampfmenge; die aufsteigende, windstille, erhitzte, hoch saturirte Luft erfährt in der Höhe Abkühlung, ein Wolkenring des Nachmittags mit elektrischen Entladungen und mit verän-

derlichen Winden bildet sich, der Barometerstand ist am niedrigsten. Das sind die Charaktere des Calmen-Gürtels zwischen den beiden sich mischenden constanten Passat-Winden, denen man noch hinzufügen kann, dass die Wolken-Gruppen nur cumuli zeigen, keine cirri. — Damit nimmt auch das ganze Wind-System Theil an einer jahreszeitlichen Fluctuation, es rückt wechselnd entweder nach der Nord-Hemisphäre oder nach der Süd-Hemisphäre. Die Lage des Calmen-Gürtels ist nicht gerade auf dem mathematischen Aequator. Vielleicht kann man sagen: der Gürtel des aufsteigenden Luftstroms fällt zusammen mit der äquatorialen Isotherm-Linie. Seine geographische Lage hat man jedoch unstreitig und sehr erklärlich bis jetzt mehr auf dem Ocean aufgesucht und bezeichnet, als auf dem Festlande. Er bleibt d o r t immer etwas nördlich vom Aequator, reicht etwa von $1^3/_4{}^0$ bis $11^1/_3{}^0$ N. Br., d. h. er ist von einer fluctuirenden Breite, welche im Atlantischen Meere im Mittel 5^0 beträgt, im Winter etwa 3, im Sommer 8 Breitengrade. Es ist auf verschiedene Art zu erklären versucht worden, warum er stets einige Grade nördlich vom mathematischen Aequator bleibt. Indessen scheint der allgemeinste Grund davon zu sein, weil überhaupt auf der Nord-Hemisphäre, in Folge der so bedeutend grösseren Continental-Oberfläche, die ganze Summe der Temperatur überwiegend bleibt, wenigstens was die heisse Zone betrifft. Wenn man einwendet, der Gürtel der Calmen bleibe doch auch während der nördlichen Winterzeit auf der Nord-Hälfte, so ist zu erinnern, dass die höchste Temperatur des Meeres erst lange Zeit nach der Sonnenhöhe eintritt (welche über dem Aequator zwei Mal erfolgt, im März und im September) und dass die jahreszeitliche Temperatur-Differenz überhaupt in der Nähe des Aequators so gering ist. Wirklich behält ja der Calmen-Gürtel seine grösste Breite bis zur Mitte des Herbstes im Atlantischen Meere, die schmalste aber bis zur Mitte des Frühlings und auf dem grossen Stillen Ocean liegt er gleichmässiger zu beiden Seiten des Aequators, wie auch die äquatoriale Isotherm-Linie (dennoch kann im Atlantischen Meere der Aequatorial-Meeresstrom ausserdem mitwirkend .sein). Auf den Festländern aber, in Afrika und auch in Süd-Amerika, ist seine Lage noch gar nicht klar und noch weniger scharf bestimmt worden. Ueberhaupt ist die Bestimmung der Lage und der veränderlichen Grenzen des Calmen-Gürtels und damit des ganzen tropischen Passat-Gürtels selbst auf dem Meere mit manchen Schwierigkeiten und abweichenden Befunden versehen, wegen jahreszeitlicher und geographischer Verschiebungen, um so viel mehr auf dem Festlande, wo kaum der Anfang dazu gemacht ist und wo doch für die Beurtheilung der klimatischen Verhältnisse ein sehr grosser Werth darauf gelegt werden muss. Vielleicht sind auf dem Festlande gar keine scharfe natürliche Grenzen vorhanden. Denn der Gürtel der Windstillen kommt zu Stande in Folge des gegenseitigen Stauens der nach dem wärmsten Gebiet andringenden beiden Polar-Ströme; dieses Gebiet zwischen den constanten Passaten entsteht zunächst durch die Sonnenstrahlung, die aber weit ungleichartiger die Erwärmung auf den Continenten vertheilt, als auf dem Ocean, und ausserdem können hier vom nahen Meere angezogene kühlere oder dampfreichere Winde manche locale Aenderungen bewirken. Grosse Besonderheit muss aber auf dem grossen östlichen continentalen Wärme-Centrum entstehen. Selbst auf dem Ocean kann der Calmen-Gürtel stellenweise aufhören, so dass der NO.- und der SO.-Passat sich unmittelbar vereinigen und die Schiffe aus dem einen in den anderen gelangen können ohne zwischenliegende Windstille. Dies findet man z. B. im Atlantischen Meere in der Gegend des 28° oder 33° W. L. von Gr., auch zuweilen in der Nähe der Westküste von Afrika, in der Regel im Winter, December bis Februar, mitunter auch im Grossen oder Stillen Ocean (nach M. Maury). — Die nähere Betrachtung der Passat-Winde wird uns auch weiter zum Verständniss des Calmen-Gürtels dienlich sein.

2) Der eigentliche tropische Passat hat eine mittlere Breite zwischen seinen polarischen Grenzen von mehr als 45 Breitengraden, jahreszeitlich nordwärts und wieder südwärts fluctuirend, ja sich erweiternd und zusammenziehend und keineswegs längs seines ganzen Verlaufs parallele äussere Grenzen einhaltend, sondern den Temperatur-Linien entsprechende Curven bildend, auch stellenweise durch höhere Wärme der Continente weithin abgelenkt (N. 14). Daher hat sein ganzes geographisches Gebiet eine noch weit grössere Breite, man kann es im Mittel auf 60 Breitengrade ansetzen (von 30° N. Br. bis 30° S. Br.). Obgleich er nur die entschiedener östlich gewordene Fortsetzung der ganzen nordöstlichen Polarströmung darstellt, sind doch seine äusseren Grenzen, besonders auf dem Meere, ziemlich deutlich bezeichnet. Er wird charakterisirt durch ein constantes Wehen in östlicher Richtung, so dass kaum auf offenem Meere ein westlicher Luftstrom ihm entgegentritt, was aber wohl an seinen äusseren Grenzen vorkommt, denn der rückkehrende Passat weht hoch über ihm und da, wo dieser heruntersteigt, wird

damit eben die Grenze des Passats bezeichnet. Diese äusseren Grenzen des unteren Passats reichen auf der Nord-Hemisphäre etwas höher nach dem Pole zu, als auf der Süd-Hemisphäre; ausserdem liegen sie weit nördlicher auf dem weniger ausgedehnten und von grossen Continenten umschlossenen Atlantischen Meere, als auf dem reiner pelagischen Stillen Ocean, und über dem Festlande fluctuiren sie im Sommer weit höher nach Norden hinauf, in grossen Curven, als über dem Meere. Da es nicht nur von grosser nautischer, sondern auch von klimatologischer Wichtigkeit ist, die geographischen Grenzen des Passats mit dem Calmen-Gürtel, also des peripherischen Wind-Systems, genau zu kennen, so mögen hier mehre zuverlässige Angaben zusammengestellt werden.

Auf der Nord-Hemisphäre, auf dem Atlantischen Ocean, schwankt die Polargrenze des Passats vom 22° N. Br. im Winter (December) bis zum 32° N. Br. in Sommerzeit (September); z. B. die Bermudas-Inseln (32° N. Br.) werden im Allgemeinen von den Schiffen, welche von West-Indien nach Europa fahren und die südwestlichen Winde aufsuchen wollen, als Marke dafür angesehen. Aber an der Westseite des grossen Afrikanischen Continents wird der tropische Passat im Sommer noch höher getrieben; hier reicht dann die nördliche Grenze des Passats noch über die südliche Küste von Spanien und Portugal, d. i. über den 36° N. Br., ja über die Azoren (39° N. Br.); die Schiffe, welche von Europa nach dem südlichen Amerika fahren, suchen dann den Passat zwischen den Azoren (39° N. Br.) und Madeira (33° N. Br.) oder zwischen Madeira und den Kanaren (28° N. Br.) (freilich nicht zu nahe der Afrikanischen Küste, weil er hier schwächer wird und eine nördliche, sogar nordwestliche Ablenkung erhält). Indessen kann er auch zuweilen, im Frühling, mit seiner nördlichen Grenze so weit nach Süden hinuntergehen, dass diese bei 15° N. Br. liegt. — Dagegen auf der Süd-Hemisphäre, auf dem Atlantischen Ocean, reicht die äussere Grenze im dortigen Winter etwa bis 18° S. Br., im Sommer bis 28° nnd 32° S. Br. (an der Süd-Amerikanischen Ostküste bis 32° S. Br., an der Süd-Afrikanischen Ostküste nur bis 28° oder 30° S. Br.). Indessen ist die Grenze des SO.-Passats noch gar nicht so genau beobachtet wie die des NO.-Passats. Im Allgemeinen kann man sagen: die Polargrenzen des ganzen Passat-Gürtels sind 30° N. Br. und 30° S. Br. Weil aber der süd-hemisphärische Passat die Aequator-Linie nördlich noch überschreitet, ist er breiter als der nord-hemisphärische, er weht auch mit etwas mehr Stärke, und der Winkel, mit welchem er in den Calmen-Gürtel fällt, soll etwas grösser sein, als der des anderen, etwa wie 30 zu 23 Grad (nach Maury). — Wenn wir nun auch die inneren Grenzen der beiderseitigen Passate zu bestimmen suchen, so kehren wir damit zu dem Calmen-Gürtel zurück, oder besser gesagt, zu dem Gürtel des warmen, windigen, dampf- und regenreichen Ascensionsstroms. Es ist schon angegeben, dass die Aequatorialgrenze des SO.-Passats immer den Aequator überschreitet und nördlich von ihm bleibt, wenigstens im Atlantischen Meere; nur im Stillen Ocean tritt er in dem rein oceanischen Theile desselben, da wo zwischen dem Nord- und Südpol die längste und breiteste Wassermasse sich befindet, ein Mal ganz auf die Südseite; im Atlantischen Meere liegt die nördliche Grenze des SO.-Passats am südlichsten im Februar, bei $0^1/_4{}^0$ N. Br., am nördlichsten im October, bei $7^1/_2{}^0$ N. Br. Dagegen die innere Grenze des nord-hemisphärischen Passats fluctuirt hier von 3^0 N. Br. im Februar bis 15^0 N. Br. im September, so dass hier die Breite des Calmen-Gürtels beträgt im Februar $2^3/_4$, im September 10 Breitengrade (nach H. Berghaus' Untersuchungen auf dem Atlantischen Meere) und dass man dann nicht umhin könnte, die nördliche Grenze des Calmen-Gürtels manchmal bis nahe an das Gebiet der tropischen Regenzeit überhaupt vorzurücken, obgleich auf der Süd-Hemisphäre beide nicht in solcher Nähe zusammen bleiben. Indessen geben diese Zahlen nur das Mittel aus zahlreichen Beobachtungen auf dem Meere; in einzelnen Stellen und Zeiten kommen viele Variationen vor, auch ist das Vorrücken in den einzelnen Monaten nicht gleichmässig. Es differiren z. B. die Angaben über die äussere Januargrenze des NO.-Passats von 19^0 bis 31^0 N. Br., über die Junigrenze von 22^0 bis 41^0 N. Br. *).

---

*) Da die Grenzen sogar im Atlantischen Meere nicht scharf bestimmt vorliegen, so wird dadurch bewiesen, dass dies überhaupt nicht möglich ist, dass sie gar nicht scharf sind. In Dove's „Klimatol. Beiträgen", 1857, S. 291, finden sich folgende Angaben: Im Atlantischen Ocean reicht nach Horsburgh die Breite des Calmen-Gürtels im Sommer von 3^0 bis 11^0 N. Br., im Winter von 2^0 bis 3^0 N. Br., — die Polargrenze des NO.-Passats findet sich im Sommer in der Nähe der Azoren (39^0 N. Br.), im Winter südlich von den Kanaren (28^0 N. Br.); nach M. Maury liegt sie im Sommer bei 32^0 N. B., im Winter bei 21^0 N. Br. — Nach L. von Buch („Physik. Beschr. der Kanarischen Inseln", 1825) erreicht die nördliche Grenze des Passats im Sommer die südliche Küste von Portugal, also wenigstens den 35^0 M. Br. — In H. Berghaus' „Physik. Atlas", 1848, ist auf dem Atlantischen Meere die nördliche Passatgrenze im Sommer (genauer im Herbst) bei 31^0, im Frühling bei 26^0 N. Br. gezeichnet. — Wir

Im Stillen Ocean ist der ganze, peripherische Passatgürtel schmäler und etwas südlicher; hier ist der Calmen-Gürtel im Mittel etwa 5 Breitengrade breit und fluctuirend mit dem Sonnengange von 2° S. Br. bis 8° N. B.; die mittl. Polargrenzen beider Passate liegen auf dem 26° N. Br. und 26° S. Br., die nördliche aber fluctuirt vom 21° bis 31° N. B., die südliche vom 23° bis 33° S. Br. (und nach M. Maury steigt zwischen beiden der Calmen-Gürtel nach Süden unter den Aequator vom 120° W. L. bis zum 180° W. L. von Greenwich). Uebrigens stören hier die zahlreichen Inselgruppen die Regelmässigkeit der Richtung in nicht geringem Grade, so dass der SO.-Passat nur über dem Theile ungestört weht, der zwischen den Galápagos- und den Marquesas-Inseln liegt, d. i. vom 90° W. L. bis 140° W. L. v. Gr., jedoch der NO.-Passat noch etwa 75 Längengrade weiter nach Westen hin ungestört herrscht. Dann aber erfährt der Passat-Gürtel mit dem Calmen-Gürtel im Indischen Meere jene bekannte grosse Unterbrechung oder Zerstreuung (freilich, wohl bemerkt, doch nur in seiner unteren Schicht), indem er hier zwischen den beiden grossen Continenten Asien und Australien nach beiden Seiten, wechselnd mit dem Sonnenstande, abgezogen wird; nur die südliche Hälfte, der Südost, erscheint wieder hergestellt zwischen Sumatra, Australien und Süd-Afrika mit der Polargrenze etwa auf dem 28° S. Br., während jedoch an der Aequatorialgrenze auch von diesem südlichen Passate ein Theil dem grossen Landzuge (Monsun) nach Asien folgen muss. (N. 15.)

Um in allen jenen verschiedenen Angaben feste Punkte zu erhalten, scheint es nun am richtigsten, auf dem Ocean als die Mittellinien der fluctuirenden Grenzen des ganzen Passat-Gürtels anzusetzen auf beiden Hemisphären die 30. Parallele; damit fällt dann auch zusammen die Mittellinie des subtropischen Gürtels, von welchem bald die Rede sein wird, die Mittellinie des Calmen-Gürtels aber glauben wir am geeignetsten mit dem Wärme-Aequator, d. i. die mittelste Isothermlinie von 21°,5 R., gleich setzen zu könnrn, wenigstens auf dem Ocean.

Welche Grenzen die Passate und die Calmen-Zone auf den grossen Continenten haben, ist noch viel zu wenig, ja kaum beachtet. Dies bezieht sich auf Arabien, Afrika und Amerika. Für die

---

ziehen vor, als bestimmte, deutliche Linien anzunehmen: die Grenzen des intertropischen Passat-Gürtels sind 30° N. Br. und 30° S. Br., damit stimmt auch überein die Mittellinie des subtropischen Gürtels (s. später), indem wir auf dem Meere gern M. Maury als Gewährsmann annehmen.

Klimatologie ist aber diese Frage von weit grösserer Bedeutung als die, wie sie auf dem Ocean sich verhalten. Beständig sind freilich die Passate nur auf hohem Meere, in bedeutender Entfernung vom Lande; sie werden gestört durch Küstenbildung und Bergketten. Allein wenn man bedenkt, dass der Passat in eine so beträchtliche senkrechte Höhe hinaufreicht, weit über 15,000′ hoch, so erkennt man bald, dass solche Störungen und Ablenkungen sich meistens nur auf sehr kleine Theile seiner unteren Schichten beziehen, so dass dennoch auf den Landgebieten, über welche er hinzieht, seine Wirkung im Grossen überwiegend sich geltend machen muss. In der That, die Frage ist trotz ihrer grossen Wichtigkeit bis jetzt kaum annähernd berücksichtigt; in den Lehrbüchern heisst es gewöhnlich, der Passat wehe nur auf dem Meere. — Wenn man in Central-Afrika dem Calmen-Gürtel nachsucht und dem Passat-Winde, so findet man ersteren kaum, insofern man seine entschiedenen Charaktere erwartet (d. s. besonders Aufhören der constanten Passate beider Seiten und Regen mit Gewitter in allen Monaten u. s. w.), aber letzterer, der Passat, verfehlt nicht, sich auch hier unverkennbar zu offenbaren. Man muss beachten, dass an der Ostseite das Meer nur bis zum 12° N. Br. reicht und dass das Abessynische Gebirge vom 5° bis 15° N. Br. mit der mittleren Höhe von 8000′ den Passat einigermassen zurückhalten muss; auch kann man nicht sicher wissen, wo man den Calmen-Gürtel hier zu suchen hat, wahrscheinlich steigt er hier mit dem Temperaturcentrum weit nördlicher und ist weit breiter. Die Reisenden im Ost-Sudan berichten übereinstimmend von einer abgeschlossenen Regenzeit im Sommer, vom April bis October, sich nach Norden erstreckend nur bis etwa zum 17° N. Br. und bis zur Westküste hin diese Linie einhaltend oder auch bis 19° weiter hinaufrückend. Und die Westseite des Abessynischen Gebirges wird als regenarm bezeichnet. Man findet in den Angaben über die Winde, dass hier die westlichen in der That kaum vorkommen, wohl aber die östlichen überwiegen, indem sie der Sonne nachfolgend im Sommer südlicher, im Winter nördlicher werden. Nur einzelne Reisende haben sich dem Aequator hier nähern können. In neuester Zeit haben wir noch südlichere meteorologische Beobachtungen bekommen, vom 4° 44′ N. Br. und 49° O. L. Fer., aus Gondokorò am Weissen Nil, über ein Jahr lang (1853) fortgesetzt („Denkschr. der K. Akad. der Wissensch. zu Wien", 1858). Danach fiel hier Regen nicht nur in einer abgeschlossenen Regenzeit, sondern in allen Monaten, auch mit Gewittern und meistens des Nachmittags, obgleich eine Vertheilung auf zwei Zeiten noch zu erkennen ist, von Februar bis Juni und dann wieder von August bis November; die Winde waren in der ersten Hälfte des Jahres, von Februar an, O. und S., in der zweiten Jahreshälfte aber N. und NO., doch auch S.; die westlichen und nordwestlichen Winde spielten anhaltend eine untergeordnete Rolle, die westlichen verhielten sich zu den östlichen wie 91 zu 199. Die südlicheren Winde bringen die Regen, die nördlicheren vertreiben sie. Es ist nicht zu verkennen, dass der Passat hier bemerklich ist, aber auch Zeichen des Calmen-Gürtels. Barth ist auf seiner Reise bis zum 9½° N. Br., bis Yola, vorgedrungen, er fand hier Regenstürme mit südlichem Winde, aber da diess im Juli war, lässt sich nicht entscheiden, ob es hier auch in den übrigen Monaten regnet, zu einer Zeit, wo nicht der hiesige Monsun-Wind vom westlichen Meere her weht. Auch in Berichten von der Niger-Mündung (4° N.), von der Guinea-Küste (5° N.) (N. 16), von Sierra Leone (8° N. Br.) wird immer nur von einer abgeschlossenen Regenzeit im Sommer, von Ende Mai bis September, gesprochen, freilich hier bei entschienem Südwest-Monsun vom Meere her. An der Ostküste in Süd-Abessynien, etwa 8° N. Br., 6000′ hoch, sind zwei Regenzeiten, die eine von Februar bis März, die andere von Juli bis September. Als Winde herrschen den grössten Theil des Jahres NO. — Vielleicht fände man den Calmen-Gürtel eher, wenn man einen Wärme-Aequator, die Isotherme von 22° R., verfolgen könnte; aber im Sommer bildet sich hier bekanntlich ein Gebiet von 26° und 24° mittl. Temperatur, etwa auf dem 15° N. als Mittellinie, das grösste Wärme-Centrum auf der Oberfläche der Erde. Am richtigsten wird die Vorstellung von der Lage des Calmen-Gürtels, wenn man ihn schwankend denkt im Sommer nördlich vom Aequator, bei südlicher Declination der Sonne aber etwas auf die Süd-Hemisphäre tretend. — Was aber den Passat im Innern besonders betrifft, so ist dessen Existenz und Herrschaft auf dem grossen nördlichen Afrikanischen Continent unbestreitbar. Die ganze grosse Wüste, häufig noch irriger Weise als eine Sandwüste betrachtet, entsteht unzweifelhaft nur dadurch, dass hier der NO.-Passat als ein langer, trockener, d. i. dampfleerer, Continental-Wind, weit über Asien herkommend, auftritt. Wenn an der Ostseite von Aegypten und Nubien Meer läge oder auch wenn nicht der so beständige Passat wehte, würde es keine Sahara geben, d. h. es würde nicht das ganze Jahr hindurch Regenlosigkeit herrschen. Entschiedener als in der östlichen Hälfte der Sahara wird der beständige östliche Luftzug in der westlichen Hälfte von den Reisenden erwähnt; die Wüstenbewohner, die Tuareg, bezeugen ihn schon durch das über Mund und Nase getragene Tuch; der bekannte Wüstenwind an der Westküste, der Harmáttan, der im Winter sich nach Süden neigt, ist eben nur der Passat *). Aber auch im östlichen Theile von Nord-Afrika, in Nubien, Sennaar, Kordofan, Darfur (24° bis 12° N. Br.), ersieht sich aus den Beobachtungen der Reisenden, dass hier der Passat herrscht, wenn auch nicht so klar, und dass er dabei mit dem Sonnengange jahreszeitlich sich neigt, im Sommer mehr eine südliche, im Winter eine nördliche Richtung annehmend. Die Scheidelinie mit dem Wüsten-Gürtel und dem durch Regen fruchtbar werdenden Lande, dem Sudan, etwa auf 17° N. Br., ist eben auch die Scheidelinie zwischen einem dampfleeren nördlichen Theile des Passats und einem dampfreichen südlichen. Im Winter liegt der Calmen-Gürtel südlich der Guinea-Küste (N. 16).

An der Südseite des Aequators, in Süd-Afrika, ist der Passat noch weniger deutlich zu bestimmen versucht worden, weder an der Ostküste noch im Innern (von Livingstone), noch an der Westküste. Jedoch von Zanzibar (6° S. Br.) ist Sicheres anzugeben; hier sind die Winde vorwiegend von östlicher Richtung und jahreszeitlich der Sonne folgend, wechselnd mehr nach Süden oder mehr nach Norden sich biegend; es fehlen nicht die Andeutungen von zwei Regenzeiten im Jahre. Ueber die Anwesenheit des Passats in Süd-Afrika belehrt uns Livingstone, ohne ihn zu nennen, wie überhaupt unser Wind-System dort und analog mit Süd-Amerika vollkommen Bestätigung findet (s. „Geographische Mittheilungen", 1858, S. 196 ff.). Jener sinnige Reisende sagt, von der Gegend zwischen 12° und 6° S. Br. sprechend: Die vorherrschenden Winde längs dieser ganzen Breite sind NO. und SO., sie wehen über den ganzen Continent, sogar bis Angola, wo sie mit den Seewinden zusammentreffen. Auch Burton und Speke fanden anhaltend östliche Winde im Inneren, Zanzibar gegenüber (ibid. 1859).

In Amerika ist der Passat weit bekannter, aber doch auch nicht im Binnenlande hinreichend zur Beurtheilung der Klimate berücksichtigt. Er ist die Ursache, dass Brasilien weit in das Land

*) Für nähere Belege, wie auch für manche andere hier zu Grunde gelegte Thatsachen, muss ich verweisen auf die Bibliotheca climatographica in „Klimatologische Untersuchungen oder Grundzüge der Klimatologie", 1858, aus deren grosser Sammlung, welche seitdem noch fortgesetzt ist, ich grössten Theils hier geschöpft habe.

hinein reichlich mit Wasser versehen wird; bis an die östlichen Gehänge der Andenkette, hoch hinauf, führt hier der SO.-Passat den Dampfgehalt vom Atlantischen Meere, indem die Küste sehr günstig ihm rechtwinklig entgegensteht und die niedrigen, kaum 1500′ im Mittel hohen, Gebirgszüge in Brasilien ihn sehr wenig beschränken. Er weht den Amazonas-Strom aufwärts (1° S. Br.) Seine Polargrenze ist einigermassen nachzuweisen; in Paraguay (25° S. Br.), also im Innern Süd-Amerika's, erscheint er nur im Sommer, indem sich hier dann regelmässig nach Sonnen-Untergang ein sanfter Ostwind erhebt und auch die Regenzeit hier im Herbst ist (nach Rengger). In Corrientes (27° N. Br.) ist die Regenzeit nicht mehr periodisch, treffliche Weide bleibt das ganze Jahr hindurch, doch regnet es im Sommer noch am stärksten, im Winter fast gar nicht (nach Azara). Der Uebergang scheint hier erkennbar. Wenn man die Grenze der Waldungen hier mit der 30. Parallele ansetzen darf (nach d'Orbigny), bezeichnet dies auch die Passat-Grenze. Dagegen die Aequator-Grenze des SO.-Passats und damit auch die Grenzen des Calmen-Gürtels scheinen hier sehr schwer oder überhaupt nicht genau geographisch bestimmt werden zu können. Der gewöhnlichen Annahme zufolge, die freilich auf dem Meere gewonnen ist, müsste man eine Mittelstrecke im Calmen-Gürtel erwarten, welche dieser trotz seiner Fluctuationen doch das ganze Jahr hindurch nicht verlässt, das ist etwa vom 3° bis 5° N. Br. Indessen in der Wirklichkeit finden wir auch schon südlicher Zeichen des Calmen-Gürtels oder überall nur Uebergänge in die angrenzende Zone mit zwei Regenzeiten, dass also die Grenzen nicht scharf hervortreten. Schon südlich vom Aequator, zu Parà (1° 28′ S. Br.) und zu Quito (0° 14′ S. Br.), 8950′ hoch, sprechen die meteorischen Erscheinungen dafür, dass der Calmen-Gürtel hier bestände, denn an beiden Orten finden sich das ganze Jahr hindurch, in jedem Monate, Gewitterregen. Auch in Santa Fé de Bogotà (4° N. und 8100′ hoch) giebt es keine regenlosen Monate. Die ganze Küste von Ecuador (von 2° S.) ist ausgezeichnet durch Regen und Vegetation; die nasse Jahreszeit dauert von November bis Mai, doch kommen auch in den übrigen Monaten Regenschauer vor. Die Erklärung liegt nur im Vorhandensein des Calmen-Gürtels. Auch im Inneren, etwa bei 2° N., am Rio Negro, besteht ein Wechsel von Schauern und Sonnenschein fast das ganze Jahr hindurch (nach A. Wallace, 1853). Aber an der Ostküste, in Guiana, zu Paramaribo (5° 45′) und zu Cayenne (4° 45′ N. B.), untercheidet man schon zwei Regenzeiten, doch auch deutlich eine trockenere Zeit im Herbst, und die Winde sind immer östlich, mit Biegung nach dem jahreszeitlichen Sonnenstande, niemals westlich, also ist hier nicht die Lücke zwischen den beiderseitigen Passaten; im Inneren, in den Llanos von Venezuela (4° bis 10° N. Br.), weht von December bis Februar bei heiterem Wetter O.- und ONO.-Wind, im Sommer ziehen die Gewitter heran mit SW.-Wind (nach Humboldt). — Es scheint demnach, auf dem Festlande hat der Calmen-Gürtel nicht so scharfe Grenzen wie auf dem Ocean oder nicht so bestimmte Charaktere, seine Regen bestimmt auch die Nähe des Meeres. Man muss ihn dort annehmen, wo zur Zeit zwischen den beiden Polen sich der Raum mit der höchsten Temperatur findet, und dieser bleibt mehr oder weniger in gewisser Nähe des Aequators. — Im West-Indischen Meere ist der NO.-Passat längs der ganzen östlichen Seite der Anden durch die Regenseite bezeichnet, während die westliche Seite an Trockenheit leidet; seine Polargrenze rückt hier im Sommer über den 32° N. Br. hinaus, und er wird als Regenwind noch tief in das Mississippi-Thal gezogen, als Monsun, in südlicher und südwestlicher Richtung.

Die ganze Richtung des Passats erfährt einen allmählichen Uebergang von der nordöstlichen Richtung an seiner äusseren Grenze zu einer gerader östlichen an der inneren Grenze. Ausserdem aber schwankt der ganze Gürtel, dem jährlichen Sonnengange folgend, einigermassen nach Norden und nach Süden, so dass bei nördlicher Sonnen-Declination ein grosser Theil des ganzen Passat-Gürtels ihr als südöstlicher Wind zugewendet ist und bei südlicher Declination als nordöstlicher. Dies ist besonders deutlich zu erkennen im West-Indischen Meere und an der Küste von Brasilien, aber auch auf den Carolinen-Inseln im Stillen Ocean (7° N. Br.), und bei Zanzibar (6° S. Br.) selbst in der Mitte von Nord-Afrika, in der Sahara, und auf dem offenen Meere.

Man muss sich die Stärke des Passat-Windes nicht als heftig vorstellen, sondern nur als ein anhaltendes sanftes Wehen; am stärksten weht er des Morgens, nachlassend des Mittags und wieder zunehmend des Abends. So verhält es sich auf dem Meere. In der Sahara hebt er des Morgens an, ermattet Mittags 1 Uhr, und hält an bis zum Abend. Im Angesicht der Küsten wird er schwächer, ausser bei sehr kleinen Inseln, und er hört auf etwa in einer Entfernung von 15 bis 20 Seemeilen (4 bis 5 geogr. Meilen). Er lässt mannigfache locale Luftzüge zu, und kaum jemals wird er die regelmässigen Küstenwinde, die täglichen See- und die nächtlichen Landwinde verhindern, freilich in der Höhe dennoch weit darüber hinziehend. Es kann vorkommen, dass auf dem Atlantischen Meere mitten im Passat ein heftiger NW.-Wind einbricht, aber wahrscheinlich nur zu den sogenannten Cyklonen gehörend, welche man durch locales, zu frühes Heruntersteigen des oberen Passats deutet. Selbst innerhalb des Passats auf dem Continent in Afrika sind die Wüstenwinde nach Nord ausweichend sehr bekannte, aber die am wenigsten verstandenen Winde (es fehlt noch eine Sammlung der Angaben darüber, um eine Uebersicht zu gewinnen). (N. 16 am Ende.)

Die Temperatur der Luft bleibt erklärlicher Weise längs der Bahn des intertropischen Passats im Allgemeinen ohne Gradation constant, daher kann dieser Wind bei ihrer Vertheilung wenig mitwirkend sein. Jedoch kann eine nicht geringe Differenz zwischen Land und Meer im Verlauf des Tages entstehen; während bekanntlich das Meer auf seiner Oberfläche eine tägliche Oscillation von kaum 1° R. erfährt, kann auf grossen Continental-Flächen durch nächtliche Ausstrahlung die Temperatur um mehr als 20° R., bis zum Frostpunkt erniedrigt oder durch die Insolation des Nachmittags erhöht werden bis zu 40° R. Innerhalb des 10° N. Br. und des 10° S. Br. bleibt die jahreszeitliche Temperatur im Ganzen sehr constant, etwa 20° bis 22° R., aber in der Nähe der beiden äusseren Grenzen des Passat-Gürtels wird eine Differenz der extremen Jahreszeiten schon bemerklicher und verläuft die Isotherme von etwa 18° R.

Sehr gross ist die Verschiedenheit, welche der Passat in Hinsicht auf die Feuchtigkeit den Klimaten ertheilen kann dadurch, dass er entweder als Träger von Dampfmenge oder aber als austrocknende Potenz erscheint. Die östlichen Küstenländer, zu denen er unmittelbar über das Meer her gelangt, erhalten durch ihn den befruchtenden Regen, dagegen die westlichen Küsten und Binnenländer oder westliche Gebirgsseiten bleiben trockener. Beispiele davon geben die feuchte Ostseite der Andenkette und ihre trockene Westseite, in Afrika die Ostseite des Abessinischen Gebirges und das hoch saturirte Klima von Zanzibar im Gegensatz zum durstigen, evaporationskräftigen Klima von Senegambien zur Zeit des Harmáttan, am Ende des längsten Continental-Passats.

Wie hoch in senkrechter Erhebung der Passat reicht, ist auch noch eine kaum berührte, sehr wichtige Frage. Niedrige Gebirge halten ihn nicht auf, auch die höchsten Gebirge überragen nicht seine obere Grenze, obgleich sie sein Wehen für eine beträchtliche Strecke unterbrechen, welche man seinen „Windschatten" nennen könnte. Gebirge, welche ihm vorzugsweise entgegenstehen, sind in Afrika das Abessinische Gebirge von etwa 6000′ bis 7000′ mittlerer Höhe (von 5° bis 15° N. Br.), vermuthlich auch ein anderes, einige Grad südlich vom Aequator, hoch genug, um perennirend Schnee zu tragen. Vor Allem aber stellt sich ihm in Amerika die lange und hohe Gebirgskette der Anden entgegen, stellenweise mit etwa 12,000′ mittlerer Höhe. Hier wird besonders ersichtlich, wie weithin der grosse Luftzug, von dem hier die Rede ist, durch ein Gebirge in seiner Bahn unterbrochen wird; denn an der Westseite von Mexico, dessen Gebirge etwa 7000′ im Mittel hoch ist, fehlt der Passat-Wind auf dem Stillen Ocean auf einer Strecke von 50 bis 60 Seemeilen (12 bis 15 geogr. Meilen) und an der Küste von Peru, wo die westliche Andenseite kaum grüne Bekleidung zeigt, erstreckt sich die Lücke im Passat sogar 100 bis 150 Seemeilen (25 bis 37 geogr. Meilen) weit in den Stillen Ocean hinein. Vielleicht liesse sich die senkrechte Höhe des Passats näher nachweisen aus der Richtung der permanenten Rauchwolken einiger Vulkane, welche hoch genug sind, z. B. des Cotopaxi (1° S. Br.) 17,700′ hoch, des Antisana, 18,000′ hoch, des Popocatepetl (19° N. Br.), 16,600′ hoch *). Hier müsste entweder der Rauch anhaltend nach Westen ziehen (wie dies auf Java zu sehen ist bei einem Vulkane von 9000′ Höhe), und das würde den Passat in solcher Höhe erweisen, oder der Rauch könnte nach Osten geführt werden und das würde für den noch oberhalb der oberen Grenze des Passats zu erwartenden, von dem grossen „courant ascendant" des Calmen-Gürtels ausgehenden, oberen, rückkehrenden Passat Zeugniss geben. Dass dieser über dem Passat sich befindet, ist unzweifelhaft und an den hohen weissen Cirri-Wolken zu bemerken, welche immer aus Südwest ziehen, auf den Anden hoch gesehen werden, auch auf den tropischen Meeren meistens sehr hoch über dem Passat sich bewegen (nach Paludan in Schouw's „Klimatologie", H. 1, nach Basil Hall, Dupetit Thouars u. A., auch auf der Süd-Hemisphäre, als NW.-Strom, jedoch nicht auf dem Calmen-Gürtel), und welche selbst in der Sahara auf dem

*) Es wäre wünschenswerth, alle rauchenden Vulkane, welche sich zu solchen Beobachtungen der höheren Luftströme eignen, zu kennen und zusammenzustellen. Sie müssen nicht nur noch thätige sein, sondern auch permanent rauchende.

24° N. Br. wahrgenommen sind (nach Barth); auch auf dem Himalaya ist die gewöhnlichste Wolke der Cirrus (Strachey); ausserdem ist der obere, von West und Südwest kommende Passat bei mehreren Gelegenheiten dadurch erwiesen worden, dass ausgeworfene Vulkan-Asche den Weg nach Osten zu gefunden hat.

3) Grosse jahreszeitliche Ablenkungen vom Passat (Monsuns). Indem der tropische oder peripherische Passat in angedeuteter Weise die Erde als ein breiter fluctuirender Gürtel umkreist, erfährt er an gewissen Strecken, wo er über Meer an grossen, zur Seite liegenden Continenten vorüberzieht, grosse Ablenkungen nach diesen Seiten hin. Dies geschieht in Folge starker Aspiration nach den ausgedehnten, vom hohen Sonnenstande erhitzten Continental-Flächen, wo also die Luft verdünnter geworden ist, als über dem Meere. Dies kommt überhaupt da vor, wo ein beträchtlicher Unterschied zwischen der Temperatur über dem Meere und über dem Lande besteht, wovon schon die täglichen Windwechsel an den Küsten die bekannten Beispiele geben. Eigentlich sind die „Monsuns" oder „Moussons", von denen hier die Rede ist, nur grossartige jahreszeitliche Seewinde, denen in geeigneten Lagen in der Winterzeit eben so grossartige Landwinde entsprechen. Dies letztere kann sich aber erklärlicher Weise nur dort einstellen, wo im Winter die Luft über dem Festlande kühler wird, als über dem Meere, nicht da, wo beide dann etwa gleich temperirt sind, wie in der Nähe des Aequators. Am grossartigsten erfolgen diese Ablenkungen vom Passat längs der Südseite von Asien und am bekanntesten sind die in Ost-Indien das Klima beherrschenden. Diese verbreiten im Sommer Dampfmenge und Regen vom Meere her über die südlichen Küstenländer Asiens, im Winter aber bringen sie aus dem nördlichen Inneren des Landes her kühle und trockene Luft. Ihre Hauptrichtung ist von SW. und von NO., beides schon in Folge der Erd-Rotation; obgleich die verschiedenen Richtungen der Küsten hierin locale Aenderungen bewirken, ist doch jene Hauptrichtung so überwiegend, dass z. B. die von SW. nach NO. gerichtete Küste von Arabien vom SW.-Monsun wenig anzieht und dass dieser bei der Mündung des Indus seine westliche Grenze hat, womit auch die Regen hier geographisch aufhören (daher in Kurratchie schon Wüste ist). Da die Bedingung des SW.-Monsun die Erwärmung des Bodens durch den Sonnenstand ist, so beginnt er in den südlichen Theilen früher und rückt allmählich weiter nach Norden. Wenn er die Südseite der Himalaya-Kette erreicht hat, dringt er

diese entlang als SO. nach den nordwestlichen Provinzen Indiens hinauf. In den übrigen Theilen der südlichen Küsten von Asien herrschen auch Monsunwinde. In Aden (13° N. Br.) kommt die Regenzeit mit SW.-Wind, von Mai bis October, und die südliche Küste von Arabien erhält damit Regen bis an ihre Gebirgskette. Bis Canton (23° N. Br.) bleibt die Richtung der Sommer-Monsuns überwiegend südwestlich, weiterhin nach Osten aber muss sie sich mit der Küste Asiens selbst umbiegen; sie wird dann südlich (z. B. auch auf den Philippinen zu bemerken) und weiterhin südöstlich, und die Richtungen der Winter-Monsuns werden nördlich und nordwestlich. Die östliche Grenze des Monsun-Gebiets ist bei den Mariannen-Inseln (nach Horsburgh). Wie mächtig die ganze Anziehungskraft des südlichen Asiatischen Continents im Sommer wirkt, ersieht sich daraus, dass dann nicht nur die ganze nördliche Hälfte des Passat-Gürtels abgezogen wird, sondern auch der Calmen-Gürtel (von welchem indessen in der Mitte des Indischen Archipels wieder ein Stück hergestellt erscheint, bei Singapore (1°,1 N.), wo Regen in allen Monaten fällt und veränderliche Winde wehen), und dass sogar der nördliche Theil des südlichen Passats, also des SO.-Passats, zwischen Sumatra und Afrika (bis etwa zum 8° S. Br.), in die SW.-Richtung mit hineingezogen wird.

Wenn wir aber die senkrechte Höhe der Monsun-Winde betrachten, so muss man sich vorstellen, dass sie niemals höher als einige Tausend Fuss reichen (auch im Verhältniss zur Ausdehnung und Höhe der Temperatur-Differenz) und dass sie also immer bei weitem überragt werden sowohl von dem allgemeinen oberen rückkehrenden Aequatorial-Strom, welcher gleichfalls nach Nordosten zu dringt, wie auch zum Theil von dem allgemeinen Polar-Strome, welcher den ganzen Nordost-Passat bildet, und also hier als Südwest-Monsun nur in seinen unteren Schichten abgelenkt ist. Es ist in der That zur Vervollständigung unserer Vorstellung von dem ganzen System der Winde erforderlich, wohl zu beachten, dass der allgemeine obere rückkehrende SW.-Passat ungestört hoch über dem südwestlichen, wie auch im Winter über dem nordöstlichen Monsun mit Wasserdampf versehen (auch über das 15,000′ im Mittel hohe Himalaya-Gebirge) nach dem nördlichen Asien weiter zieht, dass also die Monsun-Winde immer nur die untere abgelenkte Schicht des ganzen Nordost-Passats sind, wenn auch die höchste unter den vielen vorkommenden Ablenkungen. Im SW.-Monsun fliesst das Hauptstratum des Wasserdampfes unterhalb der Höhe von 4500′;

bei dem Ghat-Gebirge an der Westküste der Indischen Halbinsel liegt so hoch der Regen-Gürtel; der SW.-Strom wird mit Heftigkeit gegen die steile Westseite geführt und genöthigt, in höhere Regionen zu steigen, wo er rasch condensirt wird und Regen fallen lässt. So geschieht es auch an der Südseite des Himalaya; im Sommer setzt der südliche Monsun seinen Wassergehalt ab meistens in der Erhebung von 4000′ bis 8000′, z. B. bei Darjiling (27° N. Br.) (nach J. Hooker). Dagegen nicht viel weiter nördlich, schon zu Ladak (34° N. Br.), 11,000′ hoch, kommt die Regenzeit im Winter und im Frühling, die vorherrschende Windrichtung scheint hier eine westliche zu sein und Cirri-Wolken sind die gewöhnlichsten (nach Strachey), diese aber sind die fast unfehlbaren Zeugen für den SW.-Aequatorialstrom; auch in Kaschmir (34° N. Br.), 5818′ hoch, ist der Sommer-Monsun nicht mehr bemerkbar (nach Hügel), auch in Lahore (31½° N. Br.), das tief liegt, regnet es nicht im Sommer. (Weiterhin findet man durch die ganze Mitte Asiens eine Strecke, wo es im Sommer nicht regnet; s. später.) — Ueber Australien besteht ein analoges, wenn auch kleineres Monsun-System; es weht hier bei culminirendem Sonnenstande von NW., bei declinirendem von SO. Und hier ist eine ganz besonders günstige Gelegenheit, deutlich zu erkennen, dass der abgelenkte Theil des Passats nur dessen untere Schicht darstellt, nicht über 5000′ hoch reicht und dass während des unten herrschenden NW.-Monsun doch in den höheren Regionen der Atmosphäre, über 6000′ hoch, niemals der allgemeine SO.-Passat aufhört, in ungestörter Richtung zu wehen. Dies ist auf schöne Weise wahrzunehmen an den Rauchwolken eines über 9000′ hohen Vulkans, welche meilenlange Streifen durch die Atmosphäre ziehen und stätig nach Westen oder Nordwesten ihre Richtung festhalten (nach Junghuhn).

Auch in den anderen Welttheilen giebt es der Beachtung sehr werthe Passat-Monsuns, obgleich von geringerer Ausdehnung. In Afrika besteht ein Passat-Monsun auf der Ostküste von Süd-Afrika, welcher aber noch manches Unverständliche hat. Die Küste läuft hier wie die von Brasilien und letztere hat doch keinen Monsun, weil der SO.-Passat im rechten Winkel auf sie trifft. An der Afrikanischen Ostküste ist auch in dortiger Sommerzeit der SO.-Passat eine normale Erscheinung, er reicht bis 28° S. Br.; er wird aber, der Sonne nachfolgend, ein Nordost, von den Comoren-Inseln an (10° S.), im November, und zwar nur bis zum Wendekreise; aber in dortiger Winterzeit findet man auch einen SW.-Monsun verzeichnet, selbst südlich, zwischen Madagaskar und Mozambique, bis 23° S. Br., der schwer zu erklären ist, während er nördlicher, nahe beim Aequator, schon einen Theil des grossartigen Indischen Sommer-SW.-Monsun ausmacht; dieser weht hier vom April bis November, und bringt als Landwind klares Wetter, der NO.-Monsun dagegen regniges Wetter. Dabei bestehen mannigfache Küstenwinde. Es ist offenbar irrig, diese Afrikanischen Monsuns zu dem System im Ostindischen Meere zu rechnen. Von grösserer Bedeutung ist der Passat-Monsun an der Westseite des nördlichen Afrika, längs der ostwestlich verlaufenden Guinea-Küste (5° N. Br.). Hier besteht nur ein Sommer- und See-Monsun; er folgt der Sonne nach auf den Continent und bringt Dampfmenge und Regenzeit binnenwärts, bis 16° und 19° N. Br. In den Wintermonaten herrscht auch an dieser Küste, wenigstens bis zu ihrer Mitte, ein beständiger nordöstlicher Wind, der überaus trockene Harmáttan; dies ist aber kein Winter- und Land-Monsun, sondern der Passat selbst, wie oben schon ausgeführt ist. Weiter nördlich, zwischen Marokko und dem Cap Verde, ereignet es sich sogar, dass wegen der Richtung der Küste von Südwest nach Nordost der Nordost-Passat abgezogen und zum NW. herumgedreht wird. Aehnlich besteht an der Westküste von Süd-Afrika, bei Benguela und Congo, eine Umdrehung des SO.-Passats zum SW. in grosser Ausdehnung, bis 15° S. Br. — In Amerika fehlen nicht Passat-Monsuns an den geeigneten Küsten, jedoch erklärlicher Weise kommen sie wohl kaum vor in Süd-Amerika, wegen der Richtung der Küsten. Auf drei Strecken kann man sie hier annehmen. Im Mexicanischen Golf wird im Sommer nach der nördlich liegenden Küste (30° N. Br.) ein Monsun als SO. und SW. gebildet, welcher den hier sonst als regenlos zu erwartenden Sommer mit Regen versieht, weit in das Mississippi-Thal hinauf, und welchem im Winter nordöstliche Winde, die bekannten „los Nortes“ des Westindischen Meeres, entsprechen. Dann an der westlichen schmalen Küste von Mexico, welche aber in so schräger, von SO. nach NW. geneigter Richtung läuft, wehen im Sommer starke und breite südliche Seewinde aus SO., welche Monsuns genannt werden müssen (nach Humboldt, Basil Hall u. A.). Und an der Nordküste von Venezuela (10° N. Br.) nimmt der NO.-Passat bei südlicher Declination der Sonne eine so vermehrt nördliche Richtung, dass man auch hier ohne Zwang von einem Monsun sprechen kann.

§. 3.

Das ektropische oder centrale Wind-System (oder das Gebiet der beiden schrägen, alternirenden Winde).

Wir wenden uns nun zur Betrachtung der anderen Hälfte des allgemeinen atmosphärischen Wind-Systems, zu dem Gebiete, welches, auf der gemässigten und der kalten Zone, von zwei neben einander liegenden, in schräger, entgegengesetzter Richtung (d. i. dem polarischen directen Nordost-Passat und dem äquatorialen rückkehrenden Südwest-Passat) sich bewegenden und wechselnd sich verdrängenden Luftströmen beherrscht wird. Die Seefahrer nennen dieses Gebiet, im Gegensatz zu der Beständigkeit des intertropischen Passats, das sie verlassen haben, das der „veränderlichen Winde" und den südwestlichen Wind, den sie hier antreffen, nennen sie kurz den „West-Passat"; es ist der auf der Tropenzone über dem Passat befindliche, nun herunter gestiegene allgemeine, nach dem Pole zurückdringende Compensations-Wind.

Wie hoch der „courant ascendant" des grossen Calmen-Gürtels sich erhebt, war nicht genau anzugeben. Jeden Falls muss er die Höhe des Passats, welche wir auch nicht genau kennen, noch weit überragen. Auf dem Chimborazo (1° S. Br.) wurde er bekanntlich von Humboldt noch in der Höhe von 16,600′ wahrgenommen, etwa 2000′ oberhalb der Sommerschneelinie, im Juni 1802. Dass derselbe Reisende auf dem 10° N. Br., auf der Silla bei Caracas, in einer senkrechten Erhebung von 8100′ im December den NO.-Passat antraf, kann uns nicht überraschen. Wichtiger ist das Zeugniss, dass auf dem 28° N. Br., auf Teneriffa, der Pik de Teyde, 11,430′ hoch, auf seinem Gipfel nicht mehr den Passat-Wind erfährt, sondern dass auch im Sommer, wenn der Passat weiter nach Norden vorgerückt ist, hier über ihm der obere rückkehrende SW.-Passat mit Heftigkeit beharrt, während unten der Nordost-Passat herrscht. Dagegen im Winter sinkt der hohe Südwest-Passat allmählich bis auf die Meeresfläche (während der untere Nordost-Passat allmählich nach Süden sich gezogen hat), um im folgenden Sommer wieder aufwärts zu steigen, und erst 12 bis 20 Breitengrade nördlicher die Oberfläche der Erde zu berühren. (Den Raum, welchen die Fluctuation des heruntergestiegenen SW.-Passats vom Süden im Winter nach dem Norden im Sommer beschreibt, nennt man den subtropischen Gürtel). Aber die eben angegebene senkrechte Höhe des Passats von mindestens 10,000′ auf dem 28° N. Br. im Sommer betrifft zugleich die Höhe des oberen Passats, freilich nur dessen untere Grenze oder Fläche. Bedenkt man ferner, dass selbst auf dem 50° N. Br., in Europa, gar nicht selten im Sommer der genannte hohe Luftstrom, kenntlich an den charakteristischen weissen Cirri-Wolken und an deren Richtung aus SW., daherziehend bemerkt wird (diese immer werthvolle Erscheinung ist, wie schon früher erwähnt, auch auf den tropischen Meeren und in der Sahara beobachtet, und sie wird auch in Mittel-Asien, sogar über dem Himalaya-Gebirge, und an der Ostküste von Nord-Amerika wiederholt angegeben und selbst an der Ostküste Asiens, zu Ochozk [59° N. Br.], im Sommer), in einer Höhe, die man über 20,000′ abmessen kann, so kann man daraus abnehmen, dass auf dem Calmen-Gürtel die untere Fläche des zurückfliessenden oberen Passat-Stromes noch weit höher liegen muss, als auf Teneriffa (28° N. Br.), und dass sie gewiss über 15,000′ reicht. Die obere Grenze desselben Stromes aber muss hier noch sehr viel höher angenommen werden, da, wie gesagt, noch auf dem 50. Breitengrade seine Anwesenheit durch Wolkenzüge in einer Höhe von einer geographischen Meile erwiesen wird. Seine Temperatur in solcher Höhe, welche den Bereich unseres Gebirgs-Steigens und der aerostatischen Fahrten weit überragt (denn höher als 25,000′ ist kein Luftschiffer gelangt), ist schwierig zu bestimmen. Wenn der „courant ascendant“ in der Aequatorial-Gegend über 16,000′ sich erhoben hat, muss er hier schon, gemäss den Hypsotherm-Linien, eine Temperatur unter 0° R. erreicht haben. Aber auf dem Pik von Teneriffa, den der obere SW.-Passat im Sommer mit seiner unteren Fläche etwa bei 10,000′ Höhe berührt, liegt dann kein Schnee mit seiner Frost-Temperatur (dieser bleibt hier überhaupt nur während der drei Wintermonate; der Mauna-Loa, über 13,000′ hoch, auf den Sandwich-Inseln, 20° N. Br., erfährt SW.-Passat und hat freilich bleibend Schnee auf dem Gipfel); auch in den nördlicheren Breiten zeigt der heruntergestiegene Aequatorial-Strom seine südliche Wärme. Es ist daher anzunehmen, dass der obere Passat im Verlauf seiner schräg absteigenden Bahn von unten her höhere Temperatur wieder erhält. Demnach muss man auch sich vorstellen, dass er an Wärme und Dampf wieder gewinnt, je näher er der Oberfläche der Erdkugel wieder kommt (wo er auch wieder dichter wird), wie ja die ganze Atmosphäre ihre Temperatur nur durch die Rückstrahlung der Insolation, also von unten, empfängt.

Es kann nicht überflüssig erscheinen, über Höhe und Richtung des oberen Passats auf der Tropenzone noch einige Belege hinzuzufügen. Sehr wahrscheinlich ist seine Richtung, entsprechend der des unteren Passats, anfänglich ziemlich gerade westlich und nur allmählich südwestlicher werdend. Es ist bekannt, dass mehr als ein Mal in Westindien ein Vulkan-Ausbruch Asche über den Ost-Passat hin nach Westen geführt hat und dass man auf dem Cap Verde-Inseln (17° N. Br.) und auf Teneriffa (28° N. Br.) Passat-Staub niederfallen sieht, welcher aus dem tropischen Theile von Süd-Amerika herstammt. Das Beispiel auf Barbadoes (13°,4′ N. Br.), wo am 1. Mai 1812 Vulkan-Asche von der Insel St. Vincent (13°,10′ N. Br.), die etwa 20 geogr. Meilen westlicher liegt, in grosser Menge niederfiel, spricht für eine rein westliche Richtung des oberen Passats in solcher Nähe des Aequators. Freilich vom Vulkan Cosiguina in Nicaragua (13° N. Br.) kam am 20. Januar 1835 Asche auch nach Kingston auf Jamaica (18° N. Br.) geflogen, was doch 5 Breitengrade nördlicher nach Nordosten zu liegt (und zu gleicher Zeit fiel von dieser Asche weit nach Westen auf ein Schiff im Stillen Ocean, also mit dem unteren Passat dahin geführt). Diese Erscheinungen sind erklärlicher, wenn man bedenkt, dass die Feuersäule des Vulkans über 10,000′ hoch reichen kann, z. B. des Vesuvs.

Es kommt darauf an, eine richtige Vorstellung von der schrägen Richtung des Wind-Systems auf dem ektropischen Gebiete zu besitzen, welche Richtung freilich nur im Zusammenhang steht mit der ganzen tellurischen Circulation in der Atmosphäre. Wenn die Erdkugel ohne Rotation um ihre Axe wäre, und wenn dennoch die höchste Wärme auf der Aequator-Linie gürtelförmig vertheilt wäre (obgleich dann eigentlich nur ein Punkt anhaltend die grösste Hitze enthalten würde), so würde der Austausch der kalten Polarluft mit der warmen Aequatorialluft auf beiden Halbkugeln in gerader Richtung, längs der in Dreieck-Gestalten die Oberfläche abtheilenden Meridiane, erfolgen. Es würden also auf unserer Nord-Hemisphäre kalte Nordwinde nach Süden hinunter ziehen und warme Südwinde nach Norden herauf. Allein da die Erde eine Axendrehung erfährt, von West nach Ost, so kommt die Luft, welche über dem Aequator aufgestiegen ist und dann nach dem Pole hindringt, zur Compensation der von dort weggezogenen kalten Luft, von Punkten grösserer Drehungs-Geschwindigkeit; sie behält also davon zum Theil bei, während sie nach den langsamer sich umdrehenden höheren Breiten hinaufzieht, und erfährt in Folge dieser beiden in einem rechten Winkel auseinander gehenden Impulse eine mittlere Richtung, d. h. die Aequatorialluft bewegt sich als SW. nach dem Nord-Pole (und nach dem Süd-Pole als NW.). Genauer vorgestellt kann die Linie dieser Bewegung keine gerade sein, weil sie ja auf einer Halbkugel nicht in kürzester Entfernung von der Peripherie nach dem Centrum der Oberfläche gezogen wird, sondern sie kann nicht wohl anders als eine Curven-Gestalt haben (genauer gesagt, eine spiralförmige Gestalt), welche aus einer fast westlichen Richtung in der Nähe des Aequators nach der Mitte zu mehr südwestlich wird und in der Nähe des Pols fast südlich ist. Dafür sprechen auch manche Thatsachen. Umgekehrt muss es sich mit den Luftströmen verhalten, welche vom Pole nach dem Aequator hin aspirirt werden; sie kommen von einer sehr geringen Drehungs-Geschwindigkeit in eine zunehmend grössere, welche sie nur zum Theil annehmen können; daher werden sie auf der Nord-Hemisphäre NO.-Winde und auf der Süd-Hemisphäre SO.-Winde, und auch sie werden ihre Bahnen in Curven-Gestalt ausführen; Anfangs fast rein nördlich, werden sie zunehmend nordöstlicher werden und nahe beim Aequator ist die Richtung bekanntlich fast östlich. Man könnte die normale Richtung der beiden Circulations-Ströme für jeden Breitengrad berechnen, da man dessen Drehungs-Geschwindigkeit kennt, wenn man auch die Schnelligkeit kennte, mit welcher die kalte Luftmasse vom Pole nach dem Aequator dringt, 90 Breitengrade entlang. Diese empirisch zu bestimmen, ist nicht möglich, doch kann man einigermassen darauf schliessen aus dem Zuge der hohen Cirri-Wolken mit dem SW.-Strome; der Schnelligkeit, mit welcher dieser eilt, muss die des NO.-Stromes gleich sein. (Auch sieht man leicht ein, dass die Luft niemals stille stehen kann; Windstillen finden nur local Statt und nur in den unteren Schichten, sind gegenseitige Stauungen beider Ströme, sind aber nie vollständig.)

So geschieht es, dass zu uns nach Europa mit dem Südwest-Passat nicht die Luft von Afrika gelangt, sondern vom Atlantischen und Westindischen Meere (vielleicht auch vom Stillen Ocean der Süd-Hemisphäre, nachdem sich dessen verdunstetes Wasser auf dem Calmen-Gürtel in dem aufsteigenden Luftstrom vermischt hat mit dem Dampfe der Nord-Hemisphäre). Daraus besteht (zu grossem Theile, doch auch das näher liegende Meer liefert davon) der uns so wohl bekannte warme und dampfreiche, hoch reichende

SW.-Wind. So geschieht es ferner, dass die Polarluft zu uns mit dem NO. vom nördlichen Asien und Russland kommt, als kalter, dampfarmer, nicht so hoch reichender Continental-Wind. Dagegen an der Ostküste von Nord-Amerika und Nord-Asien kommt der Polar-Strom als Seewind und der Aequatorial-Strom als Landwind, abgesehen von den Gebirgsketten, welche beide in ihren unteren Schichten beschränken.

Diese beiden allgemeinen Luftströme sind auf dem ganzen ektropischen Gebiete (dessen Gestalt, um noch ein Mal daran zu erinnern, wie die eines Schildes ist mit dem Pol in der Mitte) die vorherrschenden, indem alle übrigen Winde nur grössere oder kleinere locale Ablenkungen von einem der beiden sind. Daher wird die Klimatur eines Landes oder einer Gegend zum grössten Theile bestimmt durch die physisch-geographische Beschaffenheit der tellurischen Oberfläche, über welche her diese beiden Hauptwinde dorthin gelangen. Besonders bringen sie ein beträchtliches Mehr oder Weniger von der durch den jahreszeitlichen Sonnenstand vertheilten Temperatur und von dem zweiten wichtigen klimatischen Momente, der Dampfmenge. Daher geben hier vor Allem die bestimmenden Unterschiede die Lage und Richtung der Küsten zum Ocean; daher besitzen alle westlichen Küstenländer auf der ektropischen Zone beider Hemisphären einen so ausgezeichneten Vorzug in klimatischer Hinsicht, denn sie bekommen die wärmere Luft zugleich als eine dampfreichere und damit im Winter Milde, im Sommer Regen.

1. Der subtropische Gürtel.

Denken wir uns rings um die Erdkugel innerhalb der Grenzen des tropischen Passats jenen beständigen östlichen Luftzug, Wasserdampf und Regen an die Ostküsten der Inseln und der Continente und an die Ostseiten der Gebirge bringend, fluctuirend mit den Declinationen der Sonne nach Nord und Süd, auch seine stellenweise vorkommenden jahreszeitlichen Ablenkungen — und dann den hoch über ihm liegenden, der Beachtung sich entziehenden, südwestlichen, vom Aequator rückkehrenden Passat, welcher an den äusseren Grenzen des unteren Tropen-Passats heruntersinkt, dann weiter nach dem Pole zu dringt und auf dem Wege dahin Wasserdampf und Regen an die Westküsten der Länder und an die Westseiten der Gebirge bringt —, so ist bei dieser Versinnlichung des Vorganges noch von besonderer Wichtigkeit, die Linie zu beachten, wo jener obere rückkehrende Passat heruntertretend die Oberfläche der Erde zuerst berührt. Im Mittel ist diese anzusetzen auf dem 30° N. Br., wenigstens im Atlantischen Meere. So bestimmte sie schon Halley (1686) und es ist gerechtfertigt, innerhalb ihrer Fluctuation gleichsam eine constante Mittellinie gerade hier anzunehmen, womit zugleich die oben angenommene mittlere Polargrenze des Passat-Gürtels richtig zusammenfällt. Die Fluctuations-Breite, die Amplitude, dieser Linie bildet einen breiten Gürtel, das ist der sehr beachtenswerthe, aber noch nicht hinreichend beachtete sogenannte subtropische Gürtel, welcher also im Sommer sich öffnet, im Winter aber sich schliesst, oder welcher eigentlich nur in der Sommerzeit besteht.

Man kann zuvor die Frage aufwerfen, warum jener obere, der allgemeinen Circulation angehörende Luftstrom nicht bis zum Pole in der Höhe bleibt, warum er schon früher, vor der Mitte seines Weges, heruntersinkt und dann, wenigstens mit seiner unteren Schicht, auf der Oberfläche der Erde hinzieht. Dies wird eher erklärlich, wenn man erwägt, dass die ganze atmosphärische Circulation nicht auf einer platten Scheibe, sondern auf einer Halbkugel vorgeht, dass sie überhaupt im Vergleich zu ihrer Ausdehnung in die Länge eine sehr geringe senkrechte Höhe einnimmt (etwa wie 2:1350) und dass der vom Aequator rückkehrende Luftstrom als Compensations-Wind da eintreten muss, wo die Lücke zunächst sich bemerklich macht, nachdem ihn bis dahin der culminirende Sonnenstand durch die stärker aufsteigende Luft in der Höhe erhalten hatte. Es folgt hieraus, dass seine eigene Temperatur hier nicht entscheidet, sondern die fehlende Luft, zu deren Ersatz er herangezogen kommt; es ist auch schon erwähnt, dass die Temperatur des oberen rückkehrenden Passats sehr wahrscheinlich über dem Calmen-Gürtel, wegen der bedeutenden Höhe, in welche er in rarificirtem Zustande aufsteigt, sehr gering geworden ist und dass er erst während seines Zurückfliessens und schrägen Herabsinkens auf den nördlicheren Breiten der Tropenzone vom Boden her wieder höhere Temperatur mitgetheilt erhält.

Wenn man die geographische Lage des subtropischen Gürtels näher zu bestimmen unternimmt, findet man bald die Voraussetzung bestätigt, dass er, wie auch der Calmen- und Passat-Gürtel, dort in höhere Breiten geschoben wird, wo Continental-Bildung die Isothermen und sonderlich die Isotheren höher nach dem Pole zu hinauftreibt. Auf dem Meere ist er im Allgemeinen schmaler und liegt niedriger als auf dem Festlande, er hat hier auch nicht so viele auffällige Merkmale. Charakterisirt wird er für die vom Aequator kommenden Schiffe dadurch, dass im Sommer die tropische Regenzeit aufgehört hat und dass doch noch ein beständiger, aber trockener Nordost-Wind herrscht, bis auf nördlicheren Breiten der östliche Wind ersetzt wird durch südwestlichen Wind, mit welchem zugleich wieder Regen kommt. Für die aus den nördlicheren Breiten in den Subtropen-Gürtel eintretenden Seefahrer wird dieser dagegen dadurch charakterisirt, dass im Sommer die gewohnte Regenzeit nun ausbleibt, dass die südwestlichen Winde zurückgeblieben sind und dass nur der beständige Passat weht, bis auf noch südlicheren Breiten die tropische Regenzeit angetroffen wird. Es gehört dann zu den wesentlich charakteristischen Erscheinungen dieses besprochenen Raumes von gewisser Breite, dass im Winter der Südwest-Passat bis an seine südliche Grenze herunterrückt und Regen-bringend ist, also der subtropische Gürtel verschwindet.

Auf dem Continente entstehen erklärlicher Weise fernere, weit deutlichere Erscheinungen als Charaktere des subtropischen Gürtels. Das Hauptzeichen ist die Regenlosigkeit im Sommer, von zunehmender Dauer nach dem Süden zu; deren Bedingung ist, dass der dampf-bringende Aequatorial-Passat dann in der Höhe weht, erst weiter nördlich hinuntersinkend, und dass daher unter ihm der Polar-Strom allein herrscht, bis jener wieder herunterrückend Regen bringt, und zwar abnehmend an Dauer nach dem Süden, auch im Frühling und im Herbst oder nur im Winter. In weiterer Folge entstehen daraus die Halbwüsten und Steppen und damit Waldlosigkeit, künstliche Irrigationen für Getreidebau, Endigungen der Quellen durch Versiegen mit Bildung von Salzlagern, Nomadenleben dicht neben der Civilisation, Vegetation nur im Frühling und im Herbst, ausser in der Nähe von Wässern, und dabei jene nordöstlichen Winde, während in der Höhe Cirri-Wolken den SW.-Passat bezeugen. So finden sich die Erscheinungen durch Mittel-Asien (von 28° bis 50° N. Br.) sehr deutlich. Aber dieser regenlose Sommer-Gürtel entbehrt auch nicht zwischen Europa und Afrika genügender Zeichen, trotz des Mittelländischen Meeres; die Sommer sind hier ohne Regen bis zum 44° N. Br., und es herrschen die nördlichen „etesischen" Winde; die Winterregen reichen bis unter 28° N. Br. — Man wird leicht verleitet, die Vorstellung anzunehmen, dass südlicher, zwischen der subtropischen und der tropischen Zone, ein anderer Gürtel mit Regenlosigkeit zu allen Jahreszeiten, ein sogenannter Wüsten-Gürtel, rings um die Erdkugel bestehe. Allein der grosse Wüsten-Gürtel in Afrika und Arabien, die Sahara, ist nur für ein grosses locales, continentales Vorkommen, etwa zwischen dem 18° und 28° N. Br., zu erklären, eine Folge des hier rein continentalen, weit über ganz Asien herwehenden Passats; auf dem Ocean und auf dem anderen Continent, Amerika, wie auch auf der Süd-Hemisphäre ist ein solcher Wüsten-Gürtel nicht vorhanden *). Auch ist es nicht ganz richtig, wenn man die Halbwüsten in Syrien, Mesopotamien, Persien u. s. w. durch Mittel-Asien als Fortsetzungen der Sahara ansehen will, da sie doch nur sieben bis fünf, bez. drei Monate der Sommerzeit dürr und verbrannt sind, aber im Winter Regen und reiche Pflanzendecke nicht entbehren, indem dann der heruntergestiegene SW.-Passat so weit südlich fluctuirt, dass er über ihnen herrscht. Beweise für diese ganze Linie, wo im Winter mit SW.-Wind Regenzeit eintritt, finden wir z. B. in Marokko (31° N. Br.), in Algier (36° N. Br.), in Tunis (36° N. Br.), in Kairo (30° N. Br.), in Suez (30° N. Br.), in Bagdad (33° N. Br.), in Kelat (29° N. Br.), in Kabul (34° N. Br.), in Kandahar (31° N. Br.), in Lahore (31½° N. Br.), in Kaschmir (34° N. Br.), in Leh (34° N. Br. 11,000′ hoch). Man muss annehmen, dass die Tropenzone unmittelbar an die Sub-Tropenzone grenzt. Von letzterer sagte L. von Buch, vielleicht der Erste, welcher sie verstanden hat, dass sich damit im Sommer das Klima der Tropenzone verschmelze. In der That rückt die Tropenzone mit der heraufkommenden Sonne und mit der unter dieser täglich aufsteigenden Luft (die Linie des Heruntersteigens des Südwest-Passats vor sich herschiebend) im Sommer so weit nach Norden hinauf, jedoch nur in Bezug auf die Temperatur und auf den Nordost-Passat, aber ohne die Regen; der tropische Regen reicht nur einige Grade über den Wendekreis hinaus. Ergänzend kann man noch hinzufügen, dass der subtropische Gürtel im Winter wieder verschwindet, weil sich dann das Klima der gemässigten Zone damit verschmilzt, indem dies mit Regen und SW.-Wind dicht an die dann regenlose Tropenzone rückt. Will man also die südliche Grenze des subtropischen Gürtels aufsuchen, so kann dies nur im Winter geschehen und das Merkmal dafür ist die Linie, wo die Winterregen beginnen; die nördliche Grenze aber wird be-

*) Die Kalahari-Wüste in Süd-Afrika (22° bis 28° S. Br.) schuldet ihre sehr regenarme Beschaffenheit ohne Zweifel dem höheren Höhenzuge an der östlichen Küste, welcher den Passat zurückhält; in Australien mag es sich ähnlich verhalten.

zeichnet da, wo im Sommer die Regenlosigkeit, mit dem herabsteigenden SW.-Passat, geographisch aufhört und nun in allen Jahreszeiten Regen fällt. In Asien erfolgt dies erst nahe oberhalb Orenburg (51° N. Br.), so weit reicht hier die Steppe. In dem Raume, den im Sommer der heisse und regenlose Subtropen-Gürtel einnimmt, muss man sich im Winter denken Winde sowohl von Nordost wie von Südwest und im südlichen Theile grüne Pflanzendecke mit Regen, im nördlichen Theile Schneelager. Wir entbehren nicht sicherer Nachrichten über die Charaktere des subtropischen Gürtels auch in diesem zwischenliegenden breiten Raume Asiens, z. B. in Bukhara (39° N. Br.), in Khiwa (41° N. Br.), in Turcomanien (37° N. Br.), Kokand, Ost-Turkestan, Dsungarei, in der Kirgisen-Steppe und auch an der Ostküste China's in Schangai (30° N.) und Tschusan (30° N.); freilich hohe Gebirge können nicht ganz die Regenlosigkeit theilen.

Obgleich auf dem Ocean weniger Gelegenheit und es auch von geringerer klimatologischer Wichtigkeit ist, genau zu erfahren, wo die geographische Linie des heruntersteigenden SW.-Passats verläuft, wo sie hier im Winter Regen bringt und wo sie im Sommer durch ihr Fluctuiren nach dem Pole zu der Regenlosigkeit und dem unter ihr wehenden Nordost-Passat Raum verschafft, so sind doch einige Inseln, innerhalb dieses Raumes gelegen, geeignet, die Belege dafür vollständig zu liefern. Im Atlantischen Meere liegt die nördliche Grenze des subtropischen Gürtels bei weitem nicht so weit nach Norden hin, als auf dem eben besprochenen grossen Continent der Alten Welt, aber etwas höher als im Grossen Ocean. (Es ist nicht unwahrscheinlich, dass diese Grenze überhaupt etwa mit der Isothere von 17° R. zusammenfällt.) Auf dem Atlantischen Meere wissen die Seefahrer, dass die „westlichen Winde", d. i. der SW.-Passat, vom 30° N. Br. an bis 60° N. Br. vorherrschen. So findet es sich bestimmt angegeben in einem neuesten nautischen Lehrbuche („Nautische Geographie", von H. Metger, 1858, S. 196). Indessen muss man geneigt sein, im Sommer jene südliche Grenze noch weiter nördlich zu setzen und auch anzunehmen, dass dann selbst auf dem Meere unterhalb dieser Grenze kein Regen fällt, sondern jener trockene Nordost weht. Noch auf den Azoren (38° N. Br.), wissen wir, ist im Sommer trockenes Wetter und der NO.-Wind vorherrschend, beides die charakteristischen Zeichen der subtropischen Zone; so verhält es sich auch auf Madeira (33° N. Br.) und auf Teneriffa (28° N. Br.); hier regnet es nicht von Mai bis

October, während NO.-Wind weht, aber von November bis März kommt Regen und mit SW.-Wind *).

Es wäre von besonderem Werthe, zu erfahren, wie sich die Regenverhältnisse gerade an der Grenze des tropischen und subtropischen Gürtels geographisch scheiden, ob etwa, nahe an einander liegend, auf der einen Seite die Regenzeit mit der Sonnen-Culmination eintritt, auf der anderen aber mit der Declination. Dies ist nicht unwahrscheinlich, in Wirklichkeit indess findet hier ein allmählicher Uebergang Statt, in der Art, dass auf einer gewissen mittleren Linie in beiden extremen Jahreszeiten eine Regenzeit kommt, auch mit verschiedenem Passat-Winde, bis weiterhin beide entschieden getrennt auftreten. Bestimmte Thatsachen darüber, wo der SW.-Passat im Winter herunterkommt, aufzufinden, war kaum möglich; denn sonderbarer Weise gehören die Strecken, welche dazu geeignet wären, zu den unbekanntesten oder unzugänglichsten der Erde; es eignen sich aber dazu einige Strecken an der Westseite der grossen Continente oder Inseln, zwischen den Breitengraden von etwa 24° bis 28°, und Gelegenheiten könnten folgende dazu geben: die Westküste von Afrika, von Marokko (31° N. Br.) bis zum 25° N. Br., und im Süden, von der Capstadt (34° S. Br.) bis zum 23° S. Br.; in Amerika die Westküste, von Mazatlan (23° N. Br.) bis S. Diego (32° N. Br.), und die Küste von Bolivia (N. 17a). Auch

---

*) Da M. Maury („Physical geography of the sea", 1855, und früher „Explanations and sailing directions to accompany the Wind and Current Charts", Philadel. 1854, und 1858) mit anerkanntem Rechte eine so grosse Autorität für die Lehre von den Winden geworden ist, so muss hier bemerkt werden, dass diese nur auf das Meer sich beschränken muss, nicht auch auf das Festland sich beziehen kann und dass überhaupt zu dem nautischen Werthe des von Seefahrern hoch geschätzten Buches der physikalische Werth in keinem Verhältnisse steht. Der Verfasser nimmt in seiner Theorie der „Circulation der Atmosphäre" ausser dem Calmen-Gürtel des Aequators noch zwei Calmen-Gürtel an, auf jedem Wendekreise einen, und zwar etwa auf der 30. Parallele, also da, wo die Mittellinie unseres subtropischen Gürtels liegt. In der That finden wir diesen hier bezeugt. Die Seefahrer haben hier Windstillen bezeichnet, jedoch nicht mit denselben Phänomenen wie auf dem Aequator, und nennen diese Breite „horse latitudes". Unzweifelhaft ist, dass diese nur der subtropische Gürtel bei seiner Polargrenze ist, dort, wo der SW.-Passat heruntersteigt, denn anerkannt steht hier das Barometer am höchsten (das auf dem Aequator im „courant ascendant" am tiefsten steht), ferner regnet es hier zwar auch, aber nicht so perennirend, sondern nur im Winter; ferner wird darüber ausgesagt, die Breite sei 10 bis 12 Breitengrade, die äusserste Fluctuation könne sein vom 17° bis zum 38° N. Br., je nach der Jahreszeit, und unterhalb, d. i. südlich, herrsche trockener Passatwind. Also ohne Zweifel ist hier unser Subtropen-Gürtel beschrieben.

Inseln liegen nur spärlich in diesen Breiten, z. B. die Lu-Tschu, einige südliche Japanische Inseln (26° bis 32° N.). Besser eignen sich dazu die Bonin-Inseln (27° N.), und wirklich finden sich hier im Winter westliche Winde, im Sommer östliche und Regen zu beiden Zeiten (nach Quin, I. of geogr. Soc. 1856). Alle Ostküsten können weniger Auskunft darüber geben, weil der Regen, welcher unser vorzügliches Merkmal ist, hier mit dem Passat weiter nach Norden über das Land vertheilt wird. Daher zeigen uns die meteorologischen Beobachtungen in Nord-Amerika nicht nahe liegende Gebiete, das eine mit tropischem Sommerregen, das andere mit Winterregen, aber doch einen allmählichen Uebergang. In Cuba (23° N. Br.) herrscht noch entschieden der tropische Regen, in Florida (27° N. Br.) und auf den Bahamas (21° bis 27° N. Br.) regnet es noch im Sommer am meisten, aber auch schon trotz ihres niedrigen Flachbodens, ein wenig im Winter. In Neu-Orleans (30° N. Br.) sind schon entschiedene Winterregen, indess auch exceptionell, wegen des oben erwähnten Monsun-Seewindes, starke Sommerregen. Ueberhaupt wird der subtropische Gürtel mit regenlosem Sommer, der in den südlichen Staaten von Nord-Amerika zu erwarten ist, durch Regen aus jenem Grunde verdeckt. Jedoch die Bermudas-Inseln (32° N.), etwa 100 geogr. Meilen vom Continent entfernt liegend, entbehren im Sommer des Regens, zeigen auch durch die Winde den Charakter des subtropischen Gürtels. Auch die Westküste giebt in dieser Frage dieselben Ergebnisse; in Neu-Mexico und Californien herrschen im Sommer SW., im Winter nordöstliche Winde, und zwar bis zum 40° N. Br., bis wohin die Sommer regenfrei sind. Wo aber südlicher die Winterregen zuerst beginnen, ist, wie schon gesagt, auch hier noch nicht nachzuweisen; in Durango (24° N. Br.) im Innern Mexico's, über 6000′ hoch, ist er noch nicht, sondern besteht noch tropische Regenzeit. Zwei südliche Zeugnisse über das Verhalten der Regen auf diesen Grenzen, welche auch erweisen, dass hier wirklich beide Regenzeiten, obwohl in gemindertem Grade, vorkommen, nämlich im Sommer und im Winter, können wir hier anführen. In Süd-Amerika findet sich dies in der sogenannten Wüste Atacama im Norden von Chile, etwa auf dem 26° S. Br. (nach Philippi, s. „Geogr. Mittheilungen", 1856, S. 52 ff.). Das zweite Zeugniss findet sich an der Westküste von Süd-Afrika, im südlichen Theile von Gross-Namaqua, etwa auf dem 27° S. Br. (nach Missionären, s. „Petermann's Geogr. Mittheilungen", 1858, S. 200).

Vom Stillen Ocean wird gelehrt, dass im Sommer die SW.- und W.-Winde zwischen dem 30° und 50° N. Br. vorherrschen, jedoch mehr im nördlichen Theile (von 40° bis 50° N. Br.). Danach würde also hier schon zwischen 30° u. 40° N. auch im Sommer wieder Regen fallen, also so weit südlich die Polargrenze unseres Gürtels liegen. Damit stimmt überein, dass auch die Aequator-Grenze des Subtropen-Gürtels mit dem ersten Winterregen hier sehr tief südlich liegt und also auch der Nordost-Passat so tief hinunterrückt. Von den Sandwich-Inseln (20° N. Br.) haben wir die bestätigende auffallende Angabe (nach C. Wilkes, Exploring exped., 1842, und J. Darves, Hist. of the Sandwich Islands, 1843), dass hier, also noch unterhalb des Wendekreises, der untere Passat nur neun Monate herrscht, dass aber im Winter der obere Passat an seine Stelle tritt und als Südwest Regen bringt, nachdem er vorher schon auf dem über 13,000′ hohen Vulkan Mauna-Loa geweht hat (dessen Gipfel er wahrscheinlich auch im Sommer nie verlässt). Ein Gleiches hat man auf dem benachbarten Berge von fast gleicher Höhe beobachtet, auf dem Mauna-Kia. Es ist zu vermuthen und wird auch bestätigt, dass hier auch tropische Regenzeit, im Sommer, besteht. Uebereinstimmend damit haben Seefahrer in dieser Gegend die Grenze des Passats sehr weit südlich gefunden, z. B. Vancouver im März auf 21° N. Br., Kotzebue im September auf 20°,40′ N. Also hätten wir hier ein sehr analoges Phänomen wie auf Teneriffa, obgleich sieben Grad südlicher und deshalb schon tropische Sommer-Regen auf demselben Breitengrade vereinigt mit subtropischem Winter-Regen. Es verdient sehr weitere Untersuchung. Auf den noch nicht lange bekannten Arzobispo-Inseln (Bonin-Inseln) auf dem 27° N. Br., fand sich (nach Kittlitz) in der ersten Hälfte des Mai heiteres Wetter, aber wir haben eben (S. 113) erfahren, dass hier auch richtig Sommer- wie Winter-Regen vorkommen. Auf den Liu-Tschu-Inseln, 26° N. Br., herrscht im Sommer der Passat, aber im Winter westliche Winde (nach W. Heine, Expedit. in die Seen von China, 1859). — An der Ostküste von China ist über die Grenzen des Subtropen-Gürtels wenig zu sagen, jedoch wissen wir von Tschusan (30° N.), dass hier die trockene Zeit im Sommer eintrete (nach J. Davis, I. of geogr. Soc. 1853). In Canton und Hongkong (23° N. Br.) sind noch tropische Regen ohne Winterregen. Aber in Beludschistan, von 25° bis 30° N. Br., treffen wir auch die Zeichen der Grenze zwischen Tropen- und Subtropen-Zone, indem hier an der Küste im Sommer, Juni bis August, eine Regenzeit mit den Monsuns vorkommt, aber auch im Winter und Frühjahr, Februar und März, mit NW.-Wind (wahrscheinlich der durch Gebirge abgelenkte heruntersteigende äquatoriale SW.-Anti-Passat); ferner, im nördlichen und gebirgigen Theile, zu Kelat, 29° N. Br., 7000′ hoch, regnet es nur im Winter, Frühling und Herbst, ist aber der Sommer regenleer, also der subtropische Gürtel offenbar (nach Pottinger). (N. 22.)

Die nördliche Grenze des subtropischen Gürtels lässt sich unstreitig am deutlichsten erkennen in Europa, und hier finden wir sie etwa auf dem 44° N. Br., wie sich namentlich in Italien erweist; denn nördlich davon, z. B. in Turin und Mailand (45° N. Br.), zeigt sich die sommerliche Regenlosigkeit wieder ausgefüllt. H. Dove („Klimatolog. Beiträge", 1857) giebt für Europa reichlich Belege dafür; er sagt S. 108: „Nennt man diese an der äusseren Grenze des Passats durch herabkommende Luftströme bei niedrigstem Sonnenstande eintretenden Regen „„subtropische"" im Gegensatz zu den tropischen, welche bei höchstem Sonnenstande durch Aufsteigen der Luft entstehen" u. s. w., ferner S. 110: „Wenn man mit L. von Buch annimmt, dass die an den Grenzen der tropischen Zone im Winter herabfallenden Regen und die im südlichen Europa regelmässig eintretenden Herbstregen ihre Entstehung den an den äusseren Grenzen des Passats herabkommenden Aequatorial-Stömen verdanken", und S. 112: „Die Winter-Regenzeit an den Grenzen der Tropen*) tritt, je weiter wir uns von diesen (nach dem Pole zu) entfernen, immer mehr in zwei maxima (im Frühling und im Herbst) aus einander, welche nördlicher in einem Sommer-maximum wieder zusammenfallen, wo also die temporäre Regenlosigkeit wieder völlig aufhört." Dem ist noch hinzuzufügen, dass man den subtropischen Gürtel in Hinsicht auf die Regenverhältnisse auch nennen kann den Gürtel mit fehlendem Sommerregen, welchem sich weiter nördlich anschliesst ein Gürtel mit Regen in allen Jahreszeiten, und daran schliesst sich noch, als sechster Gürtel des ganzen tellurischen Systems der Regenvertheilung, auf der Polarzone ein Gürtel mit fehlendem Winterregen**). Die nördliche Grenze des sub-

*) In einem früheren Werke („Meteorologische Untersuchungen", S. 257) sagt dieser anerkannte Meteorologe: „Die subtropische Zone liegt zwischen 24° und 32° N. Br."

**) Die Annahme von sechs Regen-Gürteln erweist sich durch weitere Untersuchungen nicht nur als richtig, sondern auch als nothwendig, wenn sie auch an ihren

tropischen Gürtels ist weiter nach Osten hin nicht genau anzugeben, aber sie verläuft oberhalb Constantinopel (41° N. Br.) und oberhalb Sebastopol (45° N. Br.) und nahe bei Orenburg (52° N.), aber weiterhin, unterhalb Barnaul (53° N. Br.); wie gesagt, scheint die Isothere von 17° R. als eine Führerin bei ihrer Bestimmung dienen zu können.

Bemerkenswerth ist jener innerhalb des ganzen Raumes des subtropischen Gürtels vorherrschende nordöstliche oder nördliche Luftstrom, wohl bekannt im Mittelländischen Meere als die im Sommer unfehlbaren „etesischen Winde", aber auch auf dem Ocean als „trockener Nordost" (nach M. Maury) und auch in Mittel-Asien wohl bezeugt. Die richtige Erklärung der Beständigkeit dieses Windes im Sommer ist wohl einfach darin zu finden, dass ihm hier dann sein Gegner, der andere Circulations-Wind, der äquatoriale SW., niemals begegnen kann, weil dieser dann nur in der Höhe weht und erst weiter nördlich herabkommt. Jener nordöstliche beständige Sommerwind des subtropischen Gürtels ist also der directe Nordost-Passat selber, der subtropische Theil des unteren Passats.

Es fehlt noch an Beobachtungen über das allmähliche Hinauf- und Hinuntersteigen des oberen rückkehrenden SW.-Passats längs hoher Berggipfel, wozu auf mehreren Inseln des subtropischen Gürtels günstige Gelegenheiten gegeben sind, z. B. der Aetna, 10,200′ hoch, der Pik der Azoren, über 8000′ hoch (38° und 39° N. Br.); beide Berge stossen Rauchwolken aus und deren Richtung könnte deutlich die Anwesenheit des Südwest- oder auch des Nordost-Stroms erweisen, im Gegensatz zu etwa gleichzeitig unten herrschenden Winden (und noch einmal empfehlen wir dazu den Mauna-Loa; s. Note zu Cap. III. §. 4).

Wenn wir zur Vervollständigung nun auch nach einer nothwendig zu erwartenden Analogie auf der Süd-Hemisphäre uns umsehen, so verfehlt der subtropische Gürtel nicht, auch hier sich

---

Grenzen Uebergänge bilden oder local verdeckt werden. Sie sind: 1) der Calmen-Gürtel mit Regen das ganze Jahr hindurch; 2) der Gürtel mit zwei Regenzeiten und zwei Trockenzeiten; 3) der Gürtel mit einer tropischen Regenzeit im Sommer und einer Trockenzeit im Winter; 4) der subtropische oder Gürtel mit Regen im Winter (nördlicher auch im Herbst und Frühling), aber mit Regenlosigkeit im Sommer; 5) der Gürtel mit Regen in allen Jahreszeiten; 6) der Gürtel mit Regenlosigkeit im Winter (auf der Polar-Zone). Eine kurze Aufstellung dieser Regen-Gürtel habe ich schon in „Klimatologische Untersuchungen oder Grundzüge der Klimatologie", Seite 244, gegeben. Die Ausführung findet man hier im III. Cap. §. 4.

zu erweisen. Verfolgen wir den 30° S. Br. von Chile an durch das Capland in Süd-Afrika und durch das südliche Australien, so finden wir (zumal seit neuester Zeit giebt es darüber zuverlässige meteorologische Beobachtungen aus der Capstadt [34° S. Br.]), dass hier im Sommer der SO.-Wind analog ist dem NO.-Passat in Europa und der NW. dem SW.-Passat, indem jener im Winter vorherrschend ist. Ferner besteht in allen Klimaten längs jener Parallele zur Sommerzeit Regenlosigkeit. In Chile (30° bis 42° S. Br.) ist der Aequatorial-NW.-Strom der Regen-bringende; aber der Sommer ist regenlos und dann herrscht der südliche Wind, SW., der SO. wird durch die Anden verhindert; in Buenos-Ayres (34½ S. Br.) und in Patagonien (41° S. Br.) sind die westlichen Winde trocken; die Steppennatur der Pampas bezeugt schon eine lange regenlose Zeit und diese ist im Sommer, im Winter regnet es (nach Darwin). In Süd-Amerika liegt die Grenze der Waldungen und der Anfang der Pampas etwa auf dem 30° S. Br. (nach d'Orbigny); damit ist für uns gesagt, dass, so weit der Passat reicht und dann nach Süden hin, das Reich des NW.-Windes beginnt, dem hier die Anden hinderlich werden. In der Capstadt fallen von der jährlichen Regenmenge, welche 23″ beträgt, nur 2″ im Sommer bei NW.-Wind. Aehnlich ist das Regen-Verhältniss in Süd-Australien, Tasmania und im nördlichen Neu-Seeland. Man muss aber auch auf dieser Hemisphäre die Ostküsten unterscheiden, welche von den östlichen Seewinden auch im Sommer mit Regen versorgt werden können. Aber der vorzügliche Regenwind ist der heruntergestiegene Aequatorial-Strom, der NW.; in Folge davon ist in Chile die Westseite der hohen Anden-Kette im Winter befeuchtet und grünend, im Gegensatz zu dem intertropischen Theile der Anden und der Westküste von Süd-Amerika, analog wie in Californien. Weiter nach Süden hin ist dann auch die einzige Gelegenheit gegeben, auf der verlängerten Südspitze von Amerika, den nächstfolgenden Regen-Gürtel aufzusuchen und ihn in richtiger Analogie zu finden. In Chilóe (42° S. Br.) erscheint die Lücke in den jährlichen Regen ausgefüllt, noch entschiedener tritt dies in der Magalhaens-Strasse und in Fuegia (53° S. Br.) hervor, so dass sich nicht zweifeln lässt, dass hier der fünfte Regen-Gürtel, d. i. mit Regen in allen Jahreszeiten, nicht fehlt. Unfehlbar wird in den Antarktischen Regionen auch der sechste Gürtel, d. i. mit regenlosen Wintern, vorhanden sein, aber noch hat kein kühner

Seefahrer dort überwintert, obgleich die Winter-Temperatur dort weit milder zu erwarten ist, als in den Arktischen Regionen.

2. Das Gebiet der beiden schrägen, alternirenden Winde.

An der Grenze des eben besprochenen Subtropen-Gürtels beginnt mit dem Herabsinken des SW.-Passats die andere Hälfte des tellurischen Wind-Systems, das Gebiet der beiden neben einander liegenden Passate. Die Seefahrer, welche aus dem tropischen Passat heraufkommen, nennen sie kurz „die veränderlichen Winde." Es ist nicht unwichtig, abermals daran zu erinnern, dass die Gestalt dieses Gebiets im Gegensatz zu dem peripherischen Gebiet der intertropischen Passate einem Schilde gleicht, nach dessen Mittelpunkte auf der convexen Oberfläche Luftzüge hinziehen und von wo andere herkommen, centripetal und centrifugal; die ersteren sind wärmer, dampfreicher, umfangreicher und weit höher in senkrechte Erhebung reichend, die anderen sind kälter, dampfärmer, von geringerem Umfang und niedriger*); häufig kommen beide in Conflicte, verdrängen sich und wechseln ihre Bahnen. Wenn ihre Bahnen constant neben einander sich bewegten, ohne sich zu verschieben, so würde damit auch eine constante, nur mit dem jährlichen Sonnengange sich ändernde geographische Vertheilung der Temperatur und der Dampfmenge innerhalb jener schrägen Bahnen bestehen (man würde dann aber auch die Breite, die Höhe und die Zahl dieser Bahnen kennen, welche bis jetzt fast noch völlig unbekannt sind). Dann würden also gewisse Erdstrecken in der Richtung von NO. nach SW. beständig unter der Herrschaft des Polar-Stromes liegen, andere unter der des Aequatorial-Stromes; erstere würden dann eine Temperatur erfahren, die im Sommer einige Grade geringer, im Winter aber viele Grade geringer sein würde, als der Sonnenstand allein bringt; auf den anderen würde dann im Sommer etwas mehr Wärme, im Winter aber sehr beträchtlich weniger Kälte sich vorfinden. So würde es sich unstreitig ver-

*) Es darf nicht wohl vermieden werden, hier zu bemerken, dass M. Maury („Phys. geogr. of the sea") in seiner Theorie von Kreuzungen der Atmosphäre auf drei ringsum die Erde umgebenden Gürteln die Polar-Strömung als oben befindliche annimmt, die südwestliche unter ihr. Schon die Cirri-Wolken allein genügen als Gegenzeugen. Da diese Maury'sche Theorie bereits in mehre populäre Darstellungen übergegangen ist, ist zu wünschen, dass der Urheber seine ruhmwürdigen nautischen Werke bald von jener misslungenen Theorie befreien werde.

halten, wenn die Oberfläche der Erde etwa nur eine Wasserfläche darstellte. — Die Unterschiede von Wasser und Land, der Umfang, die Gestalt und die Relief-Bildung der Landmassen sind wieder die Ursachen, dass dieses Wind-System nicht nur mit der Sonne jahreszeitlich nord-südlich fluctuirt, sondern auch ost-westliche Umsetzungen seiner Bahnen erfährt, deren Grund und geographische Gestaltung, wie auch scheinbare Unregelmässigkeit wir noch nicht begriffen haben, wenn gleich der Anfang im Verständniss des Vorganges dabei vor Kurzem gemacht ist durch Dove's Drehungsgesetz. Wir wissen aber bereits, dass dieses wechselnde gegenseitige Verdrängen der beiden grossen entgegengesetzten Circulations-Bahnen die einzige Ursache ist der so beklagten Unregelmässigkeiten in den Wetter-Verhältnissen auf unseren kühleren Zonen; weder Mond noch Kometen noch andere Gestirne sind dabei mitwirkend (schon deshalb nicht, weil diese ja für die ganze Oberfläche der Erde eine gleiche Stellung haben, nicht für einzelne Strecken allein) und der Instinkt der Thiere verkündet nur bereits eingetretene Aenderung. Kühlere oder heissere Sommer, strengere oder mildere Winter, trockene oder nasse Jahreszeiten haben ihre Bedingung allein in dem längeren oder kürzeren Verweilen des einen oder des anderen der beiden Circulations-Passate. Einer von ihnen ist immer vorherrschend, wenn auch häufig Ablenkungen davon für einen Ort so mannigfache locale Windrichtungen bringen; die Launen der Windfahnen können darüber die Wissenschaft nicht mehr täuschen (welche zugleich die Barometer-, Thermometer- und Regenbeobachtungen mit der Windrose vereinigt) und erfolgen meistens nur in der untersten Schicht der Atmosphäre. Darüber haben lange fortgesetzte und richtig beurtheilte Beobachtungen entschieden. Man weiss, dass anomale Jahre oder Monate ihre geographischen Scheidelinien von NO. nach SW. hin gerichtet haben, wie sie dem Streichen des Wind-Systems entsprechen. Namentlich hat sich die Wahrnehmung öfters wiederholt, dass gleichzeitig im östlichen Nord-Amerika und in Island eine entgegengesetzte Bahn und Witterung herrschte wie in Europa und dass weiter nach Osten hin, in Asien, gleichzeitig wieder ein Gegensatz bestehe. Aber auch mitten durch Europa kann eine Scheidelinie zwischen zwei verschiedenen Wind-Gebieten verlaufen und für längere Zeit den Welttheil in Hinsicht auf Klimatur in zwei verschiedene Hälften theilen. So hat z. B. in dem bekannten Kometenjahre 1811 nur für die westliche Hälfte Europa's eine anomale Wärme bestanden (und der Komet des Jahres 1858 im September hat wieder Gelegenheit gegeben, zu erkennen, dass ein Komet daran überhaupt keinen Antheil hat).

Obgleich wir vermeiden, hier in die Meteorologie tiefer einzugehen, sondern nur die Geographie der Meteoration in Bezug auf ihre wichtigsten Momente, die Winde, aufsuchen wollen, so kommt es doch eben darauf an, noch mit wenigen Worten zu bemerken, welche Probleme hier noch zu lösen, und welche Mittel zu wählen sind, die Witterungs-Verhältnisse besser zu verstehen, also auch der ersehnten Wetterprophezeihung näher zu kommen. Die Möglichkeit, diese Aufgabe zu lösen, beruht auf der Gesetzlichkeit im grossen Ganzen des tellurischen Wind-Systems, welche auch im Einzelnen sich wiederholen muss. Was wir zunächst bedürfen, ist eine allgemeine geographische Uebersicht über die Wind-Bahnen auf dem ganzen centralen Wind-Gebiete, von welchem wir wissen, dass dessen südliche Grenze im Sommer, was Europa betrifft, etwa auf der 44. Parallele verläuft, indem dann hier der SW.-Strom oder der „Anti-Passat" (wie J. Herschel vorschlägt) herunterkommt. Wie gross ist etwa ihre Anzahl? Bleibt diese sich gleich? Wie breit sind die Bahnen? und wie hoch? Worauf beruht eine Verdrängung der einen durch eine andere? Wie oft erfolgt eine solche? und wann ist sie zu erwarten?

Diese Fragen würden ohne Zweifel sicherere Aussicht haben, Beantwortung zu erfahren, wenn wir die erwähnte Uebersicht über die geographische fluctuirende Vertheilung der schrägen, neben einander sich bewegenden alternirenden Winde besässen. Unmöglich ist es nicht, diese Uebersicht zu erhalten, wenn man die meteorologischen Beobachtungen von Moskau und Lissabon für einige Jahre zu einem solchen Zweck vereinigen könnte; Meteorologen werden besser entscheiden können, ob es thunlich ist. — Wir haben nur noch Einiges von unserem geographischen Standpunkte aus zu bemerken.

Bis jetzt kann ein aufmerksamer Beobachter zwar ungefähr nach erfolgtem Wechsel des Windes aus dessen Richtung abnehmen, welche Witterung damit bald herbeigeführt werden wird, aber Niemand kann näher bestimmen, wann ein Wechsel der grossen Bahnen eintreten werde, weil wir nicht wissen, warum dies überhaupt geschieht. Dennoch sind wir im Stande, mit einiger Gewissheit zu vermuthen, von welcher Seite her der nächstfolgende Wind kommen werde, weil in der Regel die Drehung, bei vorgehender Verdrängung der einen Bahn durch die andere, zu Stande kommen muss in dem Sinne von SW. über W., N., nach NO., SO. u. s. w. Dies ist durch Combination der Thatsachen im Grossen festgestellt (freilich kommt es immer darauf an, aus den vielen unteren Oscillationen der Windfahnen den wahren grossen Hauptzug der Atmosphäre zu erkennen). Wenn ein Verdrängen des Südwest-Stromes durch den Nordost-Strom bewirkt wird, so geschieht dies von unten nach oben, dagegen das Verdrängen des Nordost-Stromes durch den Südwest geschieht erst in den oberen Schichten. Man muss sich überhaupt den wärmeren und umfänglicheren Aequatorial-Strom in weit grössere Höhe reichend vorstellen, als den kälteren, kleineren und dichteren Polar-Strom. Zum Beweise, dass diese beiden Ströme die Circulation in der Atmosphäre überhaupt bilden und dass andere Winde nur untere Ablenkungen sind, dient folgende Regel: Häufig findet man bei geradem Ostwind, wie auch bei geradem Westwind, dennoch in der oberen Atmosphäre die allgemeine SW.- oder auch NO.-Strömung ziehen, aber niemals wird man, im Falle einer dieser allgemeinen Ströme unten weht, oben ausserdem einen Ost- oder auch Westwind wahrnehmen.

Wenn ein Wechsel der Bahnen ausgeht vom Aequatorial-Strom, mit anderen Worten, wenn der Südwest-Passat in einem Conflicte mit dem Nordost-Passat Sieger bleibt, so wird die erfolgende Umsetzung der Bahnen im südlicheren Theile des ganzen Gebietes oder der gemässigten Zone Statt haben, weil hier der Nordost-Strom schon eine mehr östliche Richtung besitzt und also leichter durch einen von Süden her andringenden Gegenstrom zu verdrängen ist und auch weil ersterer als centrifugaler Strom hier schon weniger dicht geblieben ist. Umgekehrt wird es sich verhalten, wenn der Nordost-Strom den Südwest-Strom zur Seite drängt; dies wird mehr in dem nördlichen Theile des Gebietes geschehen, wo der erstere noch compakter ist. Ferner kann man noch den Schluss machen (jedoch fehlt dafür noch genügende empirische Bestätigung), als weitere Folge des Drehungsgesetzes, dass, im Fall ein SW.-Strom einen NO.-Strom aus seiner Bahn schiebt, der letztere immer weiter nach Westen seine neue Bahn suchen muss und dort zu suchen ist und dass umgekehrt, im Falle ein NO.-Strom der verdrängende ist, der früher herrschende SW.-Wind nun immer östlich von seiner verlassenen Bahn zu suchen ist. Demnach würde als Regel zu erwarten sein: wenn auf der gemässigten Zone der Nord-Hemisphäre nach anhaltend warmer Witterung kältere eintritt, welche herrschend bleibt (und von einer

Aenderung des herrschenden Hauptstromes abhängt), so ist zu erwarten, dass die wärmere Witterung nun weiter nach Osten hin versetzt ist (wie auch das Fallen des Barometers von West nach Ost zu wandern pflegt); bei eintretender wärmerer Witterung aber ist zu vermuthen, dass die frühere kältere Witterung nun nach Westen zu gewandert ist. Bei Beurtheilung jeder Witterung ist also die erste Regel zu entscheiden (was nicht immer leicht ist): welche der beiden allgemeinen Circulations-Bahnen ist zur Zeit die vorherrschende? Die beste Unterstützung gewährt dabei der Barometerstand, er ist hoch bei NO., tief bei SW., aber auch die Temperatur.

Sehen wir nach der Nord-Polarzone, so bestehen hier bekanntlich sehr viele kleine locale Windwechsel, wie Scoresby im Sommer und J. Ross auch im Winter bei dreijährigem Beobachten u. A. fanden. Die mannigfachen Differenzen von Land, Eis und offener See erklären dies. Aber über das Verhalten der beiden Haupt-Ströme kann man hier noch nicht klare Einsicht erwarten. Die Isotherm-Karte zeigt, dass im Januar die mittlere Temperatur von — 28° R. einen elliptischen Raum einnimmt, von Boothia Felix hinüber nach dem Lena-Thal (70° bis 60° N. Br.), dass aber im Juli die mittlere Temperatur von 2° R. einen elliptischen Raum einnimmt, der jenen ungefähr kreuzt. Der kälteste kleine Raum im Januar von — 32° R. liegt aber bei Jakuzk, zwischen 60° und 70° N. Br., Boothia Felix gegenüber. Daher bekam J. Ross im Winter von NO. her warme Winde. Auch die Beobachtungen im Lancaster-Sund, 75° N. Br., ergaben, dass hier im Winter die kalten NW.-Winde vorherrschend waren, aber im Sommer die SO.- und auch N.-Winde (in den Jahren 1850 und 1851, s. Grinnell, Expedit.). Ob hier je Cirri im Winter bemerkt sind, ist ungewiss. (S. Note 13.)

Auf mehreren geographischen Gebieten ist wirklich schon wenigstens eine gewisse mittlere Constanz in den Windrichtungen nachzuweisen. Dabei muss man auch gewisse geographische Ablenkungen beachten. Vielleicht findet man noch mehr, wenn man sie auch für die Monate, Wochen oder fünftägige Mittel zu ermitteln sucht. Im westlichen Europa, bis Norwegen, ist im Winter überwiegend der Aequatorial-Strom als SW. oder W. Auch auf dem Atlantischen Meere sind die SW.-Winde die vorherrschenden, im Verhältniss zu den NO.-Winden wie 2 zu 1 (nach M. Maury, S. 105), jedoch im nördlicheren Theile desselben weht von der

Nord-Amerikanischen Seite bis Gross-Britannien im Winter fast beständig ein Nordwest (ob als eine Ablenkung vom Nordost- oder vom Südwest-Passat, ist wohl für ersteren zu entscheiden). Es ist zu erwarten, dass dem entsprechend die Polar-Ströme über einer anderen Stelle vorherrschen, wahrscheinlich über einem Continente; im westlichen Nord- und Mittel-Asien besteht, nach übereinstimmenden Aussagen der Reisenden und nach meteorologischen Angaben, vorherrschend nordöstlicher Wind. Dies sind nur wenige Beispiele zum empirischen Beweise, dass die scheinbar zufälligen Windrichtungen doch einem geregelten Circulations-Systeme angehören. Noch ein Mal ist zu wünschen und zu empfehlen eine Uebersicht der geographischen Lagerung und Fluctuation der beiden schrägen alternirenden Haupt-Luftströme in dem ektropischen oder centralen Wind-System. (N. 17.)

NB. Zu weiterer bildlicher Erläuterung des Wind-Systems wird zugleich die dem Cap. III. beigegebene Regen-Karte dienen, da Winde und Regen in so naher Verbindung unter einander stehen.

III. Capitel.

Das geographische System der Vertheilung des Wasserdampfes in der Atmosphäre

(der Dampfmenge, der Saturation, der Evaporationskraft und der Regen) oder **die Hydro-Meteoration.**

(Mit einer Regen-Karte.)

Inhalt. §. 1. Die Vertheilung des Wasserdampfes an sich (Tension des Dampfes). — §. 2. Die Saturations-Verhältnisse und ihre geographische Vertheilung (Psychrometer-Stände). — §. 3. Die Evaporations-Kraft der Klimate (Atmometer). — §. 4. Die klimatische Bedeutung der Evaporationskraft. — §. 5. Das geographische System der Regen-Vertheilung auf 6 Regen-Zonen.

Die Vertheilung der „Feuchtigkeit“, wie der gebräuchliche Ausdruck ist, hat ohne Zweifel, in Verbindung mit der Vertheilung der Temperatur, die grösste Bedeutung für die organische Welt, zunächst für die vegetabilische. Aber sie ist, obgleich sorgfältig meteorologisch untersucht, doch kaum aus der topographischen zu einer allgemeinen geographischen Uebersicht aufgestellt worden; und doch darf man schon von den Vortheilen Nutzen ziehen, welche, aus der Vereinigung der noch nicht vollständig, sondern nur mangelhaft vorhandenen Beobachtungen hervorgehen.

Hier liegen die Schwierigkeiten vor Allem und zuvor in dem unklaren Begriffe des Ausdruckes „Feuchtigkeit“ (humiditas). Einfacher und verständlicher treten die Verhältnisse schon dann hervor, wenn man zuvor die atmosphärische Dampfmenge an sich in ihrer geographischen Vertheilung verfolgt und dann erst die aus ihren sich ändernden quantitativen Verhältnissen zur Temperatur hervorgehenden Phänomene in Betracht zieht (wie sich schon bewährt hat bei der Klimatologie der Gebirge, s. „Grundzüge der Klimatologie", Cap. I.). Danach ergeben sich bei der Hydro-Meteoration 4 Momente:

1) die Dampfmenge an sich,
2) die Saturations-Verhältnisse,
3) die Evaporations-Kraft,
4) die Niederschläge (Regen-Zonen).

§. 1.
Die geographische Vertheilung der Dampfmenge an sich.

Wasserdampf findet sich auf der ganzen Oberfläche der Erdkugel in den unteren Schichten der Atmosphäre; er fehlt hier nirgends völlig. Er entsteht durch Verdunstung von der Fläche des Oceans. Da aber die Capacität für den Wasserdampf in der Atmosphäre (freilich auch in jedem luftleeren Raume ganz gleich, obwohl in letzterem die Verdunstung rascher, ja plötzlich erfolgen würde) zunimmt in höherer Temperatur, so geht auch seine geographische Vertheilung im Allgemeinen zusammen mit derjenigen der Temperatur; und dies würde vollkommen der Fall sein, wenn die Oberfläche der Erde nur eine Wassermasse darböte. Die Dampfmenge ist grösser und ihre senkrechte Erhebung ist höher auf dem heissen Gürtel (und in den wärmeren Jahres- und Tageszeiten), sie ist abnehmend nach den kühleren höheren Breitekreisen hin, wie auch in senkrechter Erhebung (und in den kälteren Jahres- und Tageszeiten). Es giebt also auch hier zwei extreme geographische Punkte, am Aequator und am Pol; an dem einen ist die Dampfmenge am grössten, an dem anderen am geringsten; nach dem Druck auf das Barometer gemessen, beträgt die Dampfmenge auf dem Aequator, bei der dortigen mittleren Temperatur von 22° R., im Zustande der vollen Sättigung, 12,4 Par. Linien; dagegen am Pol, bei der dortigen mittleren Temperatur von —14° R., im Zustande der vollen Sättigung, nur 0,6 Linien. (Nach dem Gewicht ausgedrückt heisst dies, über dem Aequator finden sich dann in einem Cubik-Meter in der unteren Luftschicht nahe an 26 Gramm Wasserdampf, am Pole finden sich dann nur nahe an 1,8 Gramm: oder in einem Cubik-Fuss befinden sich dort etwa 14 Gran, hier nur 1 Gran.) Da aber ferner die allgemeine Quelle des Wasserdampfes der Ocean ist, von dessen Oberfläche er durch

Evaporation aufsteigt, da er dann mit den Luft-Strömungen vertheilt wird und in kälteren Räumen und Zeiten in liquider Form wieder ausgeschieden wird, so folgt daraus, dass auch die grossen Continente, zunehmend nach ihrem Inneren, wegen der Entfernung vom Ocean weniger Antheil davon bekommen müssen und dass manche locale Verschiedenheiten in der Vertheilung entstehen, verschieden durch die Richtung der Winde, insofern diese vom Festlande oder aber vom Meere, von wärmeren oder von kälteren Wasserflächen herwehen, oder von Gebirgen aufgehalten oder abgehalten werden.

Wenn man erwägt, dass die Gesammt-Temperatur auf der ganzen Erdkugel trotz der räumlichen Oscillationen im Laufe jeden Jahres gleich an Quantität bleibt, und dass auch die Oberfläche des Oceans an Ausdehnung weder gewinnt noch verliert, so muss man annehmen, es verdunste jährlich eine stets gleich bleibende Menge Wassers auf der Erde und nur die Vertheilung des Dampfes erleide zeitweise räumliche Variationen. Der Gedanke liegt nahe, wenn eine grössere Meeresfläche auf der Erdkugel sich befände, so würde auch die Menge des Dampfes eine grössere sein, aber auch wenn die Temperatur-Menge grösser wäre; und wenn der Druck der Atmosphäre geringer wäre, so würde die Verdunstung weit rascher erfolgen, wie ohne die Atmosphäre überhaupt kein flüssiger Zustand des Wassers bestehen könnte. Der Umfang der Meeresfläche und der Continental-Bildung, die Höhe der Temperatur und des atmosphärischen Druckes stehen unter sich und mit der Menge und Vertheilung der Dampfmenge und der Regen in gegenseitigem Gleichgewicht (man kann hinzufügen, auch die Höhe der Gebirge und ihrer Schneelager, die Gestalt der Continente u. s. w., stehen damit im Verhältniss und sind damit berechnet).

Im Allgemeinen ist also die Dampfmenge immer grösser über dem Meere, über Inseln und Küsten, auch in der Nähe von Binnen-Seen und Flüssen, als über der Mitte der Continente. Aber so wie man nicht immer da, wo viel Dampf in der Atmosphäre vorhanden ist, auch viel Regen erwarten muss, so muss man auch nicht sich vorstellen, dass dieser Dampfgehalt in der Atmosphäre herangezogen komme allein oder auch nur vorzugsweise in der Gestalt und dem Umfange der Wolken. Die Vertheilung erfolgt in gleichmässigerer und unsichtbarer Weise. Wolken sind ja nicht sowohl umgrenzte Dampfmassen, als nur Schichten oder Räume in der Atmosphäre, in denen wegen niedrigerer Temperatur der Dampfgehalt sichtbar geworden ist; sehr erklärlich findet sich meistens die grösste Dampfmenge in den tieferen Schichten, ihrem Ursprunge nahe, und erscheinen die Wolken erst in gewisser Höhe, da wo die nach oben hin abnehmende Temperatur die nach oben hin abnehmende Dampfmenge überholt hat; obgleich freilich auch stellenweise schmalere Luftschichten von verschiedener Saturation, neben oder über einander sich bewegen können. Der Zug der Wolken geschieht auch nicht isolirt, wie von selbständigen Gebilden, sondern sie sind nur Theile der ganzen Atmosphäre, welche sich selber in rastloser Circulation befindet.

Um den Gehalt an Dampf zu messen, hat man den Druck oder die Tension desselben bei den verschiedenen Temperatur-Graden und bei voller Saturation im vacuum des Barometers ermittelt (dem Gesetz gemäss, dass mit der Menge auch die Elasticität des Dampfes zunimmt und mit der Temperatur auch die Capacität des Raumes für den Dampf, d. i. die Menge des Dampfes selbst, im Falle wo Wasser vorhanden ist, aus dem er durch Verdunstung gebildet werde; nicht aber wird etwa eine gleichbleibende Menge Dampfes durch Zunahme und Abnahme der Temperatur in seiner Elasticität verändert). Es kommt also in vorkommenden Fällen, wenn man die vorhandene Dampfmenge in der Luft bestimmen will, nur darauf an, den zeitigen Temperatur-Grad zu ermitteln, bei welchem die volle Saturation durch beginnende Ausscheidung des Dampfes in liquider Gestalt sich kundgiebt, oder den Thaupunkt (Condensations-Temperatur), und damit ist nach der aufgestellten allgemeinen Scala zu ersehen, wie gross die Dampfmenge in der Luft, nach der Tension (oder dem Druck, der Spannungskraft, der Elasticität) gemessen, und in Linien oder Millimetern des Barometerstandes ausgesprochen, zur Zeit bestehe. Die Anwendung der Tension für die Maass-Bestimmung eignet sich hier besser, als die des Gewichts, theils weil der Dampfdruck in der Atmosphäre ja immer schon einen Theil des allgemeinen Barometer-Druckes ausmacht (beiläufig gesagt, würde z. B. der volle Dampfdruck bei 20° R., d. i. etwa 10 Linien, den $^{1}/_{31}$ Theil des mittleren Barometer-Druckes [336‴] darstellen), und theils weil sie leichter aufzufinden ist. Hier mag nun die allgemeine Tensions-Scala mitgetheilt werden.

Scala der Tension des atmosphärischen Wasserdampfes, im maximo der Sättigung, bei den verschiedenen Temperaturen *).

Temperatur-Grade der Luft bei Thaupunkt.	Tension des Dampfes im Barometer gemessen.	
28° R.	18,1 Par. Linien	
26°	16,4‴	31,5 Millimeter
24°	14,3	
22	12,4	
20	10,7	
18	9,3	
16	8,0	17,3 mm
14	6,9	
12	5,9	
10	5,1	
8	4,3	9,1 mm
6	3,7	
4	3,1	
2	2,6	
0	2,2	4,6 mm
—2°	1,8	
—4	1,5	
—6	1,3	
—8	1,1	1,9 mm
—10	0,9	
—12	0,7	
—14° R.	0,6‴	

Den Thaupunkt unmittelbar zu finden, ist mit manchen Schwierigkeiten verbunden, denn es kommt dabei darauf an (nach Daniell's bekanntem Hygrometer), das Instrument bei jeder Beobachtung bis zum ersten Eintreten der Condensation des Dampfes zu erkälten. Daher ist zu praktischem Gebrauche ein anderes Instrument vorzuziehen, wodurch man zunächst die Evaporations-Temperatur

*) Das Verfahren zur Auffindung dieser Dampf-Tensions-Scala ist einfach. Man lässt in den luftleeren Raum eines Barometers Wasser und beobachtet bei den verschiedenen Temperatur-Graden, um wie viel dies sinkt, in Folge der Dampf-Entwickelung. — Indess diese Beobachtungen stimmen noch nicht völlig überein; die oben gegebenen Bestimmungen sind nach Dalton's Befunden, von August hergeleitet, während Kämtz etwas niedrigere Sätze gefunden hat, aber doch jene gebraucht. Neuerlich haben Magnus und Regnault (die oben gegebenen einzelnen Millimeter-Sätze sind nach Letzteren) die Scala nach Versuchen am Barometer neu bestimmt, aber auch unter sich etwas abweichend.

erfährt, d. h. die Differenz, um welche ein mit verdunstendem Wasser umgebenes Thermometer niedriger steht, als ein trockenes, und welche zunimmt mit der Stärke der Evaporation, in Folge geringen Saturationsstandes. Dies ist das bekannte Leslie-August'sche Psychrometer (auch nicht unpassend „Vaporimeter" genannt). Dieses nass gehaltene Thermometer verhält sich zu dem Thaupunkte immer um einige Grade höher, und bei der Anwendung muss es zuvor auf diesen reducirt werden; also dient es dazu, den Thau- oder Condensations-Grad auf kürzerem Wege zu finden.

Auf ähnliche Weise kann man eine allgemeine Bestimmung der Gewichts-Menge des Dampfes berechnen. Z. B. in einem Cubik-Fuss Luft mit voller Sättigung sind an Wasser enthalten,

bei der Temperatur von	80° R.	325 Gran
" " " "	18°	10,8 "
" " " "	4°	4,0 "
" " " "	0°	3,0 "
" " " "	—10°	1,3 Gran.

Danach allein ist auch schon der grosse quantitative Unterschied eines Regenfalls in der heissen und in den kalten Zonen und Jahreszeiten ungefähr zu ermessen.

Die geographische Vertheilung der Dampfmenge an sich, also noch in unsichtbarem Zustande, hat man bisher noch sehr wenig beachtet; weit weniger, als das räumliche Vorkommen der eintretenden Super-Saturation, d. i. der Regen, ist das Vorkommen der minima des Dampfgehaltes zu übersehen. Indessen kann man einige Angaben darüber mittheilen, wenigstens genügend, um das Vorhandensein ihrer regelmässigen Vertheilung anzudeuten. — Rechnet man auf der Aequator-Zone die mittlere Temperatur nur zu 22° R., so würde hier, wie schon gesagt, bei voller Saturation die vorhandene Dampfmenge ausgesprochen werden durch die Tension von 12,4 Linien, d. i. etwa 1/27 des ganzen mittleren Luftdruckes. Wenn man dies als Vergleichungspunkt nimmt, so lässt sich durch einige Beispiele die geographische Vertheilung einigermassen übersichtlich machen, so dass die allmähliche Abnahme der Dampfmenge vom Aequator nach den Polen hin, vom Tieflande nach der senkrechten Erhebung hin, vom Sommer nach dem Winter hin, vom Mittag nach dem Morgen hin, und von den Küsten nach dem Inneren der Continente hin, sich erkennen lässt. Auch hierbei ist eine jahreszeitliche Fluctuation zu unterscheiden, regelmässig wie die der Temperatur, und ausserdem eine tägliche

Fluctuation, jedoch verschieden da, wo eine bedeutende Wasserfläche in der Nähe ist oder aber wo diese fehlt *); daneben erscheinen als unabhängig vom Sonnenstande auch unregelmässige Undulationen; bewirkt durch Winde, continentale oder meerische, kalte oder warme. Man kann also hier Klimate unterscheiden, in fernerer Analogie mit der Temperatur, der Menge nach, in dampfreiche, mässig dampfhaltige und dampfarme Klimate (ohne allen Wasserdampf ist aber keines); der Variabilität nach, in excessiv veränderliche, und in limitirt veränderliche dampfhaltige Klimate, wie auch in dieser Hinsicht, in äquable und in variable.

Folgende kleine Sammlung von Beispielen der mittleren Dampfmenge, nach der Tension bestimmt, an verschiedenen Orten auf den drei allgemeinen Zonen, kann schon einen geographischen Ueberblick gewähren.

Heisse Zone.

Orte.	Mittlere Temperatur.	Mittlere Tension oder Dampfmenge.	Amplitude im Jahre.
Paramaribo (5° N.)	21°,4 R.	9,2‴ (Par. Linien)	
St. Vincent (13° N.) (Westindien)	22°,0	7,8‴. { Febr. 7,4‴ Juli 8,2	0,8‴
Senegal (16° N.)	22°,0	im Januar { 3‴ 7‴	(4‴)
Zanzibar (6° S.)	20°,0	(9,0‴)	
Banjoewangie (8° S.) (Java)	21°,2	9,2 { März 9,6 Aug. 8,7	0,9
Trevanderam (8° N.) (Ostindien)	21°,0	9,0 { Jan. 8,1 Mai 9,7	1,6
Dodabetta (10° N.) (8000′ hoch)	10°,0	4,1 { 3,3 4,8	1,5
Bombay (18° N.)	21°,8	8,7 { Jan. 6,5 April 9,6 Juli 10,5	4,0

*) S. Weiteres darüber „Atmosphärischer Druck". Besonders beachtenswerth ist, dass mit dem täglichen, um Mittag aufsteigenden Luftstrom, der allgemeinen Ascensions-Strömung, am stärksten im Sommer, auch Wasserdampf in die Höhe geführt wird und Abends wieder heruntersinkt. In den oberen Regionen zeigt sich dessen Ankunft um Mittag, zumal an den Küsten auf isolirten Bergkegeln; aber im Inneren trockener Continente, wo kein grosses Binnen-Wasser in der Nähe ist, wird dann unten eine Minderung der Dampfmenge gespürt; daraus entsteht eine Verschiedenheit in den Barometer-Fluctuationen, indem die zwei maxima und minima zum Theil von der Temperatur bestimmt werden, zum Theil aber vom Dampf, und indem diese beiden Factoren durch ihre Steigerung im entgegengesetzten Sinne wirken.

Orte.	Mittlere Temperatur.	Mittlere Tension oder Dampfmenge.		Amplitude im Jahre.
Calcutta (22° N.)	21°,4		Jan. 4,5 April 8,3 Juli 10,7	6,2
Delhi (23° N.)	(21°)	5,6	Jan. 3,0 Juli 10,3	6,6
Benares (25° N.)	21°,4	7,5	Jan. 4,6 (13° R.) Mai 6,9 (27°) Juli 11,6 (23°)	7,0‴
Dorjiling (28° N.) (6930′ hoch)	9°,0	4,5	Jan. 2,0 Aug. 3,7	1,7‴

Es ersieht sich hieraus hinlänglich, dass die Dampfmenge zunimmt nach der Küste und auf Inseln und mit der Temperatur, dass sie abnimmt nach dem Inneren der Continente, in senkrechter Erhebung und zur Zeit der trockenen Continental-Winde (Nordost-Monsuns), dass ihre jährliche Fluctuation und Undulation eine sehr geringe Amplitude zeigen auf Inseln, aber eine gewisse excessive in Klimaten mit Monsun-Winden (in Ostindien und am Senegal).

Gemässigte Zone.

Orte.	Mittlere Temperatur.	Mittlere Tension oder Dampfmenge.		Amplitude im Jahre.
Madeira (32° N.)	15°,8 R.	5,5‴	Jan. 4,5 Aug. 6,1 (18°,4 R.)	2,4‴
Azoren (38° N.)	13°,5	5,5		
Albany (42° N.)	7°,2	3,1	Jan. 1,3 Juli 6,7	5,6
Rom (41° N.)	12°,5	4,6	Jan. 2,7 Juli 6,6	3,9
Neapel (40° N.)	12°,3	4,6	Jan. 3,0 Juli 6,6	3,6
London (51° N.)	7°,3	3,6	Febr. 2,4 Aug. 5,1	2,6
Brüssel (50° N.)	8°,2	3,6	Febr. 2,3 Aug. 5,2	2,8
Wien (48° N.)	8°,0	2,9	Jan. 1,7 Aug. 4,8	3,1
Constantinopel (41° N.)	11°,4	4,0	Winter 2,4 Sommer 5,2	2,8
Kasan (55° N.)	—1°,5	2,2	Jan. 0,6 Juli 4,3	3,9
Tiflis (41° N.)	10°,4	3,3	Jan. 1.4 Juli 5,4 (20° R.)	4,0

Orte.	Mittlere Temperatur.	Mittlere Tension oder Dampfmenge.	Amplitude im Jahre.
Barnaul (53 ° N.)	— 0°,2	2,1 { Jan. 0,6 Juli 4,9	4,3
Nertschinsk (51 ° N.)	— 3°,1	1,8 { Jan. 0,1 Juli 5,0	4,9
Peking (39 ° N.)	9°,8	3,3 { Jan. 0,8 Juli 7,8	7,0
Melbourne (38 ° S.)	14°,3	5,8 { Aug. 4,2 Febr. 7,7	3,5

Auch hier ersieht sich wieder, dass die Tension oder Dampfmenge Schritt hält mit der Temperatur, weit höher ist im Sommer, aber auch abnimmt nach dem Inneren der Continente (jedoch wenig im Sommer und bei See-Winden, obgleich die Winde dabei noch genauer beachtet werden müssen). Man erkennt auch, dass auf dem subtropischen Gürtel, während der Regenlosigkeit der Sommer, an den Küsten, in der Meeres-Nähe zwar keine Dampf-Armuth besteht, aber doch auch im Inneren, z. B. in Tiflis (denn 5,4 Linien sind bei 20° R. Temperatur wenig, nur 50 proc. Saturation).

Kalte Zone.

Orte.	Mittlere Temperatur.	Mittlere Tension oder Dampfmenge.	Amplitude
Jakuzk (62° N.)	— 8° R.	{ Nov. 0,9 ''' Juli 3,6	2,7
Bogonida (71° N.)		{ Mai 0,8 (— 7°,1 R.) Juli 3,1 (8°,6)	

In Europa erweist sich die Tension abnehmend von der Westküste nach Osten hin; jedoch im Sommer ist der Unterschied gering. Dies bestätigt sich bis in das Innere von Sibirien; im Anfang des Winters scheint hier die vorhandene Dampfmenge als Schnee niedergeschlagen und nur spärlich ersetzt zu werden. Z. B. findet sich folgende Vertheilung von Temperatur und Dampf-Tension.

Im Juli:

	London	Brüssel	Wien	Kasan	Nertschinsk
Temperatur	14°,0	14°,3	16°,5	14°,5	14°,4
Dampf-Tension	5,0 '''	5,0 '''	4,8 '''	4,3 '''	4,9 '''
Im Januar:					
Temperatur	2°,2	1°,4	— 1°,2	— 12°	— 24° R.
Dampf-Tension	2,4 '''	2,4 '''	1,7 '''	0,6 '''	0,1 '''

Da in der allgemeinen Circulation der Atmosphäre auf der gemässigten Zone der SW.-Strom vorzugsweise der Träger des Wasserdampfes für die nördliche Hemisphäre ist, auf der südlichen Hemisphäre aber der NW.-Wind, und auf dem Tropen-Gürtel der allgemeine Passat diese Verbreitung vermittelt, so sind es auf beiden ektropischen Gebieten die westlichen Seiten der Länder und Gebirge, welche die meiste Dampfmenge erhalten, dagegen auf dem Tropen-Gürtel werden umgekehrt die westlichen Seiten ärmer mit Dampf versehen, als die östlichen.

§. 2.

Die geographische Verbreitung der Saturations-Verhältnisse der Atmosphäre.

Betrachtet man die Klimate in Hinsicht auf ihren Saturations-Stand, so ist dies, anders ausgedrückt, die geographische Verbreitung der Dampfmenge in ihrem Verhalten zur geographischen Verbreitung der Temperatur. An dem einen Extreme der Dampf-Saturation der Atmosphäre erscheinen Nebel, Wolken, Regen u. s. w., das sind Ausscheidungen nach überschrittener Capacität; an dem anderen Extreme, d. i. bei dem niedrigsten Stande der Sättigung, entstehen gar keine sichtbaren meteorischen Erscheinungen; daher haben diese letzteren Zustände weit weniger Beachtung erfahren, als sie verdienen. Es ist nicht unwichtig, die Saturation in ihren Abstufungen genauer abzumessen; dies geschieht, indem man sie von der untersten Stufe, der völligen Dampfleere (welche freilich nie praktisch vorkommt), bis zur eintretenden Ausscheidung (Condensation, Thaupunkt, Nebel-Bildung, Niederschlag) in Procent-Sätze eintheilt. Um den zur Zeit vorhandenen Saturations-Grad zu finden (welcher, bei gleichbleibender Dampfmenge, mit abnehmender Temperatur dem Punkte der Ausscheidung näher rückt), kommt es darauf an, das Verhältniss der zur Zeit vorhandenen, und vorher gefundenen, absoluten Dampfmenge zu der bei dem bestehenden Temperatur-Grade der Luft in ihr möglichen Dampfmenge zu berechnen. Man muss also zu dem Zwecke die Tension, welche die in der Luft wirklich befindliche Dampfmenge zeigt, dividiren durch die Tension derjenigen Dampfmenge, welche bei der zur Zeit vorhandenen Temperatur der Luft als maximum möglich ist*).

*) Z. B. die Temperatur der Luft sei 16° R., der Thaupunkt oder Condensationspunkt (nach dem Psychrometer bestimmt) aber nur 8° R., so verhält sich die Tension

Da die niedrigeren Saturations-Stände sich so wenig bemerklich machen, so findet man auch kaum schon versucht, die wenigen vorhandenen Angaben über die minima der Saturation zu geographischer Uebersicht zusammen zu stellen, wie man es doch bei den maxima, den Nebeln und Regen, längst versucht hat. Es fehlen auch dazu noch Psychrometer-Beobachtungen. Eine kleine Sammlung davon in geographischer Vertheilung wird weiter unten gegeben werden.

Im Voraus muss man erwarten, dass die Vertheilung der Dampf-Saturation die Breitekreise entlang ein gerade entgegengesetztes Verhalten zeigen muss, als die der Dampfmenge an sich; letztere ist von der heisseren nach den kälteren Zonen abnehmend, erstere aber zunehmend, denn die vom peripherischen Gebiete der beiden Halbkugeln nach den polarischen Central-Gebieten mit der Luft-Strömung hinziehende Dampfmenge trifft zunehmend auf tiefere Temperatur-Grade, als sie ursprünglich erfuhr. In der That, analog wie in senkrechter Erhebung es sich ereignet (wo wir unten ein dampfreiches, in der Mitte ein regenreiches, und darüber ein dampf- und regenarmes Gebiet unterscheiden), so wird die Saturation auch in horizontaler Ausdehnung mit der abnehmenden Temperatur gesteigert. Die nach den Polen hin erfolgende Abnahme der Dampfmenge wird im Ganzen überholt von der Abnahme der Temperatur, beide kommen näher ihrem Conflict. In richtiger Analogie wird die Saturation im Allgemeinen auch höher im Winter, als im Sommer, und höher bei Nachtzeit, als zur Mittagszeit. Die Nebel kündigen dies schon an, ohne dass es künstlicher Darstellung derselben bedarf.

Nebel und Wolken sind die der wirklichen Ausscheidung von Wasser nahe vorhergehenden Zustände. Wolken sind bekanntlich nur Nebel in der Höhe und Ferne gesehen. Die Wolken sind auch nicht sowohl umgrenzte Dampfmassen, als nur Schichten oder

---

der ersteren zu der Tension des letzteren (was aus der oben angegebenen Scala zu ersehen ist), wie 8,0 Linien zu 4,3 Linien, oder $\frac{4,3'''}{8,0'''} = 0,53 = 53$ proc., d. h. zur Zeit ist in der Atmosphäre 53 proc. der vollen Dampf-Sättigung erreicht. Oder, die Temperatur der Luft sei 16° R., aber der Thaupunkt nur 4°, so ergiebt $\frac{3,1'''}{8,0'''} = 26$ pr. Saturation. Oder, die Temperatur sei 16°, der Thaupunkt nahe dabei, 14°, so ergiebt $\frac{69}{80} = 86$ proc. Saturation.

Räume in der Atmosphäre, in denen, wegen niedrigerer Temperatur der Dampfgehalt sichtbar geworden ist, und erklärlicher Weise findet sich meistens die grösste Dampfmenge in den tieferen Schichten, ihrem Ursprunge näher und in wärmeren Temperaturen. Dies ist schon oben in Erinnerung gebracht worden. Aber was die Eintheilung der Wolken in drei Hauptformen betrifft, so muss noch bemerkt werden, dass die cirri, diese weissen Feder-Wolken, die höchsten sind, zuweilen über 25,000′ sicher berechnet, daher scheinbar stillstehend, aber fast immer in der Richtung von SW. auch NO. ziehend, bei niedrigem Barometerstande, als den eigentlichen rückkehrenden äquatorialen Passat begleitend, und daher auch nie auf dem Calmen-Gürtel zu finden. Die niedrigsten sind die flachen strati, lagernde Schichten, von der Seite gesehen, besonders am Morgen, und am Abend nach dem Heruntersinken des Dampfes. Des Mittags und Nachmittags erscheinen sie mehr als cumuli, als Zeichen der mit der täglichen allgemeinen Ascensions-Strömung unsichtbar aufgestiegenen Dampfmenge, vorzugsweise oder allein im Sommer sich hoch aufthürmend und am Abend wieder sinkend.

Ein hoher Saturations-Stand entsteht aber nicht nur durch Erniedrigung der Temperatur, sondern es kann auch bei gleichbleibenden Temperatur-Graden Dampfmenge vermehrt hinzutreten, örtlich oder zeitig. Die Nähe des Meeres erweist dies hinlänglich; denn auf denselben Isotherm-Linien bestehen in einzelnen Klimaten, entfernt vom Meere, wirklich geringere Saturations-Grade, nicht nur Trockenheit, während nahe an den Küsten immer die Saturation hoch steht, vielleicht ohne dass jemals Regen fällt, z. B. in Lima, am Indus u. a. Es ist von nicht geringer Bedeutung, die sogenannten „trockenen" Klimate und Zeiten genauer zu unterscheiden, in Hinsicht darauf, ob wirklich die Saturation der Luft auch niedrig ist. Die Sahara-Wüste ist wirklich eine trockene regenleere Wüste, die zugleich dampfarm ist, aber nicht die Küste von Peru und nicht die vielen Inseln und Küsten in der tropischen Trockenzeit. — Also kann die Saturation steigen oder fallen in Folge von zwei Ursachen; steigen kann sie entweder wegen sinkender Temperatur oder aber wegen sich vermehrender Dampfmenge; sie kann niedriger werden, entweder wegen steigender Temperatur, oder aber wegen sich vermindernder Dampfmenge. In einem wirklich niedrig saturirten Klima tritt als nicht unwichtiges klimatisches Moment ein, die Evaporations-Kraft, auch noch zu wenig beachtet; je niedriger die

Saturation, um so stärker wird sie. Sie ist es eben, welche das Psychrometer zunächst angiebt.

Die geographische Vertheilung der mittleren Saturations-Verhältnisse lässt sich aus folgenden wenigen Angaben einigermassen übersehen.

Heisse Zone:

Orte.	Mittlere Saturation.	Amplitude.
Paramaribo (5° N.)	83 proc.	Mai 86 proc. April 79
Zanzibar (6° S.)	94	
Banjoewangie (Java 8° S.)	88	Jan. 89 Aug. 86
Madras (13° N.)	74	Dec. 83 (max.)
Bombay (18° N.)	76	Juli 88 (max.)
Calcutta (22° N.)	84	Aug. 94 (bei See-Monsun) Jan. 58 (bei Land-Monsun)
Dorjiling (28° N.) 6950′ hoch	90	Aug. 92 Jan. 89 (in 17,000′ Höhe einmal 53 pr. bei 2,1‴ Tension)
Aden (12° N.)	71	
Cairo (30° N.)	54	im Winter 61 im Sommer 38

Gemässigte Zone:

Orte.	Mittlere Saturation.	Amplitude.
Madeira (32° N.)	78 proc.	Juli 81 proc.
Rom (41° N.)	68	Winter 73 Sommer 61
Constantinopel (41° N.)	70	Winter 78 Sommer 63
London (51° N.)	87	Winter 86 (min.) Sommer 88 (max.)
Göttingen (51° N.)	78	Winter 88 Sommer 68

Im Inneren der Continente mögen hier Beispiele noch gesondert stehen:

Senegal (16° N.)	66 proc.	Januar 38
Chartum (15° N.)		im März einmal 62 proc. (am Nil)
Argaios-Berg (38° N.) 11,700′ hoch		im August einmal 37

Orte.	Mittlere Saturation.	Amplitude.
Erivan (39° N.)	40 proc.	im Sommer mehrmals 17
Tiflis (41° N.)		Juli 50
Kiwa (41° N.)		Oct. 30 Nov. 73
Sibirien (52° N.)		im August einmal 16 proc.

Man ersieht in der That aus obiger Zusammenstellung, dass die höchsten Saturations-Stände sich finden an den Küsten, im Winter, in den höheren Breiten und in dem Wolken-Gürtel der Gebirge; die niedrigen Saturations-Stände aber im Inneren der grossen Continente, im Sommer u. s. w. Wahrscheinlich befinden sich die am niedrigsten saturirten Klimate im Inneren Afrika's (Sahara), Asiens, Australiens und Nord-Amerika's (z. B. in Utah) und auf den Höhen einiger grossen Gebirge, namentlich auf den Anden in Bolivia, Peru und Neu-Granada, auf dem Himalaya, in Tibet, Armenien, Persien u. a. Dagegen die am höchsten saturirten Klimate, bezeichnet durch anhaltende Nebelbildung, finden sich an der Grenze der gemässigten und der kalten Zone, z. B. in Oregon und Sitka, in Neu-Fundland, auf dem Nord-Cap, in Ochozk, in Chiloë, bei den Falklands-Inseln, aber auch auf einigen Küsten der heissen Zone, z. B. bei Lima, auf Zanzibar, und dann in den Regionen des Wolken-Gürtels, an der Ostseite von dem Passat ausgesetzten Gebirgszügen. Locale Unterschiede entstehen auch durch Binnenwässer.

Das Psychrometer, oder das feuchte Thermometer, verdient noch eine besondere Erwägung, da es das Instrument ist, mit dessen Hülfe, an der Stelle der hygroskopischen Hygrometer von Haar oder Fischbein, erst in neuerer Zeit brauchbare hygrometrische Beobachtungen gewonnen werden. Es zeigt nicht, wie das Daniell'sche Hygrometer, den Saturations- oder Thaupunkt direct an, sondern es zeigt an zunächst die Menge von Temperatur, welche durch die Intensität der Verdunstung dem Thermometer entzogen wird, und welche um so grösser ist, je niedriger der Saturations-Stand der Luft und damit je energischer die Evaporation erfolgt. Indess da bei der Evaporation, ausser dem niedrigen Saturations-Stande, den man eigentlich messen will, noch andere Factoren mitwirken, nämlich ein rarificirter Zustand der Luft (also auch tiefer Barometer-Stand) und Luftzug, so ist das Psychrometer (oder Vaporimeter) nur nach Abzug dieser Mitwirkungen als reiner Anzeiger des Saturations-Verhältnisses zu betrachten. Auf hohen Regionen kommt die rarificirte Luft sehr in Betracht, jedoch wenig Unterschied bringt der verschiedene Barometer-Stand in einer fast überall gleichen horizontalen Vertheilung. Der Psychrometer-Stand hält sich immer einige Grade über dem Thaupunkt und ist immer bei Berechnung des Saturation-Standes zuvor auf diesen zu reduciren*); dann ergiebt das Verhältniss des Thaupunktes zu der bestehenden Luft-Temperatur das Procent-Verhältniss der Saturation, bestimmt nach der Tension.

Es kann auch der mittlere Psychrometer-Stand allein schon einigermassen als Maassstab dienen für die Vergleichung der Saturations-Verhältnisse verschiedener Klimate, wenn zugleich die mittlere Temperatur der Luft bekannt ist. Auf dem offenen Meere ist sehr erklärlicher Weise der Abstand der Temperatur des feuchten und des trockenen Thermometers immer nur gering. Meyen, der vielleicht zuerst das Psychrometer auf das Meer gebracht hat (s. Reise um die Erde, 1834, Bd. 1.), fand auf dem Atlantischen Meere, vom Aequator bis 49° N., im October, in der Mittags-Stunde, auch bei der hohen Temperatur von 22° R., die Differenz im Mittel nur etwa 1°,7, und nie grösser, als 3°,8 R. (also war die Tension im Mittel bei 22° etwa 10,9 Linien, die Saturation 82 pr.). Im Gegensatz davon fand derselbe Reisende auf den hohen Regio-

*) Dies geschieht, indem man die Differenz des Psychrometer-Standes und der Luft-Temperatur bestimmt in Hinsicht auf die Tension dieser Differenz, und diese dann von der Tension des Psychrometer-Standes abzieht, um den Thaupunkt zu erhalten in Linien der Tension. Die abzuziehenden Differenzen haben folgende Tensions-Reihe:

Differenz	Tension.
1° R.	0,32‴
2	0,66
3	0,90
4	1,32
5	1,40
6	1,92
7	2,30
8	2,62
9	4,20
10° R.	4,50‴

Z. B. das trockene Thermometer = 16° R.
Psychrometer . . . . = 12°
so ist die Tension dieses . . . = 5,9‴
davon ab die Differenz 4° . . = 1,3‴
bleibt die Dampf-Tension . . = 4,6‴

nen der Anden (15° S.), 7000′ bis 13,500′ hoch, im April, zu verschiedenen Zeiten sehr grosse Differenzen (wobei freilich noch der andere Factor, die Rarität der Luft, bedeutend in Betracht kommt), z. B. 14° und 4°, Differenz = 10° R., resp. 7° und 0°,1, 15° und 9°, 11° und 6°, 17° und 10°. — Einige fernere Beispiele extremer Dampf-Armuth in der Luft sind diese: in Cairo, im Juli, Mittags 3 Uhr, Temperatur der Luft 27° R., Psychrometer 18°; zu Obeehd (13° N.) in Kordofan, im April, zur Trockenzeit, Thermometer 29° R., Psychrometer 19°, Differenz 10° (nach Russegger); am Rothen Meere, zu Adi Nahib, im September, Mittags 3 Uhr, bei Simum-Winde, 34°,1 R. und 16°,5, Differenz 17°,6 (nach Abbadie); am Senegal (16° N.), im Februar, 28° und 15°, Differenz 13°; in Süd-Australien, bei heissem Winde, 37° R. und 20°, Differenz 17° (nach Strzelecki). — Als gewöhnliche mittlere Verhältnisse auf der gemässigten Zone im westlichen Europa können gelten:

		Thermometer.	Psychrometer.	Differenz.
in London	Winter	3°,2 R.	2°,7	0°,5
	Sommer	12°,1	10°,6	1°,5
in Göttingen . . .	Winter	0°,05	—0°,8	0°,7
	Sommer	14°,7	11°,6	3°,1

Man kann einige Vorbehalte machen gegen die Zuverlässigkeit des Psychrometers, als Saturations-Messers; indessen ist anerkannt, dass es dauerhafter, zuverlässiger und rascher den Aenderungen folgt, als das Haar-Hygrometer von Saussure, ausser bei Frostwetter, und dass es nicht so viel Zeit und Mühe erfordert, wie die Darstellung des Saturations-Punktes am Daniell'schen Hygrometer oder durch den Döbereiner-Regnault'schen Aspirator. In gleicher senkrechter Höhe und bei gehörigem Abschluss des Windes kann man annehmen, dass dadurch ziemlich allein der Saturations-Punkt ermittelt wird. Es wäre zu wünschen, dass die praktischen Lehrbücher der Meteorologie populärer gehaltene Reductions-Tafeln der Psychrometer-Stände auf die Thaupunkt- oder Saturations-Grade gäben, wodurch der Gebrauch des Psychrometers zur Aufstellung und Vergleichung der so wichtigen Saturations-Verhältnisse in den verschiedenen Klimaten so sehr erleichtert und verbreitet werden würde.

§. 3.

Die Evaporations-Kraft der Klimate, in geographischer Uebersicht.

In umgekehrtem Verhältnisse zum Saturations-Stande steht die Evaporations-Kraft, wie schon gesagt ist; ein Klima wird, wenn man den Ausdruck gestatten will, um so „durstiger", je grösser der Abstand der Luft-Temperatur von dem Saturations-Punkte ist, d. h. je niedriger der Saturations-Stand ist. Was also über die geographische Vertheilung der Saturation schon bemerkt worden ist, gilt auch für die geographische Vertheilung der Evaporations-Kraft, aber im umgekehrten Sinne; die Saturation hat ihr maximum erreicht da, wo Nebel schweben oder Thau sich bildet, aber dann ist die Evaporation völlig unthätig; jene ist ihrem minimum näher da, wo auch bei tiefem Sinken der Temperatur kein Thautropfen sich bildet, z. B. in der Sahara, aber dann ist die Evaporation am thätigsten.

Auf der gemässigten Zone, in Europa, ist im Allgemeinen die Evaporation am geringsten im Winter, sie nimmt zu im Frühling und noch mehr im Sommer, wo sie ihr maximum erreicht, vielleicht mit Ausnahme auf einigen Inseln. Analog ist ihr tägliches Fluctuiren; am stärksten ist sie des Mittags, am niedrigsten, meistens völlig fehlend, ist sie des Morgens, vor Sonnen-Aufgang. Indessen muss man dabei in Berücksichtigung ziehen die localen Aenderungen, in der Nähe grosser Wasserflächen, welche aus ihrem Vorrathe Dampf liefern und mit steigender Temperatur auch die Saturation steigern können. Ausserdem ist zu beachten jene allgemeine tägliche Ascensions-Strömung in der Atmosphäre, mit welcher der Wasserdampf in die höheren Regionen geführt wird und diese damit versorgt werden, während es gleichzeitig unten leerer davon wird, falls nicht, wie eben gesagt, ein Ersatz erfolgt durch die Nähe von Meer und Binnenwässern. Im Inneren grosser Continente muss also um Mittag die Evaporation besonders zunehmen. Im Allgemeinen soll in den 3 Sommer-Monaten die Intensität der Evaporation etwa 8 bis 9 mal stärker sein, als in den 3 Winter-Monaten. Hierüber sind Beobachtungen angestellt mit wägenden Atmometern (von Schübler in Tübingen). Danach verdunsteten im Schatten, binnen 24 Stunden, im Januar, bei einer Temperatur von —2° R., also von einer Eisfläche, 0,18 Linien; dagegen im Juli, bei 20° Temperatur, 1,67 Linien, also das 9fache; im ganzen Jahre etwa 22 Zoll. An der Sonnenseite der Wohnungen betrug sie gewöhnlich 2 bis 3 mal mehr, als auf der Nordseite, und im Sonnenschein konnte sie 4 bis 5 mal stärker sein, als im Schatten. Bei windiger Luft konnte sie im Sommer fast doppelt, im Winter aber fast vierfach stärker werden. Bei feuchter Witterung mit Nebel (oder Thau) ist die Verdunstung oft mehre Stunden gleich 0, und bei anhaltendem Regen-Wetter mit ruhiger Luft kann Wochen und Monate lang die Evaporation sehr unbedeutend sein. — Die Unterschiede, welche auf die Evaporations-Kraft allein die verschiedenen Temperatur-Grade ausüben, lassen sich aus Versuchen erkennen (nach Dalton). Man hat gefunden, dass von der Oberfläche eines Quadrat-Fusses (der Cubik-Inhalt ist dabei ohne Bedeutung, wie man dereinst vermuthete), innerhalb 24 Stunden, verdunsteten bei

Temperatur . .	—8°	0°	10°	16°	24° R.
Theile	9	21	46	72	130

Es ist kaum nöthig zu bemerken, dass die Winde, ob trockene, d. i. dampfarme Continental- oder feuchte, d. i. dampfreiche und hochsaturirte See-Winde, grosse Unterschiede bringen.

In der geographischen Vertheilung sind die Klimate mit der intensivsten Evaporations-Kraft auf der heissen Zone im Inneren der grossen Continente und auf hohen Gebirgs-Regionen zu finden; vielleicht vor Allem im Inneren des grossen und dampfleeren und regenleeren Wüsten-Gebiets in Nord-Afrika, das vom Passat von rein continentaler Natur unablässig überweht wird, namentlich beim Harmáttan-Winde, im December und Januar, etwa bei Ghat (25° N.). Auch sind als Beispiele erwähnenswerth das hohe Armenien und Persien 4000′ bis 6000′ hoch, das hohe Wüsten-Becken bei Utah in Nord-Amerika, 4000′ hoch, zwischen den zwei Anden-Ketten, das hohe Tafelland in Bolivia 12,000′ hoch, auch die Wüste Kalihari in Süd-Afrika, wenigstens im Winter.

Es ist hier mehrmals zu erinnern nicht versäumt worden, dass der Saturations-Stand (die Temperatur ist damit einbegriffen) nicht allein die Evaporation bestimmt, sondern nur ein Factor ist, freilich auch der bedeutendste und in den meisten Fällen, wo es um die Vergleichung von Klimaten sich handelt, fast der einzige. Im Ganzen aber ist die Evaporation eine Function von 3 Factoren, diese sind: 1) Geringer Saturations-Stand bei hoher Temperatur, 2) rarificirte Luft, 3) Luftwechsel, d. i. Wind. Der Psychrometer-

Stand ist eigentlich das Resultat aller dieser Factoren; denn er zeigt, wie viel die Stärke der Evaporation dem Thermometer Wärme entzieht; er zeigt gleichsam die ganze Durstigkeit des Raumes, während der Thaupunkt allein die Dampfmenge misst. Die nöthige Reduction des Psychrometer-Standes auf den Thaupunkt ist allerdings insofern misslich und trügerisch, wenn man versäumt, bedeutende Unterschiede des Barometer-Standes und die Luftbewegung bei der Berechnung auszuschliessen. Jedoch das eigentliche klimatische Moment, was man kennen lernen will, ist meistens nicht allein der Saturations-Stand, sondern eben die ganze Evaporations-Kraft, und diese wird, wie Vergleichungen der Befunde an den verschiedenen Orten erweisen, auf gewisse genügende Weise durch das Psychrometer angegeben, mit dem besonderen Vortheile, in jedem Augenblick die Antwort erhalten zu können.

Es wäre aber unstreitig eine erwünschte Vervollständigung unserer Kenntniss von der Evaporation, die überall auf der Erde wirksam ist, zugleich eine treffliche Controle der Psychrometer-Stände, und erst die eigentlich sicher messende Methode, wenn man rasch direct die Quantität des verdunsteten Wassers messen könnte, anstatt indirect nach dem Aufwande von Wärme, welche dessen raschere oder langsamere Abdunstung entzieht. Man hat freilich zu dem Zwecke „Atmometer“ aufgestellt und beobachtet; aber diese bestanden nur in einfachen, mit Wasser angefüllten Gefässen, in welchen der Verlust am sinkenden Stande der Oberfläche nach einem Maassstabe ersehen wurde. Im Grossen lassen sich danach wohl Vergleichungen anstellen; z. B. schätzt man die Menge des evaporirten Wassers in einem Jahre, auf der heissen Zone, über dem Meere auf 9,5 Fuss; auf der gemässigten Zone, in Rom auf 6′, in La Rochelle auf 2,2′, in Würzburg auf 2,1′, in Tübingen auf 2,0 Fuss. Allein man bedarf noch weit feinerer Abmessungen der vielfachen Oscillationen der Evaporation, um diese in den verschiedenen Klimaten, Jahreszeiten, Tageszeiten und auch in kurzen, zufällig gewählten Stundenreihen (z. B. auf Reisen, zumal in Gebirgen) beurtheilen zu können. Die Methode des Abwägens ist wegen der zarten Construction hinreichend feiner Wagen misslich; auch ist Rost ihr grosser Feind und im Freien nicht zu vermeiden. Wir bedürfen eines einfachen transportabeln Instruments, das mittelst einer Scala auch sehr feine Unterschiede in der Quantität des verdunsteten Wassers erkennen lässt. Ein solches „Mikro-Atmometer“ hat sich bereits bewährt, in einer Reihe regelmässiger Beobachtungen, welche jedoch noch nicht beendigt sind. Hier ist nicht der Ort, es näher zu beschreiben; es besteht, kurz angegeben, aus einem gläsernen Schälchen (Evaporator), etwa von 2 Zoll im Durchmesser, getragen von einer Röhre, von $2^1/_2$ Millimeter im Durchmesser, 12 Centimeter hoch und graduirt nach Millimetern, sie biegt sich um in einen grösseren Behälter mit Wasser von etwa 27 Millimeter (1 Zoll) Durchmesser, der durch einen Hahn luftdicht verschliessbar ist. In jenes Schälchen wird Wasser gegeben bis zur Füllung des Behälters, und wird, nachdem zuvor der Wasserstand an der Scala bemerkt worden, in das Schälchen hinaufgetrieben, mittelst einer Luft eintreibenden Einpumpe (oder auch durch einfaches Einblasen mit dem Munde), wo es der Verdunstung ausgesetzt bleibt, bis es durch Aufdrehen des Hahns wieder heruntergelassen wird, und bald in der Scala anzeigt, wie viel es verloren hat. Der Unterschied des Verlustes durch Verdunstung des Wassers binnen 24 Stunden ist nach jenem Instrumente schon oscillirend von 0 bis über 40 Millimeter nachgewiesen, wonach sich leicht der wirkliche Verlust, der ganzen Fläche nach Höhe oder nach Gewicht, berechnen lässt (N. 18).

Die Evaporations-Kraft ist zwar ein bedeutendes, aber noch nicht hinreichend gewürdigtes und bekanntes klimatisches Moment. Ist ihre Bedeutung auch noch zweifelhaft oder weniger gültig für die Vegetations-Verhältnisse, so ist sie doch deutlich hervortretend in Bezug auf die Gesundheits-Verhältnisse der Bewohner, konnte aber früher nicht wohl gsnauer unterschieden werden. Im Ganzen verleiht eine starke Evaporation einem Klima Salubrität; ein wirklich trockenes Klima, d. i. ein niedrig saturirtes, ein durstiges Klima, ist in der heissen Zone weit gesunder, als ein hoch saturirtes, also evaporations-schwaches Klima. Dies wird wiederholt bestätigt.

Physiologisch bestehen die directen Wirkungen (d. i. abgesehen von den so wichtigen trockenen oder feuchten Boden-Verhältnissen) eines evaporations-kräftigen Klima's zunächst in folgenden: Begünstigung der Innervation, daher heisst es wohl auch ein „elastisches Klima“ (während eine feucht-heisse Luft eben die direct ermattende und erschlaffende ist), Beförderung der Haut-Function, mit rascherer Abdunstung, Vermehrung des Durstes, Anregung der allgemeinen Resorption, Ausscheidung von mehr Kohlensäure durch die Lunge (wenigstens wahrscheinlich). Pathologisch erweist sich die Wirkung deutlich ausgesprochen in der geographischen und auch in der periodischen Vertheilung der Krankheiten. Gelegenheiten zu Vergleichungen in dieser Beziehung geben, z. B. die Sahara, mit dem benachbarten südlicheren Sudan zur Regenzeit, oder mit Inseln und Küsten; das hohe Persien und das Innere Asiens mit den Küsten des Caspi- und des Schwarzen Meeres; Ostindien, um die Zeit der Regenzeit mit der Trockenzeit verglichen; in Sierra Leone namentlich gilt der trockene Wüstenwind, der Harmáttan, entschieden für salutär. Nicht nur wird im dampfarmen heissen Klima die ermattende Wirkung geringer, sondern es lassen sich auch bestimmte Krankheits-Formen bezeichnen, welche vorzugsweise nur in einem feucht-heissen Klima vorkommen, aber in einem dampfarmen heissen Klima absent oder wenigstens selten sind; dies ist oft durch scharfe Grenzen geographisch nachweisbar *). Indessen darf nicht unbemerkt bleiben, dass auch auf dem Meere der heissen Zone, auf den Schiffen, trotz des hohen Saturations-Standes der Gesundheits-Zustand der Mannschaften im Allgemeinen ein sehr günstiger ist; jedoch steigt auch die Hitze auf dem Meere selten über 22° R., und fehlen doch nicht namentlich eben die genannten Formen (indolente Geschwüre, Ophthalmien, Scorbutus, Dysenterie). — Es kommt also nicht wenig darauf an, solche wirklich trockene, d. i. evaporations-kräftige Klimate wohl zu unterscheiden. Als ein Zeichen dafür gilt nicht sowohl der mangelnde Regen, als der mangelnde Thau (und trockene Haut auch bei Anstrengung); so unterscheiden sich z. B. die Wüsten der Sahara und bei Utah von den Wüsten an der Westküste von Süd-Amerika, in Peru und Bolivia (Atacama), und an der Mündung des Indus; das Klima von Cairo von dem auf Madeira u. a. (N. 19).

§. 4.

Es ist einleuchtend, dass eine allgemeine Eintheilung der Klimate in Hinsicht auf ihre Dampf-Verhältnisse kaum weniger nöthig ist, als in Hinsicht auf ihre Temperatur-Verhältnisse. Die Unter-

*) Diese in trockener Hitze selteneren sind (ausser den vom feuchten Boden abhangenden Miasmen, dem Malaria-Leiden, dem Gelben Fieber und der Cholera) folgende: Gangränescenz, indolente Bein-Geschwüre, Augenentzündungen, Fettleibigkeit, Lepra (Aussatz), schlechte Wundheilung, vielleicht auch Nieren-Leiden, Hautleiden, Scorbut. Diese Formen sind also sehr selten in den durstig heissen Klimaten; auch die Dysenterie ist seltener und milder in dampfarmen Ländern und Zeiten, vielleicht auch Lungenschwindsucht und Framboesia. Auch fehlen die Moskitos u. a.

schiede entstehen immer durch das gegenseitige Verhalten der Dampfmenge und der Temperatur, wodurch die Capacität der Luft für Wasserdampf mehr oder weniger saturirt sich befindet, oder endlich überschritten wird mit Ausscheidungen in tropfbar flüssigem Zustande. Man kann und muss demnach unterscheiden:

1) Dampfreiche und dampfarme Klimate.

Dies ist immer relativ zu verstehen und bezeichnet zugleich hochsaturirte und tiefsaturirte Klimate (und also auch evaporations-schwache und evaporations-kräftige).

2) Regenreiche und Regenarme Klimate.

Nach dem früher Dargelegten bedarf diese Eintheilung keiner weiteren Erläuterung.

§. 5.
Die geographische Vertheilung des Regens auf der Erde.

Hierzu die Karte 4, Regenkarte der Erde.

Inhalt. Die Regen auf dem intertropischen Passat-Gebiete bei culminirender Sonne und mit ascendirender Luft: der Calmen-Gürtel; — der Gürtel mit zwei Regenzeiten; — mit einfacher, eigentlich tropischer Regenzeit. — Die Regen auf dem ektropischen oder centralen Wind-Gebiete: der subtropische Gürtel mit winterlichen Regen und regenleerem Sommer; — der Gürtel mit Regen in allen Jahreszeiten; — mit regenleerem Winter; — Vertheilung der Regen-Menge.

Nach einem Ueberblick über das geographische System der Winde und über die allgemeine Vertheilung der Dampfmenge und der Saturations-Verhältnisse in der Atmosphäre ist es leichter, auch die tellurische Vertheilung der Niederschläge in ihrer Regelmässigkeit übersichtlich zu verstehen und aus den vorhandenen Angaben die Grundlinien eines auch hier bestehenden Systems, wenigstens in vorläufigen Umrissen, zu zeichnen.

Regen sind bekanntlich die Ausscheidungen des überschüssig gewordenen Wasserdampfes und entstehen, wenn dampfreiche, d. i. hoch saturirte, Luftschichten in Conflikt kommen mit entgegentretender kälterer Temperatur. Dies geschieht meistens auf zweierlei Weise, entweder durch Ascension dampfreicher Luft in höhere, kühlere Regionen, oder auch durch horizontales Zusammentreffen dampfhaltiger, wärmerer Luftschichten mit kühleren Schichten. Die erstere Weise findet vorzugsweise Statt im intertropischen Wind-Gebiete, die andere vorzugsweise im ektropischen Wind-

Gebiete. Wenn die Sonne immer senkrecht über dem Aequator stände, so würde für das intertropische Gebiet höchst wahrscheinlich allein auf dem Calmen-Gürtel Regen fallen, kaum auch auf dem übrigen Passat-Gebiet. Ferner wenn die Sonne zwar wegen der geneigten Erdbahn ihre Winkel-Stellung im Jahreslauf änderte, wie es wirklich der Fall ist, aber wenn die Erdkugel nur eine homogene Oberfläche von Wasser darböte, so würden auf ihr die Regen weit regelmässiger, vielleicht auf völlig parallelen, nur jahreszeitlich fluctuirenden Gürteln, vertheilt sein. Es ist wieder der Contrast von Meer und Festland, welcher in Folge der verschiedenen Temperation beider Elemente auch in der regelmässigen Vertheilung der Regen locale Anomalien veranlasst.

Eine Uebersicht ergiebt nun entschieden, dass auf jeder Hemisphäre sechs regelmässige Regen-Zonen zu unterscheiden sind, charakterisirt durch die Verschiedenheit der Jahreszeiten, in welchen die Regenzeiten eintreten. Ausnahmen davon kommen nur local und zeitweise vor und diese Ausnahmen bilden, um es kurz auszudrücken, vor Allem locale Winde und Gebirgszüge, jene, indem sie entweder dampfreich oder dampfarm sind, diese, indem sie die einen oder die anderen Winde entweder auffangen oder abhalten. Das regelmässige geographische System der Regen-Vertheilung *) ist folgendes (s. die Karte):

I. Auf dem intertropischen Passat-Gebiete erfolgen die Regen bei culminirender Sonne und mit ascendirender Luft; es bilden sich dabei drei Gürtel:

*) Bisher ist eine Aufstellung desselben noch nicht versucht worden. J. Schouw (die Erde, die Pflanzen und der Mensch, 1851) sagt noch: „Man möchte wünschen, die Vertheilung des Regens auf der Oberfläche des ganzen Erdballes zu kennen und durch eine allgemeine Regen-Karte einen Ueberblick dieser Verhältnisse zu bekommen; aber der Materialien hierzu sind zu wenige und zu zerstreut." Dann beschränkt er sich auf einen Theil, nämlich auf die Meridiane von Afrika und Europa, und stellt hier vier Gürtel auf, vom Aequator bis zum 60° N. Br., die zwar richtig, aber nur local gültig sind: 1) Gürtel mit Sommer-Regen, von 0° bis 15° N. Br.; 2) regenloser Wüsten-Gürtel, 15° bis 30° N. Br.; 3) Gürtel mit Winter-Regen, 30° bis 45° N. Br.; 4) Gürtel mit anhaltenden Regen, 45° bis 60° N. Br. — In Berghaus' „Physikalischem Atlas" (und K. Johnsston's Atlas) finden sich nur allgemein gehaltene Uebersichten der Regen-Vertheilung, als „hyetographische Karten". Auch in G. v. Klöden's umsichtigem „Handbuch der physikalischen Geographie", 1859, würde sich sicherlich ein Regen-System erwähnt finden, wenn ein wohl begründetes aufzustellen schon versucht wäre.

1) der Calmen-Gürtel mit Regen in allen Monaten und fast täglich (Nachmittags), 3° S. Br. bis 5° N. Br.;

2) der Gürtel mit doppelter, d. i. unterbrochener Regenzeit, bei eintretendem Zenith-Stande der Sonne, 5° bis 10° und 15° N. Br., 3° bis 10° und 15° S. Br.;

3) der Gürtel mit nur einfacher, eigentlich tropischer Regenzeit, 15° bis 25° und 27° N. Br., 15° bis 25° und 27° S. Br.

II. Auf dem ektropischen Wind-Gebiete sind gleichfalls drei Regen-Gürtel zu unterscheiden:

4) der Subtropen-Gürtel mit winterlichen Regen (auch im Frühling und Herbst) und mit regenleerem Sommer, weil die Regen erfolgen mit dem fluctuirenden, descendirenden Aequatorial-Strome, 25° bis 40° und 50° N. Br., 25° bis 40° S. Br.;

5) der Gürtel mit Regen in allen Jahreszeiten, der Wolken-Gürtel der Erdoberfläche, mit zwei sich bestreitenden Windbahnen, 40° bis 60° und 65 N. Br.;

6) der Gürtel mit regenleerem (d. i. ohne Schneefall) Winter, wegen Dampfarmuth bei dem tiefen Temperatur-Stande; ihn bildet die Circumpolar-Zone, 60° bis 90° N. Br.

Wenn man diese sechs Regen-Zonen näher betrachtet, wie sie sich deutlich charakterisirt, wenn auch schwankend und mit allmählichen Uebergängen, geographisch darstellen, so ergiebt sich hierbei wieder, wie gerechtfertigt und nützlich die Eintheilung des tellurischen Wind-Systems in zwei Gebiete ist. Denn die drei ersten Regen-Gürtel, welche im peripherischen Gebiete, im Passate, liegen, erhalten ihren Regen bei Zenith-Stande der Sonne und mit ascendirender Luft; dagegen auf den anderen drei Regen-Gürteln, welche auf dem centralen Gebiete der neben einander und in entgegengesetzter Richtung, zwischen dem Polar-Centrum und der Peripherie, sich bewegenden und alternirenden Winde liegen, erfolgt die Regenbildung unabhängig von der Culmination der Sonne und mit geringer Mitwirkung ascendirender Luft, vorzugsweise in horizontal sich begegnenden Luftströmen von ungleicher Temperatur (wobei bekanntlich zu unterscheiden ist, ob der kältere Luftstrom den wärmeren verdrängt und herrschend bleibt oder umgekehrt, so wie auch, ob ein dampfarmer Luftstrom einen dampfreicheren verdrängt oder umgekehrt). Auf ersterem Wind-Gebiete befindet sich daher die Wind- und Regen-Seite mit dem Passate vorzugsweise, d. i. in der Regel, an der Ost-Seite der Länder und Gebirge (Ablenkungen durch jahreszeitliche Winde „Monsuns“, und tägliche Küsten- und Gebirgs-Winde abgerechnet); dagegen auf dem zweiten Wind-Gebiete befindet sich die Wind-Seite zwar auf zwei Seiten, aber die Regen-Seite vorzugsweise mit dem Aequatorial-Strome, welcher wärmer und daher dampfhaltiger ist, an der Südwest-Seite (es sei denn, dass durch die Lage von Meer an der Ost-Seite und durch Gebirge locale Aenderungen entstehen)*).

I. Auf dem intertropischen oder peripherischen Gebiete also ist bezeichnend für die Regen, dass sie bei höchstem Sonnenstande im Jahre eintreten; „die Regen folgen hier der Sonne“, sagen die Indier, Neger und die Seefahrer, das heisst, sie kommen mit ascendirender Luft, zur Zeit des Zenith-Standes.

1) Der Calmen-Gürtel, mit Regen in allen Monaten; diese mittelste, dampfreichste, hoch saturirte, im Allgemeinen auch wärmste Regen-Zone, auf welcher eine Ascension der Luft anhaltend zwischen den beiden Passaten im Gange ist, macht sich kenntlich, freilich deutlicher auf dem Ocean als auf dem Festlande, durch seinen Wolken-Ring und durch die Gestalt dieser Wolken, welche nur cumuli darstellen, während cirri hier nicht gefunden werden (nach Dupetit-Thouars), durch seine fast täglich des Nachmittags eintretenden Gewitter, durch den niedrigsten Barometer-Stand (zumal nach Abzug des Dampf-Druckes), durch seine anhaltenden Windstillen, unterbrochen durch veränderliche, wechselnde Winde, u. s. w. Im Inneren der Continente ist dieser zwischen den Passaten beider Hemisphären liegende peripherische Raum von grösserer Breite und auch veränderlicher, weil die Erwärmung der Erdoberfläche zunimmt mit dem Umfange festen Landes, und er ist hier kaum mit seinen Grenzen anzugeben. Im Allgemeinen kann man seine Breite ansetzen etwa zwischen 3° S. Br. und 5° N. Br. In Amerika finden sich seine charakteristischen Regen-Verhältnisse nicht nur in Parà

*) Uebrigens regnet es bekanntlich auf der offenen See stets viel weniger, als in der Nähe des Landes oder der Inseln. Am meisten regnet es auf Gebirgen in gewisser Höhe und an der den Meer-Winden zugewandten Seite, zumal bei Querstellung oder bei Einbiegungen; denn theils wird die ganze Luftströmung an den Gehängen der Gebirge in höhere und kältere Regionen hinaufgeschoben, theils findet sich ja schon anhaltend ein Gürtel mit höherer Saturation in gewisser Erhebung, d. i. die wolken- oder regenreiche Region der Gebirge (unterhalb welcher noch zu unterscheiden ist eine dampfreiche Region und oberhalb eine dampfarme und regenarme höchste Region). (S. Klimatologie der Gebirge, in „Grundzüge der Klimatologie“, Cap. 1.)

(1° S. Br.), sondern auch weiter im Inneren, am Rio Negro (2° N.) und auch auf den Höhen der Anden-Gebirge in Quito (0° 14′ S.), 8900 Fuss hoch, in Santa Fé de Bogotà (4° N. Br.), 8100 Fuss hoch, und wieder an der West-Küste, in Loja (3° S.) und in Guayaquil (2° S. Br.), wo die grünende Landschaft so auffallend contrastirt mit der südlicheren langen wüsten Küste von Süd-Amerika, und auf den Galapágos-Inseln (0° 30′ S. Br.), wo die Gipfel der Berge immer in Wolken gehüllt sind. Weiterhin, in der offenen Süd-See, darf man wohl diese Regen erkennen auf den Gilbert-Inseln (2° S. bis 4° N. Br., 174° W. L. v. Gr.), niedrigen Korallen-Inseln, wenn von ihnen ausgesagt wird: „Meistens herrschen beständige Brisen und häufig fällt Regen; besonders ausgezeichnet durch Regen ist die Zeit von December bis April“ (nach Findlay, Directory of the Pacific Ocean, 1851). Ferner im Indischen Archipel, obgleich das grosse Monsun-Gebiet den Calmen-Gürtel hier auflöst, ist er doch erkenntlich in Singapur (1° N. Br.); und sogar auch, wie es scheint, in Central-Afrika, z. B. in Gondokorò (4° N. Br., 49° O. L. v. F.). Ueber seine Grenzen sagt Dove, dessen Autorität in der Meteorologie auch hier anzuerkennen nicht versäumt werden kann (Meteorol. Untersuchungen, 1837, S. 54): „Die eigentliche Regen-Zone liegt zwischen dem Aequator und dem 5° N. Br., zwischen den inneren Grenzen der Passate“ *). Dies widerspricht nicht unseren Angaben und auch nicht der Meinung, dass dieser eigentliche mittelste Ring mit den Ascensions-Regen nicht bestimmt im Inneren der grossen Continente sich abgrenzen lässt, sondern hier breiter ist, mehr local verändert wird, allmähliche Uebergänge in die benachbarten Zonen zeigt und eine ausgedehntere jährliche Fluctuation erfährt, als über dem Ocean. Unstreitig aber ist diese mittelste Regen-Zone eigentlich zusammengesetzt aus den zwei jährlichen Zenith-Ständen über

*) Ausserdem sind anzuführen dessen „Klimatologische Beiträge“, 1857, IV. „Ueber die Vertheilung des Regens auf der Erdoberfläche der Erde“ und andere Aufsätze mit reicher Sammlung von Thatsachen. Sie sind bei unserer Aufstellung nicht unbenutzt geblieben, obwohl der grösste Theil der hier zu Grunde gelegten Daten auf eigenen, die ganze Erde umfassenden Sammlungen beruht. Hier sollen aber überhaupt erst die ungefähren Grundlinien gezogen werden, deren Richtung sich oft dann schon erkennen und verfolgen lässt, wenn man erst einige sichere Punkte davon gefunden hat. Die künftige nähere Ausführung wird dadurch zu einer weit leichteren Aufgabe gemacht; alle topographischen Verhältnisse, auch wenn sie anomal sein sollten, werden ja innerhalb der allgemeinen Regel verständlicher.

dem Aequator, und sie fluctuirt mit diesen einigermassen nach Norden und nach Süden (N. 20).

2) Angrenzend folgt der Gürtel, wo zwei Mal eine Regenzeit und zwei Mal eine Trockenzeit scharf zu unterscheiden sind, unzweifelhaft auch in Abhängigkeit von dem höchsten Sonnenstande, welcher hier zwei Mal, aber mit ungleichen Zwischenzeiten, den Zenith durchschreitet und eine Ascensions-Strömung bewirken muss, mit welcher Wasserdampf höher als sonst aufwärts geführt wird. Richtiger ist zu sagen, die sommerliche Regenzeit erfährt hier eine Unterbrechung. Zu den hier dann eintretenden Zeichen gehören jedoch auch Calmen und veränderliche Winde. Da hier aber ausserdem der Passat mitwirkend sich verhält, indem er entweder von der Seite des Meeres her Dampf hinzuträgt, oder aber über Land wehend dessen entbehrt, so entstehen dadurch manche locale Aenderungen des allgemeinen regelmässigen Verhaltens. Auch dieser Gürtel bildet Uebergänge nach beiden Seiten hin; vielleicht kann man seine Ausdehnung ansetzen (indem wir dabei vorzugsweise von Afrika und Amerika ausgehen) vom 5° bis 10° und 15° nördl. Br. und vom 3° bis 15° S. Br. Beispiele dieser doppelten Regenzeit liefern Guiana (Paramaribo und Cayenne, 5° N. Br.), Martinique (14° N. Br.), Honduras (13° N. Br.), Panamà (8° N.) und auf der Süd-Hemisphäre Pernambuco (8° S. Br.), Bahia (13° S. Br.) u. a. In Westindien finden sich Anomalien, in Folge des Nord-Monsuns, z. B. auf Jamaica (18° N. Br.), pflegt eine erste Regenzeit im April einzutreten, eine zweite im October, die erste Trockenzeit im Juni, die zweite längere vom December bis März; auf der Insel Grenada (12° N. Br.) dauert die eine Regenzeit von Mai bis Juli, eine zweite kommt im November; in seinem südlicheren Theile, z. B. in Surinam (5° N. Br.), ist die erste Regenzeit von April bis Juni, die zweite von December bis Januar, die erste trockene Zeit von August bis November, die zweite von Februar bis April. Sehen wir nach den anderen Welttheilen, so finden wir Bestätigung des allgemeinen Gesetzes, freilich auch stellenweise bedeutende Abweichungen. Längs der ganzen südlichen Küste von Asien sind die bekannten Monsun-Winde, diese sommerlichen See-Winde, grosse Ablenkungen des Passats in seinen untersten Schichten meist in südwestlicher Richtung, so vorherrschend, dass sie allein die Regenzeit für die Zeit ihrer eigenen Dauer bestimmen, d. i. zur ganzen Sommerszeit, wobei aber entgegenstehende Ge-

birgszüge die Regen an der einen Seite fördern, an der anderen Seite hindern *), und die südlichere oder die nördlichere Lage der Küsten eine frühere oder spätere Zeit ihres Eintretens bedingt. Dies gilt für die ganze Strecke von Arabien bis China mit einiger Aenderung der Richtung nach Südosten hin und analog auch für die südliche Hemisphäre, so weit Australien reicht, welches Festland allein den südlichen Monsun bedingt. Ferner gilt es für die zwischen oder nahe den beiden Welttheilen liegende Inselwelt, ihre Regenzeit ist durchaus davon abhängig; z. B. Ceylon (7° N. Br.) hat deswegen Regen im Sommer an der Südwest-Seite, im Winter aber an der Nordost-Seite; auch die Nikobaren (10° N. Br.), die Philippinen (14° N. Br.) theilen diesen weit reichenden, mächtigen Einfluss, und analog gilt es für Java (6° S. Br.), Celebes (2° S. Br.) u. a. (jedoch scheint in Singapur ein Stück des Calmen-Gürtels mit Regen in allen Monaten wieder hergestellt sich zu finden). Im tropischen Australien, zu Port Essington (10° S. Br.), herrscht der Nordwest-Monsun von December bis April. — In Afrika, auf der Westseite, längs der Küste von Guinea (5° N. Br.) und weiterhin im Inneren nördlich vom Aequator bis zu der südlichen Grenze der grossen regenlosen Wüste Sahara, d. i. nur bis zum 19° N. Br. (an der Ostseite nur bis 17° N. Br.) — so weit reichen hier überhaupt nur die tropischen Regen — trifft man ebenfalls nicht den Gürtel mit zweifacher Regenzeit frei hervortretend, sondern fast überall nur eine einfache, den Sommer hindurch anhaltende Regenzeit. Dies beruht gleichfalls auf dem Grunde, dass hier an der Südseite Meer liegt und dann von dorther über den erhitzten Continent ein Monsun-Wind aus südwestlicher Richtung gezogen wird, während in der übrigen Zeit nach übereinstimmender Angabe der Reisenden ein beständiger östlicher Wind herrscht, d. i. der Passat. Die Grenze des Regen-Gebiets bildet hier nach Norden hin, wie gesagt, die Sahara, und diese ist bedingt eben durch das Vorherrschen des

*) Die senkrechte Höhe dieser mächtigsten Monsuns ist nur auf einige tausend Fuss anzusetzen; man kann übrigens unmöglich zugeben, dass diese den Himalaya übersteigen, um im Sommer einer „grossen Auflockerung der Atmosphäre in Mittel-Asien“ (welche doch auch nur Folge der Erwärmung des Erdbodens sein kann und also im Süden bedeutender ist) zu begegnen; wohl aber ist hoch über den Monsuns der obere Südwest-Passat zu denken, der nicht in Folge höherer Temperatur, sondern als Compensation der abfliessenden kalten Luft ohne Unterlass nach dem Pole hin zieht und heruntersinkend auch hier nur im Winter Regen bringt, z. B. in Leh (34° N.), in Kaschmir (34° N.), Kandahar (31° N. Br.) u. a., indem er damit den Subtropen-Gürtel bezeichnet.

hier durchaus continentalen, daher trockenen Passats, so weit er über Asien herkommend die Fläche des Oceans nicht berührt hat (N. 20). Dagegen auf der Ostseite von Nord-Afrika finden wir die regelmässigen Regen-Verhältnisse in dem Gebirgslande Abessinien (9° bis 15° N. Br. und 7000′ mittlerer Höhe) zwar undeutlich, aber doch unverkennbar; da aber hier auch in den übrigen Monaten der Regen nicht ganz ausbleibt, noch weniger in der Höhe, so ist zu vermuthen, dass hier auch der Calmen-Gürtel und ausserdem weiterhin der Passat mitwirkend sind, wie denn auch die westliche Seite dieses Hochlandes trockener ist. Auf der südlichen Seite des Aequators besteht auf der Insel Zanzibar (6° S. Br.) kein Hinderniss, dass die zwei regelmässigen Regenzeiten dieses Gürtels bestimmt hervortreten; die erste erscheint von October bis December, die zweite von März bis Mai. Aus dem Inneren Süd-Afrika's haben in neuester Zeit die Erfahrungen Livingstone's vollkommene Bestätigung der allgemeinen Gesetzlichkeit gebracht; sowohl von Loanda (9° S. Br.) an der West-Küste wie im Inneren vom Liambey-Flusse (18° S. Br.) wird berichtet, dass eine zweifache Regenzeit etwa mit dem Zenith-Stande der Sonne eintritt, vom October bis November, dann vom Februar bis April (N. 21). Im Indischen Meere, auf den Comoren-Inseln, auf Mayotte (13° S. Br.), findet sich schon die dritte Zone ausgesprochen, wenigstens ein Uebergang zur einfachen Regenzeit, von November bis April, trockene Zeit von Mai bis October (N. 21).

3) In der Nähe der Wendekreise, innerhalb eines Gürtels, den man etwa vom 15° bis zum 27° N. Br. und auf der Süd-Hälfte vom 15° bis zum 27° S. Br. ansetzen kann, besteht nur eine einfache Regenzeit, d. i. ohne Unterbrechung, meist sechs Monate, den Sommer hindurch, aber später beginnend und kürzer dauernd, als auf den unteren Breiten. Diese eigentlich tropische Regenzeit ist hier zugleich die Zeit der höchsten Temperatur des Jahres, weil der Unterschied des Sonnen-Standes in den extremen Jahreszeiten schon bedeutend genug ist, dass zur Zeit der Culmination die Wolken und Niederschläge nicht hinreichen, diese Jahreszeit kühler zu machen, als die klare und trockene der Declination, wie es doch auf der früher genannten, dem Aequator näheren Zone der Fall ist, wo deshalb trotz der Sonnen-Höhe die Regenzeit die kühlere ist und „invernada“ und „hivernage“ heisst. Die Monate dieser einfachen tropischen Regen sind auf der Nord-Hemisphäre etwa von Mai bis Octo-

ber *). So verhält es sich z. B. in Vera-Cruz (19° N. Br.), in Puerto Rico (18° N.), in Cuba (23° N.), auf den Bahamas (25° N.); dasselbe wiederholt sich in analoger Weise auf der Süd-Hälfte, nämlich von November bis April, z. B. in Goyaz in Brasilien (18° S.), in Villarica (20° S.), in Rio de Janeiro (22° S.), obgleich hier wegen localer Richtung der Küste nach Süden ein kleiner Monsun entsteht und auch im Winter Regenfälle bringt. Der Passat und die hohe Kette der Anden bewirken dann, dass die schmale West-Küste von Süd-Amerika regenleer und wüst ist. — In Asien, wie schon gesagt, stören die mächtigen Monsun-Winde die Regelmässigkeit der Regenzeiten, und dies erstreckt sich auf das ganze intertropische Gebiet, also auch auf diesen Gürtel. Es kommt hier also die einfache Regenzeit mit abgelenktem Passat und zwar im Allgemeinen von der Südwest-Seite über das Meer her und an der entsprechenden Seite der Gebirge; local kann es vorkommen, dass Regen im Winter fällt mit Nordost-Wind, wenn dieser übers Meer kommt und gegen Gebirge stösst, z. B. an der Ostküste von Hindostan, in Madras (13° N.) u. a. Dagegen im freien Ocean, auf den Mariannen-Inseln (13° bis 20° N.) ist Regenzeit normal vom Juni bis October. — In Nord-Afrika herrscht ebenfalls, wie oben angegeben ist, auf dem ganzen intertropischen Gebiete nur eine einfache sommerliche Regenzeit; das betrifft den ganzen Sudan, aber nur bis zu einer gewissen nördlichen Grenze, welche durch die Sahara gesetzt wird und im Osten etwa bei 17° N., im Westen etwa bei 19° N. liegt. Diese Regenverhältnisse bestehen sowohl in Chartum (15° N.) wie in Agades (17° N.) und am Senegal (16° N.). Auf der Westseite kommt dieser Regen entschieden mit einem Monsun-Winde, der als Südwest über die Küste von Guinea und Senegambien weit in das Innere aspirirt wird **) (aber auf der Ostseite scheint er von Südost zu kommen, wo das Meer näher ist).

*) Auf einigen Westindischen Inseln fällt auch wohl an der Nordseite von Gebirgen im Winter Regen mit dem Nordost-Passat („los Nortes"), wie im Gegensatz an der Westseite von Gebirgszügen auf dieser ganzen Zone wegen Behinderung des Passats Trockenheit herrscht, z. B. in Cumana, in Central-Amerika, in Mexico u. a., selbst auf den Inseln der Süd-See; auch werden in gewisser Höhe der Berge, besonders auf Inseln, Wolken und Regen häufiger; auf Berggipfeln der Inseln zeigt sich Mittags der aufsteigende Dampf, als Wolke.

**) Auf den Cap Verde-Inseln (16° N. Br.) fällt eine karge Regenmenge nur von Juni bis August (und sehr wahrscheinlich auch mit westlichen Winden).

Im Winter herrscht hier der Passat, der dann so weit südlicher herunter schwankt und als der trockene Harmáttan bekannt ist; auch im Sommer ist es nur die Einwirkung des dampfleeren Passats, welcher die nördliche Grenze dieses Regengürtels hier so anomal niedrig hält und welcher überhaupt die Sahara bedingt. Auf der Ostseite freilich muss der Passat auch in der Regenzeit sich geltend machen, indessen kommt er ja nur bis zur südlichen Küste Arabiens, d. i. etwa bis 12° N., über das offene Meer, ist also nur bis so weit mit Wasserdampf gefüllt, und ausserdem findet er das Abessinische Gebirge (9° bis 15° N.) sich entgegenstehend, ohne dessen Behinderung er unstreitig als Südost nach dem heissesten Wärme-Centrum der Erd-Oberfläche dringen würde, das hier im Juli, etwa von 12° bis 18° N., zu beiden Seiten des Rothen Meeres, mit einer mittleren Temperatur von 26° R. erscheint.

In Süd-Afrika verfehlt nicht, dem Gürtel mit doppelter Regenzeit angrenzend, dieser Gürtel mit einfacher Regenzeit zu folgen, etwa im Inneren vom 10° und 15° bis 27° S. anzusetzen; seine Regenzeit ist von September bis April mit Nordost-Winden (nach Livingstone), also mit dem Passat; stellenweise scheinen ihn auch hier Küsten-Gebirge oder Madagaskar zu hindern (so entsteht die Kalihari-Wüste). Auf den Inseln Mauritius und Réunion (21° S.) besteht die Regenzeit von December bis April. Wie schon oben erwähnt, tritt sie auch schon weit nördlicher auf der Insel Mayotte hervor (13° S.), und zwar ohne dass hier ein Monsun erwähnt wird, sondern mit anhaltendem Passat (s. Dutrouleau, Annales d'Hygiène publ., 1858). — Sehr wahrscheinlich oder vielmehr unzweifelhaft wird sie auch an der nordöstlichen Seite von Australien sich finden. Auf den Südsee-Inseln bleibt die Bestätigung des Gesetzes nicht aus, z. B. auf Tahiti (17° S.) ist Regenzeit von November bis Mai, trockene Zeit von Juni bis October. (S. zur Vervollständigung N. 23.)

II. Auf dem ektropischen oder centralen Wind-Gebiete sind eher mehr als weniger scharf drei Regen-Gürtel zu unterscheiden. Für sie ist bezeichnend, wie schon erwähnt, dass die Regen auf dem ersten dieser Gürtel mit descendirendem Luftstrome eintreten und dass sie dann auf den übrigen beiden Gürteln der höheren Breiten durch horizontales Zusammentreffen wärmerer und dampfhaltiger Luft mit kälterer entgegenkommender entstehen.

4) Der subtropische Regen-Gürtel beginnt mit dem descendirenden Anti-Passat an der äusseren Grenze des intertropischen Pas-

sats, wie ausführlicher bei dem geographischen System der Winde angegeben ist, und mit diesem in jahreszeitlicher Fluctuation aufwärts und abwärts rückend bringt er zugleich Regen, während hinter und unter ihm der Südost-Passat herrscht und zur Sommerszeit ein regenfreier Gürtel geöffnet wird. So fallen hier Regen an seiner polaren Grenze nur im Winter, aber vorrückend auf den höheren Breiten auch im Frühling und wieder im Herbst, und die Grenze der beiden benachbarten Gürtel, des tropischen und des subtropischen, wird dadurch charakterisirt, dass auf ersterem die Regen im Sommer fallen, auf diesem dagegen im Winter. Allein dabei findet ein allmählicher Uebergang in der Art Statt, dass auf der Grenze (etwa 25° bis 27° N. und S.) beide in mässigerem Grade vorkommen. — Ehemals nahm man an, zwischen beiden befinde sich noch ein völlig regenleerer Gürtel, der sogenannte Wüsten-Gürtel, rings um die Erdkugel. Indessen genaueres Nachforschen lehrt, dass ein solcher nicht allgemein tellurisch besteht, sondern dass nur local die Sahara und Mittel-Arabien regenlos sind in Folge der durchaus continentalen Herkunft des Passats auf dieser grossen Strecke.

Die Breite des nur temporär entstehenden, noch zu wenig beachteten, wichtigen subtropischen Sommer-Gürtels wird zunehmend auf den grossen Continenten, weil dort die stärker erwärmte Luft aufsteigend den oberen Passat höher hält und später heruntersteigen lässt, also ihn weiter nach dem Pole hin schiebt, als auf dem Ocean. Die ganze Breite ist im Mittel vom 25° bis 40° N. Br. anzunehmen; auf dem Ocean setzt man die Mittel-Linie des subtropischen Gürtels auf den 30. Breitengrad, der nördlichen wie der südlichen Halbkugel. Auf dem grössten Continente, in Asien, muss man die polarische Grenze dieses Gürtels mit regenleeren Sommern am höchsten ansetzen, bis 50° N., in Europa bis 44° N. und in Nord-Amerika bis 40° und 43° N. Vorzugsweise geeignet, die allmähliche Descension des äquatorialen Südwest-Passats zu beobachten, während unter diesem der Nordost-Passat herrscht, sind zwei hohe isolirte Berge auf zwei Inseln; der eine im Atlantischen Ocean ist der Pico de Teyde auf Teneriffa (28° N.), über 11,000′ hoch, der andere im Stillen Ocean der Mauno Loa auf den Hawai-(Sandwich-)Inseln (21° N.), über 13,000′ hoch. Diese letztgenannte Insel-Gruppe liegt wirklich schon im subtropischen Gürtel oder vielmehr gerade auf dessen Grenze, so dass sie im Sommer an den tropischen Regen Theil nimmt mit dem Nordost-Passat, im Winter aber den subtropischen Regen erfährt, indem hier dann der Nordost-Passat schon weiter südlich rückt und der obere Südwest, der auf dem hohen Berggipfel beständig herrscht, so weit heruntertritt und von December bis Februar Regen bringt. Dies ist eine der sehr seltenen Gelegenheiten, wo die Grenze zwischen den beiden Zonen deutlich wahrzunehmen ist. Einige andere Gelegenheiten dazu finden sich noch an den westlichen Küsten der Welttheile Amerika und Afrika, etwa auf dem 26. Breitengrade, z. B. an der Westküste von Süd-Afrika und von Süd-Amerika (und ohne Zweifel, jedoch noch nicht nachweisbar, von Nord-Amerika), wo Andeutungen des Ueberganges der beiden Gürtel, d. h. Zusammentreffen sowohl geringer tropischer Regen im Sommer, wie auch geringer subtropischer Regen im Winter auf demselben Breitenkreise, bezeugt werden. Die Ostküsten der Continente sind weniger geeignet, diese Verhältnisse erkennen zu lassen, weil auf ihnen der Passat leicht Ablenkungen erfährt, und Inseln liegen nur wenige auf der gehörigen Linie, könnten aber mehr in dieser Hinsicht beachtet werden. Indessen ausser den schon erwähnten Sandwich-Inseln ist auch auf der Süd-Hemisphäre ein entsprechendes Beispiel anzuführen, nämlich die Pitcairn-Insel (25° S.); hier herrscht der Passat nicht mehr regelmässig, ausser im Sommer, die heftigsten Winde kommen aus Nordwest und aus Südost, im Winter sind die vorherrschenden Winde Südwest; man kann fast sagen, sie läge innerhalb der veränderlichen Winde (nach Findlay, Directory for the Pacif. Oc., 1851). Noch ist zu den seltenen Beispielen, wo diese Grenze deutlich sich bemerklich macht, zu rechnen ein Küstenstrich im südlichen Asien, Biludschistan, westlich vom Indus (25° bis 30° N.), wie aus Pottinger's Reisen zu ersehen ist. Hier kommt nahe der Küste die Regenzeit noch im Sommer mit den Südwest-Monsuns, aber ausserdem stellt sich eine kleinere ein im Winter, im Februar, mit Nordwest-Wind, welcher unzweifelhaft der durch Gebirgszüge umgewendete obere Aequatorial-Passat ist; aber weiter nördlich, zu Kelat (29° N.), fallen nur Winter-Regen und ist der Sommer regenleer (N. 22).

Es ist bekannt, dass dieser Gürtel die Länder des Mittelländischen Meeres einnimmt, sowohl die nördliche Küste Afrika's wie die südliche Küste Europa's. Aber auch Beweise, dass der subtropische Gürtel wirklich durch ganz Mittel-Asien sich hinzieht, findet man längs einer langen Linie, die von Westen nach Osten verläuft, an vielen Orten, welche alle nahe dem 30. Breitengrade liegen und wo die Regenzeit im Winter und mit Südwest-Winden kommend bezeugt ist, im Sommer aber Regenleere mit vorherrschendem Nordost-Winde; solche Orte sind Marokko, Algier, Kairo, Suez, Bassora, Kelat, Kandahar, Kabul, Kaschmir, Ladak, Tschusan u. a. Die allmähliche Zunahme der Dauer der Regen und entsprechend die Abnahme der trockenen Zeit auf diesem Gürtel von den unteren nach den höheren Breiten zu findet sich in folgenden Beispielen belegt; die Regenzeit dauert auf den Sandwich-Inseln (21° N.) die drei Winter-Monate (aber auch ausserdem kommt hier eine längere im Sommer); auf Teneriffa (28° N.) dauert sie etwa vier Monate winterlicher Zeit, von November bis März; auf Madeira (32° N.) etwa fünf Monate, von October bis Februar; in Algier (36° N.) sechs Monate, von October bis April; in Aleppo (36° N.) sieben Monate, stärker im Frühling; in Athen (38° N.) sieben Monate; in Rom (41° N.) schon neun Monate; in Mailand (45° N.) aber ist auch schon der Sommer in die Regenzeit einbegriffen, welche hier nun alle vier Jahreszeiten umfasst, d. h. der Gürtel hat seine Grenze erreicht und der nächstfolgende beginnt. — Uebrigens muss nothwendiger Weise in senkrechter höherer Erhebung der schräg descendirende und nordwärts rückende Luftstrom früher ankommen und länger verweilen, als unten im Tieflande, wie er auch beim Zurückweichen im Herbste in den Gebirgen eher wieder anlangen muss; daher erfahren Gebirge besonders auf dieser Zone den Vorzug längerer Regenzeit und besitzen Waldungen, die unten kaum vorkommen.

Im Atlantischen Meere halten die Inseln Madeira (32° N.) und die Azoren (39° N.) die Regel sehr gut ein, im Sommer herrscht der Nordost und bleiben die Regen aus, im Winter kommt der Südwest mit Regen.

In Nord-Amerika scheint beim ersten Ueberblick der subtropische Gürtel sich nicht zu finden, denn auch in dem südlichen Gebiete der Vereinigten Staaten fällt im Sommer reichlich Regen, sogar mehr als im Winter. Eine genauere Untersuchung aber ergiebt auch hier Bestätigung des allgemeinen Gesetzes. Denn vom Mexikanischen Golf (30° N.) her wird im Sommer ein starker Monsun-Wind breit und tief in das Land hineingezogen, vielleicht bis 45° N., als südlicher und südwestlicher Wind, und damit wird Regen verbreitet, der entschieden nach dem Inneren, nach Nordwesten hin, an Menge abnimmt; dadurch wird der subtropische Gürtel hier verdeckt, während dieser nicht verfehlt, frei hervorzutreten sowohl auf den Bermudas-Inseln (32° N.), etwa 120 geogr.

Meilen von der Ostküste des Festlandes entfernt, wie auch längs der Californischen Seite bis zum 45° N.; hier sind wirklich die Sommer regenleer und kommen die winterlichen Regen mit Südwest. Erklärlich ist dann ferner, dass an der Ostseite der beiden Gebirgszüge der Anden-Kette, der Sierra Nevada und der Rocky Mountains, wie zwischen denselben im Utah-Gebiete (35° bis 45° N.), wegen Abhaltens des Südwest-Windes grosse Dürre herrscht.

Diese Regen-Armuth scheint zwar fast gleichmässig über alle Jahreszeiten vertheilt, jedoch genauere Untersuchung (nach Blodget 1857) lässt auch hier Spuren des Subtropen-Gürtels hervortreten, denn wir erfahren, dass in Texas (etwa 32° N.) der Regen weit überwiegend im Herbste und Frühling fällt und dass im Wüsten-Becken von Utah der Sommer als völlig regenlos sich verhält. In den nördlicheren Küsten-Staaten, z. B. in Philadelphia (40° N.), wehen im Sommer östliche Seewinde und im Winter nordwestliche Continental-Winde; analog verhält es sich in Asien. — An der Ostküste von Asien sind dem freien Hervortreten des Subtropen-Gürtels südwestliche und südöstliche Monsun-Winde hinderlich. In Japan, zu Nangasaki (32° N.), fehlt es im Sommer keineswegs an Regen, ohne Zweifel aus diesem Grunde; es wird angegeben (nach Siebold), dass hier im Sommer südöstliche Winde vorherrschen, im Winter aber kalte und trockene Nordwest-Winde, weshalb in Japan im Winter die Westküste bedeutend kälter ist, als die Ostküste (wozu auch die Japan'sche Meeres-Strömung beitragen muss). In Peking (40° N.) ist auch der Sommer regenreich, aus demselben Grunde; auch in Schanghai (31° N.) spricht das Aussehen der Landschaft im Sommer (nach Fortune) freilich nicht für längeren Regen-Mangel, aber von der Insel Tschusan (30° N.) wird entschieden ausgesagt, dass der Sommer regenleer ist (nach J. Davis); deshalb kann auch hier im Inneren bis zu einer ungewissen Entfernung von der Ostküste die Fortsetzung des Subtropen-Gürtels nicht fehlen, der in Central-Asien zwischen dem Altai und dem Himalaya entschieden nachzuweisen ist, z. B. in Chiwa, Buchara, Kokand, Turkestan, und an beiden Seiten des Thian-Schan-Gebirges. So tritt hier in der That in den östlichen Küsten-Ländern Asiens eine Analogie mit Nord-Amerika ziemlich vollständig hervor. (S. auch Grundzüge der Klimatologie, p. 813.)

Auf der Süd-Hemisphäre findet sich der subtropische Gürtel in vollkommener Harmonie mit den winterlichen Regen bei Nordwest-Passat und mit den trockenen Sommern bei Südost-Passat.

Da aber hier der Umfang der Continente so viel geringer ist, also auch der Unterschied der Temperatur auf dem Festlande und auf dem Ocean weniger gross ist, so bleiben seine Grenzen flacher und mehr parallel; sie sind anzusetzen von 25° bis 40° S. So verhält es sich in ganz Chile (beginnend in der sogenannten Wüste von Atacama), auch auf der Insel Juan Fernandez (33° S.), in Buenos Ayres (obgleich die Anden ihre Ostseite trocken erhalten), im Caplande von Süd-Afrika (deutlich beginnend an der West-Küste im Lande Gross-Namaqua 27° S.), ferner in Süd-Australien (bezeugt in Melbourne, Adelaide, Sydney u. a.) und im nördlichen Neu-Seeland (Auckland).

Es ist also keinem Zweifel unterworfen, dass die subtropische, nur im Sommer sich öffnende und dann durch ihre Eigenschaften so ausgezeichnete, für Pflanzen und Menschen sehr bedeutungsvolle Zone wirklich eine tellurische ist, d. h. um die ganze Erdkugel sich erstreckt *). Es war auch sicher zu erwarten, dass diese Forderung des allgemeinen Wind-Systems auch empirisch bewährt werde. Am entschiedensten sind die charakteristischen Eigenschaften dieses ganzen Gürtels ausgesprochen in Mittel-Asien, wo er die grösste Breite erreicht. Er ertheilt diesem Gebiete im nördlichen Theile die Natur der Steppen, im südlichen Theile die Natur der Halb-Wüsten, ausser da, wo hohe Gebirge längere Zeit den oberen Süd-west-Strom und seine Niederschläge geniessen. Im Winter, wo neben dem Nordost-Strome auch der Südwest herrscht, finden sich hier auf dem südlichen Theile reichlich Regen und grünende Gefilde, während gleichzeitig auf dem nördlichen Theile der Boden dem Frost und dem Schnee ausgesetzt ist und erst im Frühling und wieder im Herbst ein kurz dauerndes Pflanzen-Leben aufschiesst. Wenn dann aber mit nordwärts rückender Sonne der Südwest-Strom in höhere Breiten geschoben wird und hinter und unter ihm allein der Nordost-Passat herrscht, dann hören die Regen allmählich auf, dann zeigt dieser Gürtel einen erhitzten, dürren und kahlen Boden, ausser da, wo Wasser in Flüssen und See'n oder in künstlichen Leitungen und Bewässerungen verbreitet sich vorfindet. Daher ist im Sommer die subtropische Zone hier charakterisirt durch folgende Erscheinungen: Halb-Wüsten und Steppen; versiegende Flüsse und Quellen, an deren Endigungen im Laufe von Jahrtausenden Salzlager aus der Verdunstung rückständig

*) Dagegen umzieht kein regenloser Wüsten-Gürtel die ganze Erde (s. N. 22).

sich angehäuft haben; Waldlosigkeit ausser auf Gebirgshöhen und in der Nähe von nicht austretenden Flüssen und See'n, beständiges Herrschen des Nordost-Passats, während nicht selten hoch über ihm weisse Cirri-Wolken, von Südwesten heranziehend, die Anwesenheit des oberen Passats bezeugen; nomadisirendes Völker-Leben neben einer nur mühsam längs der Flüsse mittelst künstlicher Irrigationen unterhaltenen Cultur, welche in steter Gefahr schwebt, von der Barbarei zerstört zu werden und in Ruinen zu zerfallen, wie es die Geschichte seit Jahrtausenden wiederholt hat. (Ueber die verwickelten Regen- und Wind-Verhältnisse in Nord-Afrika handelt eine besondere Note N. 24.)

5) An der nördlichen Grenze der eben besprochenen Regen-Zone, also dort, wo der Südwest-Strom auf die Oberfläche heruntersinkt, folgt der Gürtel mit Regen in allen Jahreszeiten, und zwar mit grösster Menge im Sommer. Im Winter verschmilzt er freilich mit dem Subtropen-Gürtel. Er ist gleichsam der Wolken-Gürtel der Erdkugel. Als charakteristisch können angesehen werden die grossen Waldungen von Laubholz, welche nur da aufkommen, wo in der Jahreszeit ihres Wachsens die Regen nicht zu lange mangeln. Die Breite dieses Gürtels ist, mit Vorbehalt der genaueren Bestimmung seiner Polar-Grenze, ungefähr anzusetzen in Europa von 44° bis 65° N., in Asien wird er schmäler im Inneren, etwa von 50° bis 60° N., und in Amerika vielleicht von 43° bis 60° N. Am besten bekannt ist der Gürtel im mittleren Europa, etwa von 44° bis 65° N.; es ist einer der vielen klimatischen Vorzüge dieses Welttheiles, dass hier so weit auch im Sommer Regen fällt und sogar mehr als in den übrigen Jahreszeiten, den Herbst an den Westküsten ausgenommen. Auch durch ganz Asien ist dieser Gürtel zu verfolgen, und er begreift das südliche Sibirien, etwa vom 50. Breitenkreise an, wie in Orenburg (51° N.), Irkuzk (52° N.), Nertschinsk (51° N.), Barnaul (53° N.) meteorologisch bewiesen wird. In Nord-Amerika soll an der Ostküste kaum gewagt werden, die südliche Grenze zu bestimmen, etwa bei 43° N.; aber an der Westseite ist sie längs des schmalen Landstriches, der die Anden-Kette vom Meere trennt, besonders deutlich, etwa auf dem 45° N., und die Breite des Gürtels erstreckt sich dann nordwärts, wie schon ersichtlich aus dem Auftreten der prachtvollen Waldungen, durch Oregon, British Columbia bis über Sitka (57° N.) hinaus. — Auf der Süd-Hemisphäre tritt der Anfang dieses Gürtels ein etwa auf dem 40° S.; sein Charakter ist besonders ausgeprägt in Chiloe

(42° S.) und weiterhin bis zum Cap Horn (54° S.); weil der Nordwest der eigentliche Dampfträger ist, erleidet die östliche Seite der Anden-Kette hier Mangel an Regen. In Süd-Afrika kann dieser Gürtel sich nicht geltend machen, weil das Land nicht weit genug nach Süden reicht, aber in Tasmanien und auf der südlichen Insel von Neu-Seeland (40° bis 47° S.) kann er nicht fehlen, obgleich unsere Kenntniss dieser Länder nicht so weit reicht, um dafür bestimmte meteorologische Belege zu geben, wenigstens aber bezeugt ihn wieder der anerkannt reiche Baumwuchs. — Besonders ausgezeichnet durch hohen Saturations-Stand, durch Nebel und durch Regen, zeigen sich auf diesem Gürtel einige Küsten-Strecken, z. B. Sitka, Oregon, Neu-Fundland, Schottland, Norwegen, Japan, Sachalin, Chiloe, die Falklands-Inseln u. s. w., und zwar sind es vorzugsweise die südwestlichen Seiten der Gebirge, welche als vornämliche Regen-Brecher den Südwest-Passat in seiner Bedeutung erweisen, was die Nordost-Seiten durch ihre Trockenheit bestätigen, wenn nicht die Nähe der Küsten Ausnahme macht. Es giebt auch auf diesem Gürtel sogenannte „Wüsten“, aber nur in Folge der Behinderung der Regen-Winde, sei es des Südwest-Passats oder auch anderer von nahen Meeren herkommender. Die bekannte Gobi-Wüste im östlichen Asien gehört hierher (vom 40° bis 48° N.), sie ist aber nicht gleich zu setzen weder der zu allen Jahreszeiten regenlosen Sahara im Passat-Gebiete, noch den Halb-Wüsten des Subtropen-Gürtels, die im Winter Regen bekommen, sondern sie ist sehr regenarm, weil sie auf allen Seiten von hohen Gebirgszügen umschlossen ist, erhält aber doch zu allen Jahreszeiten einigen spärlichen Regen. Vergleichen lässt sich damit die Utah-Wüste in Nord-Amerika, zwischen der Sierra Nevada und den Rocky Mountains (35° bis 45° N.); sie liegt zum grössten Theile noch im subtropischen Gürtel, hat daher allein den Sommer ganz ohne Regen, aber beide haben eine Erhebung von 3000′ bis 4000′, beide sind hohe „Wüsten-Becken“ zu nennen, sind aber Wüsten, wie die meisten anderen, nicht weil sie etwa Quarz-Detritus zum Boden haben, sondern nur weil sie anhaltend grossen Mangel an Regen haben *).

*) Auch andere Wüsten sind in ihren Eigenschaften zu unterscheiden, selbst solche, die auf gleicher Zone liegen. So ist die Sahara verschieden von der Küsten-Wüste von Peru und Bolivia, welche entsteht, weil der dampfbringende Passat hier durch die Anden-Kette abgehalten wird; beide sind ganz ohne Regenfall, aber erstere

6) Endlich ist noch im höheren Norden ein Gürtel abzusondern, oder genauer gesagt, die ganze circumpolare Zone, mit regenarmen Wintern. Dies ist Folge von wirklicher Dampf-Armuth, wie man überhaupt bei einer niedrigeren Temperatur, unter —16° R. überhaupt kaum noch Schneefall annimmt (höchstens augenblicklich). Freilich hat dieses Verhalten keine Einwirkung auf die Vegetation, für welche die Vertheilung der Regen-Zeiten auf den übrigen Regen-Zonen eben ihre vorzüglichste Bedeutung besitzt. Aber es ist eine so folgerichtige und ausgezeichnete klimatische Erscheinung, dass sie auch für sich unterschieden werden muss. Nach übereinstimmenden Angaben sind die eigentlichen Winter-Monate in den Polar-Ländern charakterisirt durch Klarheit und Ruhe in der Atmosphäre, über einem allgemeinen Schneelager, und zwar nicht nur im Inneren der grossen Continente, von Nord-Asien und Nord-Amerika, obgleich hier vorzugsweise, sondern auch an den Küsten, namentlich in Grönland, in der Berings-Strasse, aber auch im Arktischen Archipel. Locale Nebel an offenen Meeres-Stellen bilden keine Ausnahmen für die ganze Zone. Beispiele davon geben Ajansk (56° N.), Jakuzk (62° N.), Archangel (64° N.), Altengard (70° N.), Spitzbergen (80° N.), Disko Bucht (69° N.), Fort Reliance (62° N.), Barrow-Strasse (74° N.), die Berings-Strasse (70° N.) u. a. Vielleicht kann man diesen Gürtel nach Süden begrenzen mit der Januar-Isothermlinie von —8° R. (N. 25).

Es bleibt noch übrig auch die geographische Vertheilung der Menge des Regens zu betrachten. Diese muss auch im Allgemeinen am grössten vermuthet werden mit der Dampfmenge auf dem Aequator-Gürtel und abnehmend nach den Polen und nach dem Inneren der Continente hin. So verhält es sich im Allgemeinen wirklich. Die Vertheilung und die Abnahme der mittleren Regenmenge vom Aequator nach dem Pole hin, auf der Nord-Hemisphäre, hat man versucht, auf folgende Weise zu bestimmen (s. Arago, Oeuvres, Mélanges 1859).

---

ist auch dampfarm, diese nicht, wegen der Nähe des Meeres; dort fällt kein Thau, hier viel, sogar mit Nebel; dort ist ferner die klimatische Evaporationskraft sehr gross, hier sehr schwach. Dieser Unterschied ist absichtlich öfters hier hervorgehoben.

Von 0° bis 25° N.	fällt jährlich an Regen	2000 mm	= 75 Zoll
„ 25° bis 40°	— — — —	1000	= 35
„ 40° bis 50°	— — — —	750	= 25
„ 50° bis 60°	— — — —	500	= 15 Zoll.

Hierbei kommen aber grosse Anomalien vor, sowohl zeitliche wie locale. Die Jahre können in ihrer Reihenfolge so verschieden unter sich sein, dass die mittlere oder normale Menge erst nach 10 oder 20 oder 50 Jahren hervortritt (z. B. in Bombay betrug die Regenmenge im Jahre 1824 nur 31″, im Jahre 1828 aber 113″, das Mittel ist dort 79″; in Paris betrug die mittlere jährliche Regenmenge innerhalb der sechsunddreissig Jahre von 1800 bis 1836 etwas über 18 Zoll, innerhalb der dreissig Jahre von 1817 bis 1848 etwas über 21 Zoll. Wegen dieser zeitlichen Anomalien sind die localen Verschiedenheiten schwierig genau zu vergleichen; ausserdem aber bestehen bleibende locale Unterschiede, theils durch die oben beschriebenen Regen-Zonen mit ihrer jahreszeitlichen Vertheilung, theils durch die Lage von Land und Meer und durch die Stellung von Gebirgen zu den Winden. Besondere Beförderung der Regenfälle gewähren Winde von wärmeren Meeren herwehend und Gebirge, welche diesen quer entgegen stehen, so dass die dampfreiche Luft an ihnen aufwärts geführt wird. Die regenreichsten Seiten der Länder und der Gebirge sind daher im Allgemeinen, auf dem Passat-Gebiete die östlichen, dem Passat zugewandten, wenn nicht Monsun-Winde eine Aenderung bringen, aber auf dem höheren, centralen Wind-Gebiete, sind die südwestlichen Seiten die regenreichen, falls nicht ein im Osten nahe liegendes Meer local grössere Bedeutung in dieser Hinsicht besitzt.

Es ist bis jetzt noch nicht möglich, die genannten sechs Regen-Gürtel auch in Hinsicht auf ihre Regenmenge genau abzuschätzen; man müsste sie zu dem Zwecke ferner durch Meridiane in kleinere Gebiete eintheilen und über längere Reihen von Beobachtungen verfügen können. Man kann aber schon extreme Gebiete einander gegenüber stellen; den regenlosen und regenarmen, die regenreichsten Gebiete, Gegenden und Orte. Regenlos kann man nennen: die Sahara, die westliche Seite der Anden in Süd-Amerika, auch beinahe Utah in Nord-Amerika; regenarm kann man nennen den südlichsten Strich des subtropischen Gürtels, wo nur die kürzeste Winterzeit der Anti-Passat verweilt, bald wieder in höhere Breiten aufrückend, z. B. in Nord-Afrika, Süd-Syrien, Süd-Persien u. s. w., durch Asien hindurch, etwa den 30. Breitegrad entlang;

ferner die Kalihari-, die Gobi-Wüste, Mendoza und andere im Wind-Schatten von Gebirgen gelegene Strecken. Dagegen als die bekannten regenreichsten Gegenden sind zu nennen: Das non plus ultra der Regenmenge auf der Erde fällt an der südlichen Seite des Himalaya-Gebirges, zu Dscherrapondschi, bei den Kassia-Bergen, als Wirkung des Südwest-Monsuns, sie beträgt 610 Zoll im Jahre; auch an der Südwest-Seite der Ghat-Gebirge fallen 240"; die Ostseite des Abessinischen Gebirges ist als Wirkung des oceanischen Passats sehr regenreich; auch in Guiana, zu Paramaribo, beträgt die jährliche Menge etwa 130". Sehen wir nach den höheren Breiten, so müssen wir die maxima aufsuchen an Orten, wo an der Westküste Gebirge dem Südwest-Strome entgegenstehen, z. B. an der Nordwest-Küste von Amerika in Sitka (80"), in Norwegen zu Bergen (83"), in England, in Westmoreland (134"), zu Coïmbra in Portugal (110"). Analogie findet sich am Süd-Ende von Amerika, an der West-Küste, in Valdivia, Chiloë und Fuegia. In Europa sind auch die Südwest-Seiten der Pyrenäen, der Alpen, des Skandinavischen Gebirges, des Kaukasus, ferner des Harzes, des Riesen-Gebirges u. s. w., bekannt als die Regen-Seiten, während die nordöstliche die regenärmere ist. Die Regen sind dann aber stellenweise so ungleich vertheilt, dass manche nahe liegende Orte nicht geringe Contraste darin zeigen. Die Meinung, dass Waldungen den Regen befördern, ist sicher nicht ganz abzuweisen, denn oberhalb von Waldungen muss im Sommer die Kühle derselben sich äussern, und die Vergleichung bewaldeter Berggipfel mit unbewaldeten ergiebt auf ersteren häufiger Nebelbildung und auch Quellen; indessen im Allgemeinen werden Waldungen immer eher Folge von Regen sein, als umgekehrt. Ferner ist leicht zu bemerken, dass die senkrechte höhere Lage der Orte diese näher der regenreichen Region bringt, was sich im mittleren Europa schon bei 2000' Höhe deutlich ersehen lässt, wo nicht selten die doppelte Regenmenge im Jahre fällt, als im tieferen Lande. — Die Zahl der Regen-Tage steht mit der Regenmenge erklärlicher Weise nicht in directem Verhältniss; während diese am grössten ist auf der heissen Zone ist jene sehr wahrscheinlich am grössten auf demjenigen Regen-Gürtel, wo es in allen Jahreszeiten regnet, also geringer auf dem subtropischen Gürtel und auf dem tropischen. Im südlichen Europa kann man im Jahre etwa 120 Regentage rechnen, im mittleren Europa etwa 140; aber im Inneren des grossen Continents von Asien nehmen sie ab, so dass in Irkuzk auf das Jahr nur 62 Regentage kommen, wovon im Sommer etwa 25, im Winter 6 Tage. — In der regenreichen Region der Gebirge fällt mehr Regen, als im Tieflande, d. i. mehr als in der tieferen und dampfreicheren Region, wie auch als in der höheren, dampf- und regenarmen Region der Gebirge (Note 25).

Wenn man übrigens erwägt, dass auf der ganzen Oberfläche der Erde in jedem Jahre eine gleiche Summe von Temperatur bleibt, und dass auch die Ausdehnung der Wasserfläche, die Menge der Verdunstung und die Configuration der Landflächen gleichbleibend sind, so muss man der Meinung sein, wie schon früher gesagt ist, dass für die ganze tellurische Oberfläche auch eine gleichbleibende Menge Regens in jedem Jahre herabfällt und dass nur stellenweise darin einige Veränderungen vorkommen.

IV. Capitel.

Die geographische Vertheilung des atmosphärischen Druckes.

Inhalt. §. 1. Unterscheidung im Gesammt-Drucke der Atmosphäre zwischen dem geringen Antheile des Wasserdampfes und dem reinen Druck der atmosphärischen Luft. — §. 2. Regelmässige Fluctuation im Barometer-Druck, jährliche und tägliche. — §. 3. Unregelmässige Undulationen des Barometer-Standes. — §. 4. Geringe klimatische Bedeutung der geringen Unterschiede des Luftdruckes in horizontaler Ausdehnung, bei grosser Bedeutung in senkrechter Erhebung.

§. 1.

In klimatologischer Hinsicht ist zwar die horizontale Vertheilung des atmosphärischen Druckes, welcher in den fast ruhelosen Schwankungen des Barometers sich äussert, von geringer Erheblichkeit, insofern auf nahe gleichbleibender senkrechter Erhebung der ganzen Oberfläche der Erde die Unterschiede dieses Druckes niemals so bedeutend werden und noch weniger so bleibend sind, dass dadurch die Organismen eine merkliche Impression erführen (mit Ausschluss der Gebirgs-Länder). Deshalb dürfen wir die feineren räumlichen Unterschiede hierin der Meteorologie überlassen. Aber eine allgemeine Uebersicht der geographischen Vertheilung dieser Oscillationen in der Dichtigkeit des uns umgebenden Luftmeeres (von den Gebirgen ist an einem anderen Orte die Rede) liegt innerhalb unserer Aufgabe und dient auch hier dazu, die einzelnen Erscheinungen zu vereinigen und den Sinn des grossen Ganzen verständlicher hervortreten zu lassen. Diese Uebersicht aber kann auch deshalb nur allgemein gehalten werden, weil noch nicht so viele Beobachtungen, reducirt auf die Meereshöhe und auf 0° Temperatur, wie auch auf ein gleiches Maass, vorliegen, um viele feine locale Unterschiede zu erkennen, und auch weil die messenden

Instrumente, die Barometer, nicht so genau oder nicht verglichen und übereinstimmend sind (N. 27). Sonderlich aber ist der zweite wichtige Factor des Druckes, der in der Luft enthaltene Wasserdampf (welcher einen Unterschied von etwa bis 10 Linien bringen kann), erst seit kurzer Zeit gebührend in Mit-Beachtung gezogen und gemessen, durch das Psychrometer, so dass man ihn in seiner Verbreitung mit in Rechnung ziehen kann *).

Bekanntlich umgiebt die Atmosphäre die Erdkugel mit einer Mächtigkeit von etwa 7 bis 10 geogr. Meilen, und sie ruhet auf deren Oberfläche mit einem Gewicht von 2178 Pfund einer jeden Säule von 1 Quadrat-Fuss Umfang **). Dieses elastische Fluidum ist in seinem Verhalten nicht etwa gleich zu denken dem Meerwasser; denn die Luft ist compressibel und elastisch; an ihrem Grunde bei weitem am dichtesten, verliert sie an Dichtigkeit und Schwere in senkrechter Erhebung in so rascher Progression, dass sie schon in der Höhe von 6900 Fuss nur noch die Hälfte des Druckes ausübt, den sie auf der Meeresfläche zeigt. Sehr wahrscheinlich aber erfährt die Atmosphäre nur in ihren unteren Schichten Variationen der Dichtigkeit; genauer gesagt, ihre Oscillationen erstrecken sich nur so weit die Temperatur-Aenderungen reichen, etwa 2 geogr. Meilen hoch, also nicht über $^1/_5$ der ganzen Höhe, weil auch die Aenderungen in der Temperatur nicht höher reichen. [Der Massen-Anziehung des Mondes können sie nicht zugeschrieben werden, obgleich dennoch eine unbekannte sehr geringe „specifische“ Einwirkung des Mondes auf sie, aus grossen Zahlen-Zusammenstellungen hervorgeht und zuzugestehen ist, wie ja auch scheinbar auf die Regen der gemässigten Zone (nach Arago)]. Das regelmässige Fallen und Steigen des Barometers, das an jedem Tage mit dem Sonnengange erfolgt, erreicht im Mittel nur etwa eine Amplitude von $^1/_{200}$ des ganzen Druckes (1 Linie), aber die weit wichtigeren unregelmässig vorgehenden Undulationen können bis $^1/_{12}$ des Ganzen (30 Linien) erreichen.

*) Diese nothwendige Unterscheidung des Druckes der atmosphärischen Luft an sich und des in ihr enthaltenen Wasser-Dampfes ist hier immer geographisch durchgeführt. (Das Mischungs-Verhältniss von Oxygen und Azot ist bekanntlich überall dasselbe.)

**) Wenn man, wie nicht selten ist, die Verwunderung ausgesprochen findet, dass die Organe einen solchen Druck ertragen können (z. B. der Mensch mit 150 Fuss Oberfläche trägt 32,600 Pfund = 296 Centner), so ist hinzuzufügen, dass diese Last sich selbst mitträgt, indem auch die feinsten Zwischen-Räume mit Luft erfüllt sind.

Die Ursache der Aenderungen des Luftdruckes, oder der Barometer-Schwankungen, ist vor Allem die Temperatur; Kälte macht die Luft dichter und schwerer, Wärme macht sie ausgedehnter und leichter. Winde vermitteln gewöhnlich die Aenderungen, sind jedoch ursprünglich selbst nur Folgen der Temperatur und führen diese mit sich weiter.

Aber die Wirkung der Temperatur trifft hier auf zwei verschiedene Factoren in der atmosphärischen Luft, theils auf die Luft allein, theils auf den in ihr niemals ganz fehlenden Wasserdampf; und das Resultat ist meistens für beide ein verschiedenes, ja ein ganz entgegengesetztes. Denn während hohe Temperatur die Luft ausdehnt und leichter macht, wird zugleich, bei vorhandenem Wasser, der Dampfgehalt vermehrt und also auch dessen Druck schwerer, umgekehrt verhält es sich in niedriger Temperatur. Daher entstehen complicirte Erscheinungen, finden aber auch ihre Deutung durch solche Erklärung*). Auch für die geographische Vertheilung des atmosphärischen Druckes entsteht dadurch Anfangs ein Verdecken der Gesetzmässigkeit, welche aber bei Auseinanderhalten der beiden Factoren unfehlbar hervortritt.

Auf der ganzen Oberfläche der Erde ist in der That der dampffreie oder der reine Luftdruck, d. i. also der Barometer-Stand ohne den Dampfdruck, entschieden am schwächsten auf der heissen Zone, auf dem Calmen-Gürtel, wegen der Ausdehnung der Luft, wegen ihres Aufsteigens (courant ascendant, Ascensions-Gürtel) und auch wegen der hier geringsten Gravitation. Weiter nach den Polen hin wird der reine Luftdruck langsam zunehmend, so dass er auf dem 70. Breitegrade etwa um 9 Linien höher steht, als über dem Calmen-Gürtel; jedoch findet sich in der progressiven Zunahme des Druckes nach den Polen hin eine beachtenswerthe Erhöhung zwischen dem 30. bis 40. Breitegrade, d. i. auf dem subtropischen Gürtel, in Folge des hier herabsinkenden oberen rückkehrenden Passats **). So verhält sich der Barometer-Stand in

*) Der Wasserdampf wird nicht wie die Luft durch Temperatur-Aenderungen in seiner Elasticität geändert; diese bleibt immer entsprechend der Menge; aber die Menge des Dampfes wird bei höherer Temperatur, wegen zunehmender Capacität des Raumes, vermehrt da wo Wasser vorhanden ist.

**) Dieser Gürtel mit höherem Barometer-Stande muss demnach auch jahreszeitlich schwanken, nördlicher und südlicher rücken mit dem herabsteigenden Anti-Passat; hierüber mangeln aber noch die Beobachtungen.

seiner geographischen Vertheilung, wenn man davon den zweiten Factor, den Dampf, abzieht. Wenn man aber diesen nicht abzieht, so ist umgekehrt der Barometer-Stand nach dem Pole hin abnehmend. Freilich handelt es sich hier immer nur um einige Linien mehr oder weniger, aber für richtige meteorologische Kenntniss ist dies nicht unwichtig. Dereinst war man der Meinung, der atmosphärische Druck, oder der Barometer-Druck, sei auf der Meereshöhe überall gleich; dann fand man, er sei etwas geringer nach dem Pole hin, trotz der zunehmenden Kälte, auf dem 70. Breitenkreise etwa um 1,5‴ geringer, als auf dem Aequator; eine Erscheinung, die exceptionell erscheinen musste, zumal da man dem Dampfe keine Vermehrung des Gesammtdruckes zuschrieb, sondern eine Verminderung, wegen Verdrängung der Luft (weil bei Regen-Wetter in Europa meist das Barometer niedriger steht). Jetzt ist durch Trennung von Dampfgehalt und von reiner Luft eine klarere Einsicht gewonnen. Unter dem Aequator ist der mittlere Barometer-Stand etwa 336‴ (758 mm = 28″); da aber hier der Dampfgehalt der Atmosphäre der höchste ist und am Meere bei 20° mittlerer Temperatur sicherlich 8 Linien Tension (oder Barometer-Druck) äussert (z. B. auf Java, in Bombay, auf Zanzibar, in Guiana), so bringt der Abzug dieses Druckes einen erheblichen Unterschied und bleiben für den reinen Luftdruck hier nur etwa 328‴ (740 mm = 27,4″). Diese beiden verschiedenen Rechnungen ergeben ungefähr folgende Schemate des mittleren Barometer-Standes längs der Breitekreise, vom Aequator bis zum 70. Breitegrade auf der Meereshöhe:

Breite.	Ganzer Barometerstand.	Ohne Dampfdruck.	Differenz.
0° N.	336‴ (758 mm = 28″)	328‴ (740 mm = 27″,4‴)	8,0‴
10°	336,6‴	329‴	7,6‴
20	337,8	330	7,8
30	338,5 } Subtropen-	332	6,5
40	337,8 } Gürtel *)	332	5,6
50	337,0	333	4,0
60	336,0	334	2,0
70	337,5‴	337‴	0,5‴

*) Als Beispiele für den höheren Barometer-Stand auf dem Subtropen-Gürtel auf beiden Hemisphären mögen folgende Angaben des mittleren Standes dienen: in Madeira (32° N.) 339,2‴, nach Abzug der Dampf-Tension 333,7‴; in Palermo (38° N.) 338,2‴ (nach Herschel und Schouw); auf der Süd-Hemisphäre, in der Capstadt (33° S.) 338,1‴, nach Abzug der Dampfmenge bleibt 333,5‴.

Demnach bewährt sich auch das Gesetz, dass im Allgemeinen die wärmere Luft die weniger dichte und daher leichtere ist, die kältere dagegen die dichtere und daher schwerere. Ehe man nicht den Dampfdruck abzurechnen vermochte, musste in der That dieses Gesetz umgekehrt und die Erklärung der Barometer-Schwankungen sehr verwickelt und voll Widersprüche erscheinen. Jetzt ist einigermassen vorhanden, was Kämtz noch so sehr im Jahre 1832 vermisste: „Da es uns bisher noch ganz an Elementen fehlt, um den Dampfgehalt der Atmosphäre in verschiedenen Breiten zu bestimmen ....“ *), nämlich Psychrometer-Beobachtungen. In den späteren „Vorlesungen über Meteorologie“, 1840, S. 319, des verdienten Kenners, finden sich folgende Thatsachen angenommen: „Im Allgemeinen können wir annehmen, der mittlere Barometer-Stand betrage am Aequator etwa 336‴, oder nur wenig mehr; in der Breite von 10° beginnt der atmosphärische Druck zu steigen und erreicht bei 30° bis 40° N. Br. seinen grössten Werth, etwa 338‴ bis 339‴; er wird nun abnehmend, ist bei 50° N. etwa 337‴, bei 60° etwa 336‴, und scheint im hohen Norden etwa 336‴ zu betragen“ (oben in unserem Schema ist bei 70° N. gesetzt 337,5‴ nach Angaben von Parry, J. Ross und Wrangel). Dann wird vom Verfasser auch der Dampfdruck abgerechnet, jedoch dabei zu hoch genommen, indem nicht die mittlere, sondern die höchste Tension zu Grunde gelegt ist. Eine geographische Zusammenstellung der Barometer-Stände hat Muncke gegeben, aber noch ohne Abzug des Dampfdruckes (in Gehler's Physikalischem Lexikon, Artikel Meteorologie). Um diese Unterscheidung hat Dove ein besonderes Verdienst sich erworben.

§. 2.

Wenn wir nun die Oscillationen des atmosphärischen Druckes in ihrer geographischen Vertheilung näher betrachten, so werden wir dabei die doppelte, oft entgegengesetzte Einwirkung der Temperatur und der Dampfmenge immer zu unterscheiden haben. Man verfährt auch hier am besten, um eine klare Uebersicht zu gewinnen, wenn man die Barometer-Variationen (wie die der Temperatur) unterscheidet in die regelmässigen Fluctuationen, in die jährlichen und in die täglichen, und in die fast unablässig erfolgenden unregelmässigen Undulationen. Die tägliche Fluctuation ist am grössten auf dem Aequator, wenn auch hier auf dem

*) Lehrb. der Meteorologie, Bd. 2, S. 292.

Meere nur 0,8, höchstens 1,3 Linien betragend, und sie nimmt ab nach den Polen hin, bis zum Verschwinden. Auch die jährliche Fluctuation, aus dem Mittelstande der extremen Monate bestimmt, beträgt kaum mehr, und zwar ohne besondere Verschiedenheit auf der heissen und der kalten Zone, also hierin nicht der Amplitude der Temperatur-Variationen folgend (wahrscheinlich weil die Elasticität der Luft eine Ausgleichung bewirkt); aber sie wird zunehmend von den Küsten nach dem Inneren der Continente hin, bis über 5 Linien, auch in Folge des Dampf-Factors. Dagegen die unregelmässigen Undulationen gewinnen an Amplitude übereinstimmend mit der Temperatur der Winde, von denen sie zunächst abhangen, nach den Polen hin; denn auf dem Aequator beträgt sie kaum einige Linien, aber auf dem 70. Breitengrade etwa 18 Linien im Mittel; noch grösser ist die absolut mögliche Amplitude, jedoch kaum über 2 Zoll. In senkrechter Erhebung verlieren beide allmählich an Umfang, Fluctuationen wie Undulationen, bleiben aber im Allgemeinen isochronisch von unten auf. Die regelmässige tägliche Fluctuation erweist sehr deutlich die zweifachen Factoren, indem meistens auch eine Trennung ihrer Wirkungen in der Zeit deutlich sich bemerklich macht, d. i. eine doppelte Fluctuation, eine in der reinen Luft, eine andere in dem Wasserdampf. Die Undulationen hangen mehr secundär mit der Temperatur zusammen; ihre nächste Bedingung sind die Winde und deren Wechsel, welcher bekanntlich erst ausserhalb des Passats mit bedeutenden Unterschieden der Temperatur verbunden ist; daneben wirkt dann auch der Dampfgehalt, zwar als beständigeres Moment, aber in den Jahreszeiten sehr verschieden, und die jährliche Fluctuation erscheint in der Regel mit einem maximum zur kältesten Jahreszeit, wenn man sich nicht durch den stärkeren Dampfdruck im Sommer beirren lässt.

1) Was zuerst die jährliche Fluctuation näher betrifft, so zeigen zwar die extremen Jahreszeiten keine so grosse Differenz im Luftdruck wie in der Temperatur, allein der Luftdruck ist doch auch in der Art auf das Jahr vertheilt, dass der kältesten Jahreszeit der stärkere Druck entspricht, der wärmsten Jahreszeit der geringere Druck. So tritt die richtige Analogie auch in dieser Fluctuation deutlicher hervor, wenn man wieder den Dampfdruck gesondert betrachtet. Der Dampf-Tension gehören im Barometer-Druck auf dem Aequator etwa 9 Linien an, in Mittel-Europa (50° N.) für das Jahr etwa nur 3‴, und zwar im Winter 2‴, im Sommer 4‴. In dieser Hinsicht hat man daher auf der heissen Zone

besonders zu unterscheiden die Inseln und Küsten von dem Inneren der Continente; z. B. zu Padang (0° S.) ist die jährliche Amplitude nur 0,8‴, in Bombay 2,9‴, in Benares 6,5‴ (im December 334,9, im Juli, trotz der Regenzeit mit dem dampfreichen Südwest-Monsun, nur 328,3), in der Mitte von Afrika zu Gondokorò (4° N.) 1,8‴. Aehnlich verhält es sich auch auf der gemässigten Zone; z. B. in Paris (48° N.), 114′ hoch, findet man die jährliche Fluctuation des Barometers, also des Gesammtdruckes der Atmosphäre, in doppelter Weise folgendermassen ausgesprochen: ein erstes maximum erscheint im Januar (335,8‴), ein erstes minimum im April (334,4), dann erfolgt ein zweites maximum im August (335,1), worauf ein zweites minimum folgt im October (334,3). Wenn man diese Curven analysirt, nämlich die Dampf-Tension abrechnet, so tritt sogleich das zweite maximum im Sommer zurück und an dessen Stelle das eigentlich einzige minimum des reinen Luftdrucks, als Folge der höheren Temperatur (331,1), welchem entspricht das eigentliche maximum im Winter (333,8), Amplitude = 2,7‴. Die zweite Fluctuation entsteht also allein durch Mitwirkung des Dampfdruckes in einer der Temperatur entgegengesetzten Bedeutung, so dass beide Factoren sich kreuzende Curven bilden. Während die Amplitude des Barometer-Standes im Jahre nur 1,5‴ beträgt, ist die des reinen dampflosen Luftdruckes allein doch 2,7‴. — Es ist zu vermuthen, dass im Inneren der grossen Continente die jährliche Amplitude, d. i. die Differenz der extremen Monate zunimmt, theils weil hier die Dampfmenge etwas geringer ist (wenn auch gerade weniger im Sommer), theils aber auch weil hier mit der excessiven Differenz der Temperatur der extremen Monate doch auch einigermassen die Differenz des reinen Luftdrucks im Verhältniss bleiben muss. In Sibirien finden wir dies bestätigt. In Barnaul (53° N.) ist der ganze mittlere Barometer-Druck im December etwa 335,5, aber im August etwa nur 330,0, Differenz also 5,5‴; letztere wird aber noch weit grösser, wenn man auch hier den Dampf-Druck, der im Winter sehr gering ist, etwa nur 0,6‴, im Sommer aber 5,0‴ beträgt, abrechnet; dann wird die Differenz des reinen Luft-Druckes zwischen December und August beinahe 10‴, zu Gunsten des kalten Monats. Aehnliches findet sich in Nertschinsk (51° N.), 2100′ hoch; hier ist der mittlere Barometer-Stand im Januar 314,9, im Juli 309,5, Differenz 5,4‴, allein nach Abzug des Dampfdruckes ergiebt sich 314,7 und 305,0, Differenz 9,7‴. Zur Vergleichung wird noch das Verhalten an einem Beispiele in Mittel-Europa dienen; in Karlsruhe (48° N.), 325′ hoch, ist der Gesammt-Druck im Januar 334,5, im Juli 334,0, Differenz also 0,5‴, nach Abzug des Dampf-Druckes (bez. 1,7‴ und 4,8‴) wird zwar die Differenz wieder grösser, sie bleibt aber doch nur 3,6‴, in Folge davon, dass auch die Temperatur-Amplitude hier geringer ist, als im Inneren von Asien. — Auf der Polar-Zone, z. B. in Boothia, Port-Bowen, Iglulik, Reykjawik, Kafiord (70° N. Br.), aber wohlgemerkt, an der Küste, erscheint entschieden das maximum erst im Frühjahr, im Mai, oder auch im Herbste, im October; sehr wahrscheinlich weil erst dann der Dampf-Druck mitwirkend ist, und weil er nicht von der Wärme neutralisirt ist, wie im Sommer geschieht; die jährliche Amplitude beträgt hier aber im Ganzen nur 2 bis 3 Linien.

2) In der täglichen Barometer-Fluctuation macht sich die Mitwirkung des Dampf-Druckes noch deutlicher bemerklich. Dies geschieht vor Allem auf der heissen Zone, wo diese Fluctuation die grösste Amplitude zeigt, etwa 1,3‴ *), während sie, nach den Polen hin abnehmend, auf dem 70. Breitegrade nur 0,18‴ beträgt (nach Bravais zu Bossekop in Norwegen); und nicht selten gehen auch hierbei die beiden Factoren so aus einander, dass jeder für sich eine Hebung und Senkung veranlasst. Aber man muss immer sehr wohl unterscheiden, ob eine grosse Wasserfläche in der Nähe sich befindet, welche neue Dampfmenge liefert. In solchem Falle pflegen auf der heissen Zone im Gange des Tages zwei maxima und zwei minima sehr regelmässig einzutreten, indem die Curve des Dampf-Druckes die Curve des reinen Luft-Druckes durchkreuzt. Im Allgemeinen ereignet sich dies in folgenden Stunden (nach Humboldt): das erste maximum erscheint des Morgens um 9 oder 9¼ Uhr, das erste minimum um 4 oder 4¼ Uhr Nachmittags, das zweite maximum erscheint des Abends um 10½ oder 10¾ Uhr, das zweite minimum am anderen Morgen um 4 Uhr. Also zwei Fluctuationen; die erste beruht auf der Temperatur, die zweite auf der Dampf-Tension (oder genauer, die erste

*) Dieser allgemeine Werth ist seit Kurzem auch bestätigt in Central-Afrika zu Goudokorò (4°,44 N., 49° O. Ferr.), 1500′ hoch, wo die tägliche Amplitude der Fluctuation 1,34‴ gefunden ist. Das jährliche maximum erscheint hier im kühlsten Monat Juni (320,6‴), wo auch die Regenzeit eine Pause hat, das minimum (318,8) erscheint im wärmsten Monat, wo der stärkste Regen beginnt, im Februar, dessen mittlere Temperatur 26°,2 beträgt, die des Juni ist nur 20°,9 R.

beruht auf dem Condensations-Grade der reinen Luft, die zweite auf der Quantität des Dampfes); denn in dampfleerer Luft kommt nur eine einfache Fluctuation des Barometers vor, nur ein maximum des Morgens 9^h, und nur ein minimum des Nachmittags 4^h; also kommt das abendliche maximum durch den noch vorhandenen Dampf in der schon abgekühlten Luft (weshalb auch das Abendroth so viel intensiver zu sein pflegt als das Morgenroth), das minimum um Sonnen-Aufgang aber erscheint wegen Abwesenheit des gesunkenen Dampfes trotz der etwas niedrigeren Temperatur um diese Zeit (die etwaige bedeutende Abkühlung des Erdbodens bei Nacht kann sich nicht weit in die höheren Schichten der Luft erstrecken). Diese Regelmässigkeit ist deutlich und sicher, sowohl auf offenem Meere wie auch auf den Küsten, im Inneren der Continente wie auf den Höhen von 12,000′ *). Sie kann in den Jahreszeiten wohl verschoben werden um 1 bis 2 Stunden, jedoch wird sie nicht gestört durch Sturm, Gewitter und Erdbeben, wodurch gewiss bewiesen wird, dass sie nicht auf momentanen oder localen Bedingungen beruht. Die Analogie mit der eben besprochenen jährlichen doppelten Fluctuation ist ersichtlich.

Indessen kommen doch sehr bemerkenswerthe locale Anomalien vor, wenn man die ganze geographische Vertheilung überblickt. Es giebt einzelne Gebiete, wo eine Veränderung oder Umkehrung der regelmässigen maxima und minima besteht; und dies beruht immer auf dem Antheil, welchen der Dampfgehalt am Barometer-Druck hat; entweder weil bei Tage der Wasserdampf mit der Ascensions-Strömung in die Höhe steigt, ohne dass er unten ersetzt wird aus einem Wasser-Vorrathe, so dass er also unten des Mittags mangelt, z. B. im Inneren grosser Continente; dann muss das minimum Nachmittags tiefer stehen; oder weil um Mittag eben eine Zugabe von Dampf erfolgt. Letzteres erfolgt theils auf Gebirgen, wo erst Nachmittags die von unten aufsteigende Luftströmung den Dampf hinführt (z. B. auf dem Rigi und auf dem Faulhorn wohl bemerklich), wo dann das minimum des Nach-

*) Von einem hoch gelegenen Standpunkte aus in Ostindien, an der Südseite des Himalaya, in Dorjiling (28° N.), 6950′ hoch, wird zuverlässig dasselbe angegeben (s. J. Hooker, Himalayan Journal, 1854). Die Isochronie der täglichen Fluctuation bewährte sich sogar bis 17,000′ hoch, mit der in Calcutta, jedoch mit abnehmender Amplitude. In Dorjiling erschien das erste maximum des Morgens $9^1/_2$ Uhr, das erste minimum des Nachmittags 4^h, das zweite maximum des Abends 10^h, das zweite minimum des anderen Morgens 4^h (N. 26).

mittags fast oder völligv erdeckt wird *); theils und vornehmlich aber pflegt auf See-Küsten die tägliche Curve um Mittag ein maximum zu bekommen, statt eines minimum, weil die Quelle des Dampfes so nahe ist, z. B. in Apenrade, Danzig, London, Petersburg u. a. beobachtet und mitgetheilt **). Es giebt ferner einzelne Gebiete, wo nur eine einfache Fluctuation des Barometers vorkommt; d. i. entweder auf Inseln, weil hier immer so reichlich Dampf vorhanden bleibt, dass dessen Druck immer gleich wirksam ist, bei der so geringen täglichen Aenderung der Temperatur (z. B. auf Sumátra tritt das maximum ein des Morgens um $9^1/_2$ Uhr, das minimum des Nachmittags um $3^1/_2$ Uhr, aber die ganze Amplitude dieser täglichen Barometer-Oscillation beträgt nur 0,9‴, sie wird wahrscheinlich allein von der Temperatur bestimmt); oder eine einfache Fluctuation kann auch vorkommen, tief im Binnenlande, wegen Mangels an Dampf, z. B. in Mendoza (32° S.), in La Plata, an der Ostseite der Anden-Kette, welche die dampfführenden Nordwest-Winde abhält (nach Burmeister); wahrscheinlich auch zu Utah in Nord-Amerika, und in der Sahara; aber erwiesen in Sibirien, z. B. in Barnaul, Nertschinsk u. a.; jedoch reicht schon ein grosser Fluss hin dies zu ändern; z. B. in Chartum, südlich von Nubien (15° N.), am Nil, wird das gewöhnliche minimum des Nachmittags zu einem maximum, wie an den Seeküsten.

Auf den höheren Breiten, namentlich auch in Europa besteht, ein übereinstimmender Gang täglicher doppelter Barometer-Fluctuation; aber er ist schwieriger zu erkennen, weil nicht nur diese Fluctuation hier geringer ist, sondern auch weil die unregelmässigen Undulationen hier weit grösser und frequenter sind, als auf der heissen Zone. Das maximum erscheint etwa um 9 Uhr Morgens, das minimum um 3 Uhr Nachmittags, die zweite Fluctuation erreicht ihr maximum etwa um 10 Uhr Abends, ihr minimum um 4 Uhr am anderen Morgen. Im Sommer indessen rücken die Stun-

*) Sogar ist auf dem Faulhorn, 8200′ hoch, am Nachmittag das maximum der Saturation gefunden, und das minimum vor Sonnen-Aufgang, also gerade umgekehrt, wie unten im Tieflande, und auch z. B. in Zürich. Auf allen Insel-Bergen erscheinen Mittags Wolken.

**) Für diese Erklärung der Mitwirkung der täglich fluctuirenden Dampfmenge sprechen noch folgende Beobachtungen (nach Sykes): in Bombay ist die Tension des Dampfes des Morgens um 9 Uhr 8,3‴, des Nachmittags um 4 Uhr 11,2‴, in Karleh, fast 2000′ hoch, die Tension des Morgens 2,4‴, aber des Nachmittags höher, 3,7 Linien.

den weiter ab vom Mittag. In Paris beträgt die mittlere tägliche Amplitude 0,7 Millimeter (von 756,2 bis 755,5 mm), in Wien ist sie 0,4 Linien, auch in Prag 0,4‴, in München 0,38‴, auf dem Rigi aber nur 0,10‴. — Auf der hohen Polar-Zone ist diese tägliche Fluctuation gar nicht mehr zu bemerken, obgleich dort die unregelmässigen Undulationen gross, frequent und rasch sind und sogar 2,45 Zoll (engl.) erreichen können. — Also ist die tägliche Fluctuation entschieden abnehmend vom Aequator nach dem Pole hin*).

§. 3.

3) Was die unregelmässigen Undulationen des atmosphärischen Druckes betrifft, so wächst deren mittlere Amplitude nach den Polen hin, etwa in folgender Weise; sie beträgt auf dem Aequator nur wenige Linien, auf dem 15. Breitegrade 2 Linien, auf dem 25° N. 4‴, auf dem 40° N. 8‴, auf dem 50° N. 12‴, auf dem 70° N. 18‴. Dabei ist zu beachten, dass (wie bei den Temperatur-Variationen) diese Amplitude weit grösser ist im Winter, über das Doppelte, als im Sommer, wenigstens ausserhalb der intertropischen Zone. Beispiele davon in annähernden Angaben sind diese:

	N. B.	Amplitude der Undulationen im Januar.	Ampl. im Juli o. Aug.	Amplitude im Jahre.
Batavia	6° S.	—	—	1,3‴
Havanna	23° N.	5‴	3‴	2,8
Madeira	32° N.	6‴	2	4,6
Padua	45°	12‴	5	8,8
St. Gotthard	46°	10‴ (6650′ hoch)	5	7,9
Paris	48°	13‴	6	10,4
Hamburg	53°	14‴	7	12,2
Stockholm	59°	16‴	8‴	13,2
Näs (Island)	64°	—	—	15,9‴

In Mittel-Europa beträgt die mittlere Amplitude der unregelmässigen Barometer-Undulationen etwa 12 Linien, aber sie kann hier möglicher Weise accidentel erreichen 2,5 Zoll (absolute Amplitude). Ihr enger Zusammenhang mit den Winden und also mit den beiden Haupt-Luftströmen erweist sich entschieden; die kalten Winde vermehren den Luftdruck, die warmen Winde mindern

*) Ueber dem Aequator war ihre Amplitude 1,3‴; der Grund, dass sie hier am höchsten ist, liegt wahrscheinlich in der Gewalt der täglichen Ascensions-Strömung.

ihn; oder genauer angegeben, das maximum des Barometer-Standes erscheint mit dem NO.-Winde, das minimum mit dem SW.-Winde, also ersteres mit dem anerkannt kältesten Winde, obgleich er dampfarm ist, das andere mit dem anerkannt wärmsten Winde, obgleich er der dampfreichste ist. Das medium aber zeigt sich ungefähr mit dem SO. und mit dem NW.-Winde. Ferner stehen in entschiedener Uebereinstimmung mit der Wind-Rose, die Barometer-Windrose, die Temperatur-Windrose und die Regen-Windrose. Eben weil erst auf den höheren Breiten, ausserhalb des Passats, wo die alternirenden Winde beginnen, mit diesen die Wechsel der Temperatur grössere Constraste zeigen, so finden sich auch hier erst grössere Undulationen im Luftdruck und fehlen sie auf der intertropischen Zone, unter der Alleinherrschaft des Passats, ausser in den Monsun-Gebieten, wo die jahreszeitlichen Unterschiede bedeutend sind, [z. B. in Ostindien, in Benares (2° N.) ist die jährliche Amplitude des mittleren Barometer-Standes 6,5''' (December 334,9, Juli 328,3, mit Abzug der Dampf-Tension ist die Amplitude sogar 13,6''', von 330,3 bis 316,7)]. Die täglichen See- und Küsten-Winde können keine erheblichen Unterschiede bringen, weil sie nur in den untersten Schichten der Atmosphäre vorgehen, nicht hoch genug reichen. Ueberhaupt kann der Barometer-Stand dazu dienen, zu erkennen, ob neu eintretende Winde nur local und sehr niedrig sind, oder ob sie durch Uebereinstimmung der Windfahne mit dem Barometer einem wirklich mächtigen neuen Luftstrom angehören. Wenn unten noch der Nordost-Strom weht, kann oben schon der leichtere Südwest-Strom herrschen und das Barometer schon niedrig stehen. Freilich können in nahe liegenden Orten gleichzeitig verschiedene Barometer-Stände bis zu gewissem Grade vorkommen, besonders auch in ungleichen senkrechten Höhen, also bis zu gewissem Grade locale Condensation oder aber Expansion der Luft, Vermehrung oder aber Verminderung des Dampfes. Indessen in der Regel ergeben auf einem grossen Gebiete die Barometer-Oscillationen ziemlich parallele Curven, und zwar wie die graphischen Darstellungen ferner lehren, fast immer in entgegengesetztem Sinne mit den Temperatur-Curven, beide kreuzen sich, entsprechend den physikalischen Gesetzen. Bei Windstille besteht fast immer ein hoher Barometer-Stand, weil und wenn der Grund der Windstille in einem Zusammentreffen entgegengesetzter Luftströme besteht (auch bei Gewittern häufig). Man hat durch Vergleichungen gefunden, dass zuweilen über mehre

Längen-Grade sich ausdehnende Luft-Wogen parallel auf einander folgen; wahrscheinlich bezeichnen diese durch ihre Ausdehnung die Breite grosser Luftströme. Da aber eine locale Differenz im Druck der so elastischen Atmosphäre erklärlicher Weise nicht lange Zeit anhalten kann, so erreichen niemals die Differenzen des Luftdruckes gleich grosse Amplituden wie die der Temperatur, seien es zeitliche oder räumliche. Dabei ist sehr beachtenswerth, dass eine Minderung des atmosphärischen Druckes, also ein Sinken des Barometers, in Europa gewöhnlich sich fortbewegt in der Richtung von Westen nach Osten, sehr wahrscheinlich weil eben so der eintretende Südwest-Strom sich fortbewegt, wenn er alternirt mit dem Nordost-Strome, diesen also nach Westen hin schiebt; hiermit scheint die Temperatur übereinzustimmen.

Es ist wohl kaum nöthig zu bemerken, dass das Zusammenfallen des Regen-Wetters mit dem niedrigen Barometer-Stande, des heiteren Himmels mit dem hohen Stande, nur eine klimatische Eigenschaft der westlichen Küsten-Länder der ektropischen Zone ist, nur Folge der wärmeren Temperatur des Aequatorial-Stromes, obgleich dieser zugleich viel Dampf enthält, nicht aber weil er viel Dampf enthält, wie die Meteorologie, europäischen Ursprunges, dereinst meinte, sogar annehmend, der leichtere Wasserdampf verdränge die schwerere Luft. Es kommt hierbei nur darauf an, an welcher Seite eines Klima's das Meer oder ein grosser Binnen-See und an welcher Seite ein grosser Continent sich befindet. Daher können Wasserdampf und Regen von jeder Seite hergeführt werden, also auch mit den kälteren Winden von der Nordost-Seite, aber freilich immer in grösserer Menge dann, wenn sie mit dem wärmeren Winde kommen, wie es in Europa von SW. der Fall ist. Das Verhalten in Europa hat vielleicht die Meteorologie lange an der Gewinnung richtiger Einsicht in dieser Beziehung gehindert.

Aus allen oben übersichtlich combinirten Thatsachen und besonders aus deren geographischer Consequenz geht unstreitig eine weit klarere Einsicht in die früher für so verwickelt gehaltenen Barometer-Schwankungen hervor. Der Dampf-Gehalt ist dabei mitwirkend als positiver Factor, aber mit einer der Temperatur entgegengesetzten Bedeutung, so dass beide Factoren sich kreuzende Curven bilden. Diese einfache Erkenntniss mangelte früher der Erklärung des atmosphärischen Druckes oder der Barometer-Variationen, obgleich schon Dalton richtig den Dampf-Gehalt als positiven Factor dabei bezeichnet hatte; man musste den Luftdruck für abnehmend halten nach den höheren Breiten hin, was mit den allgemeinen Gesetzen des Verhaltens der Luft bei geringerer Temperatur unvereinbar ist, wie auch die tägliche und jährliche Fluctuation in ihren Erscheinungen durchaus räthselhaft bleiben musste. (Empfehlenswerth ist der klar geschriebene Aufsatz „Barometer" von Muncke, in Gehler's Physikal. Lexikon.) Es gehört zu den grossen Verdiensten Dove's, seit 1831 die richtige Bedeutung des Wasserdampfes im atmosphärischen Druck rein hingestellt zu haben, wie sie aus der unentwirrbar scheinenden Zahl der meteorologischen Beobachtungen hervortritt und wie sie auch in der geographischen Uebersicht bestätigt wird. Die klimatische Bedeutung der Barometer-Variationen in horizontaler Ausdehnung ist freilich sehr gering, wie schon zu Anfange bemerkt ist, weil ihr geographischer Unterschied auf der Meereshöhe so unbedeutend ist, und die grösste mögliche momentane Schwankung von 2,5 Zoll noch keine bemerkliche Impression auf die Organismen ausübt, aber die Klimate, welche den höheren Boden-Erhebungen angehören, etwa von 3000′ bis 12,000′ hoch, zeigen hierin Unterschiede und Abstufungen, welche dem Barometer-Stande und, was er ankündigt, dem atmosphärischen Druck, sehr grosse klimatische Bedeutung zuwenden. (S. Klimatologie der Gebirge.)

Es ist noch zu erwähnen, dass es einige Gebiete giebt, wo man den mittleren Barometer-Stand bleibend eigenthümlich anomal niedrig gefunden hat, ohne dass man eine solche locale Ausnahme erklären kann. Es sind auch einige locale Ausnahmen mit ungewöhnlich h o h e m Stande bekannt, aber nur über ungewöhnlichen Depressionen der Erd-Oberfläche und dann sehr erklärlich, z. B. am Todten Meere, dessen Spiegel 1250′ tief liegt, am Caspi Meere, dessen Fläche 78′ tief, in der Oase Siwa, dessen Fläche 90′ tief liegt. Beispiele des anomal n i e d r i g e n Luftdruckes sind: in Island (64° N.), an der Ostküste von Sibirien bei Ochozk (58° N.), und am Cap Horn (55° S.). Obgleich die Theorie und das ungenügende Beobachtungs-Material wichtigen Einspruch thun, sind diese Beispiele doch nicht zu verleugnen. Bei Ochozk hat sich ergeben, nach mehren Beobachtern (Erman und Stanizky), auf dem 52° N. Br., als mittlerer Barometer-Stand nur 334,0‴ (anstatt etwa 336,0). In Sitka (57° N.) an der Nordwest-Küste von Amerika ist er zu 335,9 anzunehmen; aber es besteht hier auch die Anomalie, dass der Luftdruck, selbst ohne Dampf, im Sommer höher ist, als im Winter (im Januar 334,9, im Juni 337,4, ohne Dampf 333,3 und 334,1, also Dampf-Tension 1,6''' und 3,3'''). Zu Reykjavik in Island ist der mittlere Barometer-Stand nur 332,5. Am Cap Horn (55° S.) ist der mittlere Barometer-Stand gefunden (nach Darwin) um 0,7''' (engl.) niedriger als im Atlantischen und Stillen Ocean (wie 29,2'' zu 29,9''), im Juli 29,1'', im Jan. 29,3'', zu Port Famine (53° S.) war er vom Sommer bis Winter (Februar bis August), fünf mal täglich beobachtet, nur 331,7''', also etwa um 5''' eine negative locale Anomalie. Indessen ändert sich das Urtheil, wenn man erfährt, dass James Ross auf der ganzen Süd-Hemisphäre auf den höheren Breiten einen niedrigen Barometer-Stand gefunden hat, nach 4jährigen Beobachtungen (1839 bis 1843); er fand auf dem Aequator 29,9''' (engl.), am Cap und in Sydney (34° S.) 30,02, auf der Insel Kerguelen (49° S.) 29,4, Cap Horn (55° S.) 29,3, Falkland-Insel (51° S.) 29,4, auf dem 60° S. 29,1, auf dem 74° S. nur 28,9''. Wie gesagt, die Erklärung dieser topographischen Anomalien soll uns hier nicht weiter beschäftigen*).

In neuerer Zeit benutzt man anstatt des Quecksilber-Barometers vielfach und mit zufriedenstellenden Resultaten auch das Aneroïd-Barometer, wo der Luftdruck eine kupferne Membran trifft; die Eintheilung in Millimeter oder Linien ist dieselbe und Alles was oben über Luft- oder Barometer-Druck vorgetragen ist, gilt auch hierfür.

*) Man darf die Hypothese wagen, da die antarktische Polar-Zone im Winter weniger erkaltet als die arktische, wegen mangelnden Continents, freilich auch im Sommer kühler bleibt, aber im Ganzen auf den höheren Breiten weniger Continental-Ausstrahlung und Erkaltung erfährt, dass deshalb auch die Condensation der Atmosphäre etwas geringer ist.

Noten *) und Aphorismen.

Zu Cap. I. (Temperatur).

N. 1. (S. 22.) Die Tiefe der Insolations-Schicht auf der heissen Zone, nach den bis jetzt einzigen Beobachtungen in Trivanderam (Trevandrum), verdient eine nähere Erörterung. An diesem Orte, 8° N., an der westlichen Küste der indischen Halbinsel, sind die Untersuchungen der Temperatur des Erdbodens bis 12′ Tiefe angestellt (s. Annales de l'observatoire de Bruxelles, T. IV, 1845, S. 139). Einer mündlichen Aufforderung von A. Quételet nachkommend, hat sie Caldecott ausgeführt, 14 Monate hindurch, von Mai 1842 bis Juli 1843, in 3 Stufen, in 3′, 6′ und 12′ Tiefe. Die Thermometer waren so lang wie die Tiefen der Schachte, also das längste 12′ lang; sie waren mit Alkohol gefüllt, aber die Scala (nach Fahrenheit) erwies sich als nicht hinreichend hoch bezeichnet, so dass einige über 85° (F.) reichende Temperatur-Stände nicht haben gemessen werden können; auch ist bekanntlich der 0 Punkt hier im Vergleich mit dem Quecksilber um 2°,17 F. (0°,96 R.) zu niedrig; ausserdem ist von den Angaben der Tiefen abzuziehen die nahe an der Oberfläche dem Instrumente mitgetheilte Zugabe oder Minderung an Temperatur. Die Ablesung geschah viermal täglich, d. i. alle sechs Stunden, um Mittag, Mitternacht u. s. w. Erklärlicher Weise ergab sich eine nur sehr geringe Amplitude; ferner erschienen, weil hier auf dem 8° N. die Sonne im Jahre zweimal culminirt, auch zwei maxima und zwei minima, erstere bez. im März und October, letztere bez. im August und November; sie schritten langsam fort nach unten hin (jedoch etwa um das Doppelte rascher, als auf der gemässigten Zone), so dass wenn das erste maximum in 3′ Tiefe am 27. März eintrat, es in 6′ Tiefe erst am 11. April erschien, und wenn das erste minimum in 3′ Tiefe am 12. August sich einstellte, es in 6′ und in 12′ Tiefe erst bez. am 27. August und 7. October angelangt war. — Die Reihenfolge der mittleren Temperatur-Stände bis zur Tiefe von 12′, sowie die abnehmende Amplitude waren folgende (dabei sind nur das maximum und minimum der regenfreien Jahreszeit genommen):

Tiefe.	maximum.	minimum.	Amplitude.
Luft	22°,4 (22. März)	20°,2 (16 November)	2°,2
3′	25°,5 (27. März)	22°,6 (November)	2°,9
6′	25°,5 (11. April)	23°,1 (November)	2°,4
12′	25°.0 (?) (Juni)	23°,1 (15. December)	1°,9 R.

*) Diese Noten sind auch für sich verständlich und etwa als Aphorismen zu lesen.

Hieraus schliesst Quételet, dass, wie gesagt, die Transmission der Wärme rascher, etwa um das Doppelte, erfolgt, als auf der gemässigten Zone, etwa für 1 Fuss in 3 bis 4 Tagen; ferner folgert er, dass die Amplitude von 0°,01 in der Tiefe von 46' sich finden würde und die ganze Mächtigkeit der variabeln (oder Insolations)-Schicht etwa in 53' Tiefe sich endigen würde; und dass die tägliche Insolation nur 3' tief eindringe. — Da aber die jahreszeitliche Amplitude hier so gering ist, muss sie in gewisser beträchtlicher Tiefe schon unmessbar werden, ohne dass sie damit wirklich völlig aufgehört hat und damit die ganze Schicht der von der Sonne stammenden oder terrestrischen Wärme. Die Temperatur der Quellen auf der heissen Zone überhaupt spricht für die Vermuthung, dass hier die Abnahme der Wärme noch in grösseren Tiefen sich fortsetze, was nicht der Fall sein könnte, wenn schon die innere tellurische Erde so nahe unter der Oberfläche (53' tief) beginne. Entschieden aber widersprechen obige Befunde der Meinung, dass sogar nahe der Tiefe von 1' die Temperatur schon völlig unveränderlich sei, und es beginne wohl gar hier schon die innere eigene tellurische Wärme der Erdkugel, obgleich hier die mittlere Temperatur eines Ortes annähernd zu finden, als bewährtes Verfahren nicht bestritten werden soll. Ein artesischer Brunnen würde leicht lehren können, ob die Wärme im Erdboden bis etwa 200' Tiefe schon progressiv um 2° R. zunehme, wie auf der gemässigten Zone, oder aber noch nicht. (Neuerlich haben die Brüder Schlagintweit Untersuchungen über die Bodenwärme in Ostindien angestellt.)

N. 2. (S. 22.) Als Beweise für die grössere Tiefe der Insolations-Schicht auf der heissen Zone kann man folgende angeben: 1) Die Beobachtungen in Ostindien, wenn auch noch ungenügende, wonach eine doppelt raschere Fortleitung der solarischen Erwärmung, als auf der gemässigten Zone sich ergiebt. 2) Die Temperatur der Quellen, welche 1° bis 2° R. niedriger ist, als die mittlere Temperatur der Luft, während auf der kalten Zone umgekehrt erstere um so viel wärmer ist, als letztere. 3) Die Ausstrahlung der Boden-Oberfläche bei klaren Nächten im Inneren grosser Continente der heissen Zone könnte wohl kaum so bedeutende Abkühlung der Oberfläche hervorbringen, um 20° bis 30° R., bis zum Frostpunkte, wenn nahe, in 1' Tiefe, schon die eigene innere unveränderliche Temperatur bestände. 4) Die Theorie spricht nicht dagegen, sondern dafür, dass eine grössere Intensität solarischer Einstrahlung auch tiefer in den Boden dringen muss. Denn als dereinst die Erdkugel sich abkühlte im Verhältniss zu der von aussen ihr zukommenden Sonnen-Wärme, so erfolgte dies, indem diese Wärme nicht in dem umgebenden Raume schon bestand, sondern indem sie erst auf der Oberfläche der Erde selbst, gleichsam durch deren Reaction gegen die Sonnenstrahlen, gebildet wurde und dann nach beiden Seiten, sowohl in die untere Schicht der Atmosphäre wie in den Erdboden, im Verhältniss zu ihrer Quantität, sich mittheilte. 5) Nicht entgegensteht die Thatsache, dass schon in der Tiefe von 1' die mittlere klimatische Temperatur auf der heissen Zone sich ausspricht; denn die sehr geringe Amplitude der täglichen Variationen macht erklärlich, dass sie in 1' Tiefe fast schon verschwunden ist, obwohl sie in Wirklichkeit noch in grosse Tiefe sich fortsetzen kann. Aehnliches gilt von der jährlichen Fluctuation; mit sehr schmaler, gleichsam zugespitzter Amplitude, kann sie doch sehr tief eindringen. Ueberhaupt könnte ja die Insolations-Schicht bestehen auch ohne alle Variation; z. B. wenn die Erde ohne Schiefe der Ekliptik die Sonne umkreiste. Das wesentliche charakteristische Merkmal der eigenen nicht solarischen Wärme der Erde ist ihre progressive Zunahme nach unten, welche zugleich stabil ist; und dies Phänomen ist eben nicht in der äusseren Schale der Erde auf der heissen Zone zu finden. 6) Da auf der kältesten Zone, mit —8° R. mittlerer Temperatur, die Insolations-Schicht nachweislich und entschieden weniger tief ist, als auf der gemässigten Zone, mit 8° R. mittlerer Temperatur, etwa wie 30' zu 75', so darf man auch folgern, dass in gleichem Verhältnisse ihre Tiefe nach der heissen Zone zunimmt, indem das maximum in der Gegend des Wärme-Centrums, beim Rothen Meere, sich finden würde, wo 26° R. als mittlere klimatische Temperatur besteht und wo demnach 200' als Tiefe der Insolations-Schicht anzunehmen, nicht unrichtig gerechnet wäre. — (Man denke sich auch einmal, die glühende Erdkugel habe dereinst sich abgekühlt ohne solarische Einstrahlung; dann würde auf der ganzen Oberfläche die Abkühlung bis zu gleicher Tiefe erfolgt sein. Fügt man nun die Vorstellung hinzu, den mittleren Gürtel der Erde umgebe ein heisser Reif, so würde dessen wärmende Einwirkung am tiefsten eindringen in seiner Nähe, abnehmend nach den Polen, auch wenn der Reif vom Beginn der Abkühlung an gewirkt hätte. Aehnlich aber ist das Verhalten der Insolation zur Erdkugel.) — Endlich um zu zeigen, dass auch Fourier's anerkannte Theorie nicht gegen das Vorgetragene Einspruch thut, mag daran erinnert werden, dass jene annimmt, „die Wärme, welche in den Aequatorial-Gegenden eindringt", sei genau compensirt durch die, welche in den Polar-Gegenden entweicht.

N. 3. (S. 28.) Die Temperatur der Oberfläche des Erdbodens auf der gemässigten Zone, näher verglichen mit der Luft-Temperatur, hat ergeben zu Gap, im südlichen Frankreich (44° N.), im Sommer 1841, im Schatten, erstere in ½ Zoll Tiefe beobachtet, letztere in 3 Fuss Höhe, dass bei Sonnen-Aufgang beide gleich waren, dann begann eine steigende Differenz, zunehmend bei heiterem Himmel, am höchsten um 2 Uhr Nachmittags, bis 11° R., dann wieder abnehmend, und bei Sonnen-Untergang nur 0°,8 R. betragend; nach Regen wurde die Boden-Temperatur auf kurze Zeit niedriger (s. L'Institut, 1841, nach Rozet).

N. 4. (S. 32.) Ueber die Beobachtungen des Boden-Eises zu Jakuzk, im sogenannten Schergin-Schacht, macht K. Baer die Bemerkung, dass in dem frei liegenden Schacht eine Abkühlung im Winter erfolge und daraus eine um mehre Grade zu niedrige Angabe der Temperatur entstehe, nach Vergleichungen mit neueren Gruben (s. Poggendorf's Annalen der Phys., LXXX, 242); indessen bleibt doch das dargelegte Ergebniss im Ganzen richtig und brauchbar.

Es ist zu erwarten, dass man irgendwo vielleicht einmal die subterrestrische Eis-Schicht wie eine geologische Formation aufgeschlossen, zu Tage stehend finden würde. So ist es auch vorgekommen, im Kotzebue-Sunde, in der Eschscholz-Bucht, nahe der Berings-Strasse, 67° N. (s. Chamisso's Werke, B. I, S. 362), Auch Beechey (Voy. to the Pacific and Berings-Strait, 1830) und B. Seemann (Voy. of the Herald, T. II. und Botany, wo eine Abbildung gegeben ist) bezeugen sie. Sie scheint etwa 40' bis 100' mächtig zu sein; darüber lagern Thon und dann Torf, als einige Fuss hohe eisfreie Schicht. Hier verläuft ungefähr die Isotherme von —8° R., die Januar-Isotherme von —20° R., die Juli-Isotherme von 8° R. — Ferner finden sich Zeichen des zu Tage liegenden ewigen Boden-Eises längs den Küsten der Melville-Insel (74° N.) unter dem Meere, von E. Parry bemerkt (s. Voy. of Discov., p. 235, und auch J. Richardson im Journal geogr., S. 1839, p. 334).

Auf der Süd-Polarzone ist wenig Gelegenheit, das Boden-Eis wahrzunehmen; indessen findet sich eine Andeutung davon in R. Foster's Voy., 1834, von W. Webster; auf der Insel Deception (65° S.) öffnete man das Grab eines vor Jahren Beerdigten und fand den Körper unverwest; hier verläuft etwa die Isotherme von —2° R., selbst im Januar und Februar hebt sich die Temperatur kaum über 0°, der Schnee ist permanent, Vegetation fehlt. Auch J. Weddell fand und bezeugt wirklich ewiges Eis im Boden schon auf der Insel Neu-Schottland (62° S.) im Januar (Voy. towards the South-Pole, 1825); nach seiner Meinung bildet sich überhaupt das Eis auf offenem Meere, nur an den Küsten, was freilich nicht wohl angenommen werden kann.

N. 5. (S. 41.) Das räumliche Verhältniss des Festlandes zum Meere beträgt, genauer angegeben, 2,463,000 zu 6,798,000 Quadrat-Meilen, für die Erde im Ganzen gerechnet. Aber auf der nördlichen Halbkugel is der Umfang des Landes fast dreimal grösser, als auf der südlichen; das Verhältniss des Landes zum Ocean rechnet man auf der ersteren wie 100 zu 154, auf der anderen wie 100 zu 628 (nach Wappäus, in Stein's Handbuch der Geographie, 1854). Also das Verhältniss des Landes zum Meer ist für die ganze Erde etwa wie 1 zu 3, aber auf der nördlichen Hemisphäre etwa wie 5 : 7,7 (1 zu 1,5), auf der südlichen wie 5 : 31,4 (1 zu 6,2). Ferner ist noch zu unterscheiden, dass auf der Nord-Hälfte das Land überwiegend nach dem Pole hin liegt, auf der Süd-Hälfte aber überwiegend, ja fast allein nach der Aequator-Seite hin.

N. 6. (S. 43.) Bei Beurtheilung der oceanischen Temperatur-Vertheilung auf der Oberfläche ist nicht zu übersehen das in H. Berghaus, Abriss der physikalischen Erdbeschreibung (I. Band der Allg. Länder- und Völkerkunde, 1837), aus Humboldt's Manuscripten darüber Mitgetheilte (S. 497). Nach diesen Angaben erfolgt im Atlantischen Ocean auf dem 45° N. die Erwärmung des Oceans so langsam, dass die Temperatur der Oberfläche noch im Anfang März sogar um 0°,4 R. niedriger ist, als im Januar, wo sie 9°,7 hier beträgt; im August dagegen ist sie hier (nach Rennell) 16° R. Auf dem 30° N. ist sie im Januar 14°,9, im August 20° R. — Wie sicher die angegebene Gesetzlichkeit der verschiedenen solarischen Erwärmung von Meer und von Land sich in den einzelnen Fällen bewährt, davon giebt auch ein Beispiel das Rothe Meer, dieses schmale Becken, welches das wärmste Gebiet der Erd-Oberfläche, ihr eigentliches Wärme-Centrum, quer durchschneidet. Im April (1840) änderte sich die Temperatur des Meerwassers nach stündlichen Beobachtungen von 21°,1 bis 23°,5 R., and zwar im Vergleich mit der Luft war das Meer wärmer um etwa 1° R., von Mitternacht bis Morgen, kälter um 1° von Mittag bis Abend. Hier erhält die Luft ihre Temperatur überwiegend vom Lande (Buist, im J. of geogr. Soc., Lond. 1853). — Die Evaporation ist hier sehr intensiv, sie beträgt, Beobachtungen zufolge, in Aden 7', auf der Sinai-Halbinsel 8' im Jahre. Auch der starke, aber schmale einfliessende Meeres-Strom erklärt sich hierdurch, da keine bedeutende Flüsse einmünden.

N. 7a. (S. 47.) Für die submarine Temperatur zumal des Nordpolar-Meeres mögen noch einige Zeugnisse angeführt werden. Das Ansteigen der submarinen Temperatur-Flächen vom Aequator nach den Polen hin beweist die in der Tiefe von 600' gefundene Abnahme der Temperatur längs der Breitekreise; nach Horner, in Krusenstern's Reise um die Welt, ergeben die meisten Messungen folgendes Schema:

Breitekreise	1° N.	9° N.	13° N.	28° N.	36° N.
Temperatur in 600' Tiefe	9°,0 R.	13°,7	8°,2	6°,1	6°,1

Was aber das Erscheinen der homothermischen Grundschicht auf der Oberfläche in der Nähe des Nordpolar-Beckens betrifft, da wo sie zugleich die Wende-Linie der verschiedenen Temperatur-Folgen, zwischen der allgemeinen Haupt-Masse des

Oceans und dem Polar-Becken bildet, so erweisen deren Oertlichkeit einigermassen, sowohl im Atlantischen wie im Grossen Ocean, folgende Beobachtungen Beechey's; er fand:

Im Atlantischen Ocean (55° N., 74° W. im September)		Im Grossen Ocean (58° N., 187° W., im Juli)	
oben	5°,1 R.	oben	9°,7 R.
600' tief	4°,7	600' tief	5°,7
1380' „	4°,7	1200' „	4°,2
1980' „	3°,7	1960' „	3°,7
2580' „	4°,2 (?) R.	2650' „	3°,7 R.

Wollen wir die Temperatur von 3°,7, welche wir hier bei etwa 2000' Tiefe finden, als der homothermischen Temperatur der Grundschicht nahe kommend ansehen, so wäre diese hier schon so hoch gestiegen und würde wahrscheinlich einige Breitegrade nördlicher auf die Oberfläche treten.

Zu den Beweisen über die nach unten gewendete Zunahme der oceanischen Temperatur im Polar-Becken mögen hier noch die Autoritäten von Beechey und Scoresby, ausführlicher angegeben stehen, wenigstens für den grossen Raum zwischen Spitzbergen und Grönland. Beechey (Voyage of discovery towards the North-Pole, 1843, unter Buchan) sagt S. 340, er habe zwischen 79° und 80° N., in Uebereinstimmung mit Scoresby, gefunden im Juli die Temperatur des Meeres auf der Oberfläche einmal — 0°,4, meistens 0°,0, 0°,2, bis 0°,8 R., dann nach unten zu:

200' tief	im Hafen	1°,1
600' „	im offenen Meere	1°,5
1000' „	„ „ „	2°,0
1400' „	„ „ „	2°,2
2000' „	„ „ „	1°,8 R.

Scoresby's Untersuchungen (An account of the arctic regions, 1820, S. 187) zwischen Spitzbergen (80° N.) und dem Nordcap (70° N.) angestellt, vom 19. April bis 7. Juni, in fünf verschiedenen Jahren, lassen folgende Befunde zusammenstellen:

Tiefe.	Temperatur des Meeres.	Temperatur der Luft.
oben	— 1°,4 bis — 0°,8	im April
120' tief	— 1°,7 bis — 0°,1	— 8°,6 bis — 3°,1
300'	— 1°,6 bis — 0°,1	im Mai
600'	0°,0 bis 1°,7	— 7°,1 bis 2°,7
720'	0°,0 bis 1°,9	im Juni
1300'	0°,5	1°,7 bis 3°,5
2400'	1°,7	
4380'	2°,2	
4566'	2°,6	

Das specifische Gewicht des Meerwassers fand er immer 1,026.

N. 7b. (S. 47.) Ueber die Temperatur-Gesetze im Polar-Meere mag hier folgendes Resultat kurz zusammengefasst werden, wie es sich uns aus den zahlreichen empirischen Befunden der Seefahrer ergeben hat: Das maximum der Dichtigkeit und Schwere besitzt das Meer bei 2° R.; daher findet sich diese Temperatur unten, in der Tiefe des ganzen Oceans. Das Meer gefriert erst bei — 1°,8 (bis — 2° R.); daher findet sich diese Temperatur oben, so lange das Meer in flüssigem Zustande bleibt, selbst bei strengster Kälte der

Luft und selbst nahe unter der, oft auf der Oberfläche weit kälteren Eisdecke *). — Ferner ist zu bedenken: das Wasser welches in Abkühlung begriffen ist, hört auf sich zu condensiren bei 2 ⁰ R. (süsses Wasser schon bei 3⁰,2, wir sprechen hier aber zur Zeit nur vom Wasser des Oceans), bei weiterer Abkühlung beginnt es sich auszudehnen, und zwar so rasch, dass schon Eis (bei 0⁰ des süssen Wassers und) des oceanischen Wassers bei — 1⁰,8 auf kochendem Wasser schwimmt.

Die auf S. 46 gegebene Anmerkung über die Lagerung der Meeres-Schichten erfährt danach noch nähere Erläuterung. Da das oceanische Wasser bei 2⁰ R. am dichtesten ist, sich dann aber ausdehnt, in beiden Fällen, sowohl bei steigender wie bei sinkender Temperatur, und da das Eis bei — 1⁰,8 doch sogar schon leichter ist **), als kochendes Wasser bei 80⁰ R., so überholt also hier die Ausdehnung bei sinkender Temperatur die Ausdehnung bei steigender Temperatur (wie 3⁰,8 zu 78⁰) um mehr als das 20fache. Denken wir uns den Vorgang der Vermischung des wärmeren Wassers aus dem grossen Ocean mit dem kälteren Wasser im Polar-Becken einmal präciser, zufolge jener hydro-thermischen Gesetze, so ergiebt sich, dass das in das Polar-Becken eindringende Wasser, selbst wenn es kochend heiss wäre, doch noch unter der Eisdecke liegen würde; dagegen wird es immer über der Grundschicht von 2⁰ bleiben, mag es nun über diesem Grade oder unter demselben temperirt sein. Wenn nun im Sommer auch die Temperatur des Polar-Meeres auf der Oberfläche über 2⁰ besitzt, so wird dieses so erwärmte Wasser freilich auch oben bleiben, und dann wird sich eine Abnahme nach unten hin ergeben (ausserdem aber kann vorkommen, dass eine obere Fläche des Meeres von etwa — 1⁰ Temperatur local bedeckt ist mit geschmolzenem Eiswasser, was leichter ist, weil ihm das Salz fehlt). Wenn also südlicheres oceanisches Wasser, etwa von 5⁰ R. Temperatur, in das Polar-Becken eindringt, zum Ersatz des von hier ausgeflossenen, so wird es immer oberhalb der Grundschicht von 2⁰ R. sich halten, aber unterhalb der Eisdecke oder der Oberfläche von — 1⁰,8 bis 0⁰ u. s. w., also etwa in der Mitte, jedenfalls ein submariner Strom sein, ausser wenn schon an die Oberfläche des Polar-Meeres, selbst die Temperatur von 2⁰ hinaufreicht, was im Sommer möglich ist. Dagegen die kälteren polarischen Meeresströme, etwa von 1⁰ R. Temperatur, die nach dem südlicheren Ocean fliessen, werden, nachdem sie die Temperatur-Linie von 2⁰ R. überschritten haben, und zunehmend in wärmere Gebiete gerathen, ebenfalls untersinken und submarin werden, weil nun das zunehmend wärmere Meerwasser auch zunehmend leichter wird. — Dass auf jene Weise hier eine Uebereinstimmung der Theorie mit dem empirischen Befunde besteht und trotz der verwickelten hydro-thermischen Verhältnisse eine gewisse Klarheit des Verständnisses erreicht wird, kann wohl nicht geleugnet werden.

N. S. (S. 48.) Die Temperatur des Südpolar-Meeres. Auch J. Biscoe fand auf dem 58⁰ S., im Februar 1831, Eisfelder, und dann auf dem 68 S. das Meer-

*) Die Mächtigkeit der Eisdecke betreffend, so fand sie J. Ross bei Boothia nur 10 bis 11 Fuss; aber nach Scoresby haben die Eisfelder an der Küste von Grönland 4 bis 6 Fuss Höhe über dem Wasser und etwa 20 Fuss Tiefe unterhalb; am Ende des Winters fanden auch Kane und Sutherland das Eisfeld 16′ bis 20′ dick. Die Ausdehnung solcher Eisfelder kann 25 geogr. Meilen in Länge, 12 in Breite erreichen. Sie finden sich nicht so gross im Südpolar-Meere, aber die Eisberge sind hier grösser.

**) Das specifische Gewicht des Meer-Eises fand Scoresby im Verhältniss zum Meerwasser = 0,894; das specifische Gewicht des Eises der Flüsse fand Horner = 0,95.

wasser oben 0°,9 R., die Luft —0°.4, die Winde waren meist SO., weiter entfernt vom Südpol aber anhaltend westlich. — Weddell fand auf 60° S., im Januar, das Meerwasser oben 0°,4, die Luft 2°,6; auf 65° S., im Februar, das Meer oben 2°,1, die Luft 0°,8; beide Beobachtungen geschahen zwischen schwimmenden Eis-Inseln. — Wenn wir übrigens auf dem Südpolar-Gebiete mehr Eis finden, so ist dies erklärlich, weil die Meeresfläche grösser ist, aber dieses Eis erkaltet doch weniger im Winter, als das des Nordpolar-Gebiets, und auch muss das Boden-Eis auf letzterem weit ausgedehnter und tiefer sein, als dort. Das Circumpolar-Gebiet der Süd-Hemisphäre, etwa vom 50° S. an, ist für wärmer zu erklären, als das der Nord-Hemisphäre, ersteres hat kühlere Sommer, aber deshalb gewiss auch weniger kalte Winter, weil es überhaupt weniger Continent enthält. Genauer vergleichen, nach empirischen Thatsachen, lassen sich beide noch gar nicht, weil man vom Winter des Südpolar-Gebietes noch gar keine Erfahrungen gemacht hat.

N. 9. (S. 52.) Die Temperatur-Verhältnisse des Circumpolar-Gebiets erweisen sich als dem See-Klima angehörend. Wenn man z. B. die Temperatur-Verhältnisse der Melville-Insel (74° N.) [oder auch der Beechey-Insel (74° N.)] vergleicht mit derjenigen in dem fast 10. Breitegrade südlicher gelegenen Fort Franklin (65° N.), so erkennt man sogleich, dass in letzterem ein Continental-Klima besteht, aber in ersterem ein See-Klima, denn jenes ist weit excessiver, dieses ist limitirter, obgleich dieses so viel näher dem Pole liegt und hier die mittlere Jahres-Temperatur auch geringer ist. Im Fort Franklin ist die mittlere Temperatur des Jahres —6°,5, auf Melville-Insel —14°,4, dort ist die des Januar —24°, hier —28°, dort ist die des Juli 8°,9, hier 4°,6, also an beiden Orten ist die Amplitude der extremen Monate etwa 33° R.; aber vergleicht man die absoluten Extreme, so war dort das min. einmal —40° (max. 21°), hier nur —37°; die extremste Amplitude also unterschied sich noch mehr, sie war dort 61°, hier nur 49°; auch die tägliche Fluctuation hatte im Januar dort eine mittlere Amplitude von 1°,8, hier nur 0°,5. Hieraus lässt sich mit ziemlicher Sicherheit folgern, dass in der Nähe der Melville-Insel weiter nördlich kein grosses Continental-Land sich befindet, weil sonst das Klima auch auf dieser Insel weit excessiver sein würde, als auf dem südlicher liegenden Festlande; also ist dies ein Argument mehr für das Bestehen eines offenen Meeres am Nord-Pole. (Aus anderen Stationen lauten die Zeugnisse übereinstimmend, selbst im Renselaer Hafen (78° N.) betrug die Amplitude der extremen Monate nicht mehr, 31° R., das extremste minimum —45° (max. 9°,7), also die extremste Amplitude war weit geringer, 54° R., als im Fort Franklin, also oceanisch.)

N. 10. (S. 52.) Das Polar-Eis in der Nähe der Berings-Strasse reicht im Winter hinunter bis nahe nördlich von den Aleuten, d. i. etwa bis 60° N. (nach Wrangell), im Sommer zieht es sich hier zurück, selten bis über 70° N. (nach Chamisso). Die höchste Pol-Höhe, welche ein Schiff hier erreicht hat, war nur 73° N. (nördlich von der Heralds-Insel), während bei Spitzbergen das Meer im Sommer bis 82° N. eisfrei sein kann (nach Parry). Es braucht wohl kaum bemerkt zu werden, dass die Menge und die jahreszeitlichen Grenzen des Eises im Mittel der Jahres-Reihen gleich bleiben, wenn auch jährliche Unterschiede bis zu bestimmtem Maasse darin vorkommen können. (Eine anschauliche Darstellung der klimatischen Geographie des Circumpolar-Beckens enthält A. Petermann's Schrift, The search for Franklin, 1852.)

N. 11. (S. 157.) Als Ursachen des Austausches der Wassertheile im Ocean zwischen den Polen und dem Aequator-Gürtel, also als Ursachen der oceanischen Circulation und der grossen Meeres-Strömungen kann man folgende aufzählen:

1) Die Differenz der Temperatur, die Extreme sind —2° und 24° R. (oder richtiger, die specifische Schwere mit berücksichtigt, welche am grössten ist bei 2°, dieser Grad und 24°). 2) Das Schmelzen des angehäuften Polar-Eises im Sommer. 3) Das Einmünden vieler grossen Ströme in das Nordpolar-Becken im Sommer. 4) Der weit stärkere Verlust durch Evaporation auf dem Aequator-Gürtel, der auch durch den nach den höheren Breiten ziehenden Wasserdampf verschleppt wird. Demnach müsste der ganze Austausch grösser sein im Sommer, und wirklich ist die Geschwindigkeit des Golfstromes, hiermit übereinstimmend, grösser im Sommer. Einigen Antheil haben auch die Winde; jedoch sind die dadurch bewirkten Meeres-Strömungen nur oberflächlich, nicht anhaltend und verschiedener Richtungen. Einer Verschiedenheit an Salz-Gehalt ist wohl gar keine Mitwirkung zuzuschreiben, obgleich man dies angenommen findet, indem am Pole dieser Gehalt, wie auch überhaupt das specifische Gewicht des Meerwassers, bei gleicher Temperatur, nicht geringer ist, als auf dem Aequator-Gürtel (ausser in unmittelbarer Nähe des schmelzenden Eises und der Fluss-Mündungen, obgleich das Gefrieren des Meerwassers auch viel Salz frei giebt). Das specifische Gewicht des Polarischen Meerwassers ist 1,026 (nach Scoresby), dessen Salz-Gehalt 3,92 proc. Das Rothe Meer hat auch specifisches Gewicht 1,026 und Salz-Gehalt 3,92 proc. (nach Buist). Das intertropische Meer im Ganzen (nach Horner, J. Davy, Schlagintweit) hat specifisches Gewicht 1,027, Salz-Gehalt 3,92 proc. (s. auch G. v. Klöden, Phys. Geographie, 1859). Freilich einzelne umschlossene Meeres-Theile haben überwiegend süsseres Wasser, z. B. das Schwarze Meer hat specifisches Gewicht nur 1,014, Salz-Gehalt nur 1,77 proc. — Wahrscheinlich ist die Temperatur-Differenz auch für die Circulation im Ocean, mittelst Strömungen, welche theils neben einander, theils über einander liegen, die eigentliche Motivkraft, wie für die Circulation in der Atmosphäre. Das kältere und deshalb dichtere und schwerere Wasser (genau gedacht aber nur bis 2° R. am schwersten) dringt, gleichsam in Folge von Aspiration, zum wärmeren und leichteren, welches, erst nachdem es durch die Rotation der Erdkugel nach Westen geschwankt hat, zurückfliesst nach dem Polar-Centrum, zur Compensation, und zwar nach der Oeffnung des Polar-Beckens, daher in nordöstlicher Richtung. Dies könnte aber nicht in der Gestalt und in dem Maasse Statt haben, wie es in Wirklichkeit sich vorfindet, wenn nicht die Configuration der Land-Bildung und die Gestalt des polarischen Meer-Beckens hier Bedingungen vorschrieben, wie auch die Gewalt und die Masse der Aus- und Einströmungen als ein vornehmliches Argument angesehen werden müssen für die Annahme eines in bedeutendem Umfange weiten und freien Circumpolar-Beckens. Man kommt gewiss zu einer richtigeren Vorstellung, wenn man annimmt, bei rein oceanischer Oberfläche der Erdkugel würde sich die Circulation im oberen Theile des Oceans analog verhalten wie im unteren Theile der Atmosphäre, d. h. eine Strömung vom kalten Polar-Centrum würde nach dem peripherischen Gürtel der Halbkugel erfolgen in schräger Richtung, und entsprechend eine Rückströmung. Diesem Bilde nähert sich schon das Verhalten auf der Süd-Hemisphäre. Da man aber annehmen kann, dass ein gewisser grosser Austausch durch Strömungen im Ocean stattfinden soll, so erscheint dazu auch ein grosses Polar-Becken auf der Nord-Hälfte teleologisch nothwendig.

N. 12. (S. 57.) Die Meeres-Tiefe hat auch klimatische Bedeutung, zunächst weil sie auf die Temperatur und auf die Strömungen im Ocean Einwirkung übt. Eine Vorstellung von der verticalen Configuration des Meresgrundes wäre uns sehr nützlich, aber wir wissen noch sehr wenig davon. Dereinst hat man die allgemeine mittlere Tiefe des Oceans für entsprechend gehalten der allgemeinen mittleren Höhe der Continente und beide für gleich angenommen, aber ohne Berechtigung und ohne Beweise. Nur einiges das Atlantische Meer Betreffende mag hier erwähnt werden. Zwischen Spitzbergen und Grönland, d. i. im Grönländischen Meere, also im Polar-Becken, hat man bis zur Tiefe von 8000′ keinen Grund erreicht (nördlich von der Berings-Strasse beträgt die grösste Tiefe nur 220′). Zwischen Irland und Neu-Fundland hat man einen Meeresboden gefunden, der auf einer Strecke von etwa 1600 Seemeilen (400 geogr. Meilen) wahrscheinlich nirgends tiefer, als 10,000′ liegt. Das Deutsche Meer (die Nordsee) ist im Mittel 600′ tief, aber zwischen Schottland und Norwegen sind Tiefen von 3000′ gemessen. Die Ostsee ist in der Mitte nur 180′ bis 240′ tief. Die grösste Tiefe, welche man im Atlantischen Meere gemessen hat, ist 24,000′ östlich von Nord-Amerika, zwischen den Bermudas und Neu-Fundland und auch auf der Süd-Hälfte, zwischen Afrika und Süd-Amerika. Das grosse Sargasso-Meer, zwischen den Azoren und den Canaren, ist wahrscheinlich ein submariner Hochboden. Im Caraibischen Meere ist die Tiefe etwa bis 6000′ gefunden, aber im Mexicanischen Golf, wohin der arktische Strom untermeerisch zunächst hindringt, zwischen Tampico und Veracruz, beträgt sie nur 3000′. — Bänke im Meere haben eine besondere Bedeutung, nicht nur in Beziehung auf die Strömungen, welche dadurch abgelenkt werden oder aus der Tiefe kälteres Wasser daran aufwärts führen, sondern auch weil sie im Zusammenhang mit dem Festlande im Sommer erwärmend wirken, selbst in den höheren Breiten. Sie sind dann wärmer, als die unteren Tiefen, bieten einen Standort für See-Vegetation, damit auch für die niedere Thierwelt, und in Folge davon sammeln sich bei ihnen Fische, Vögel und Fischer. — In neuerer Zeit hat die Niederlegung von Telegraphen-Kabeln Gelegenheit gegeben, die Gestalt des Meeres-Grundes kennen zu lernen, und wird noch mehr Gelegenheit dazu geben.

N. 13. (S. 62.) Die Sommer-Kältepole. Es kann nicht fehlen, dass die im Sommer niedriger bleibende Temperatur der Meeres-Oberfläche im Vergleich zu derjenigen des Festlandes, sich auch ausspreche in der Gestaltung der Temperatur-Linien des nördlichen Circumpolar-Gebiets; ihre Curven müssen im Sommer auf dem Continente steigen und auf dem Ocean fallen, im Winter aber muss das Gegentheil Statt haben, und in Folge davon müssen zwischen den beiden Continenten im Sommer zwei oceanische Pole der niedrigsten Temperatur oder der grössten Sommer-Kühle entstehen (welche im Winter dagegen continentale Lage annehmen). Die Isothermen-Linien umgeben das Circumpolar-Gebiet in Gestalt unregelmässiger Kreise und wenn man sie auf einer Karte näher betrachtet, so wird man finden, dass der Isotherm-Kreis des Juli von 2° R. wirklich dem Isotherm-Kreise des Januar von —28° R. querüber liegt; beide erscheinen wie zwei sich kreuzende Ellipsen, deren beide Spitzen im Winter auf den beiden einander gegenüber liegenden Continenten ruhen (Asien und Amerika, von Jakuzk nach der Melville-Insel), aber im Sommer auf die beiden zwischenliegenden Meere fallen, das Grönländische bei Spitzbergen, und das Berings-Meer.

Indessen treten dabei im Sommer zwei locale Anomalien hervor. Während die winterliche Isotherm-Ellipse eine ziemlich regelmässige Gestalt hat, zeigt sich die sommerliche verschoben in eine fast dreieckige Gestalt, in Folge davon, dass an zwei Stellen das Festland nicht die ihm in der Regel zukommende höhere Temperatur erfährt. Die Ursache davon ist eine hier ungewöhnlich lange beharrende Eismenge. Diese beiden anomal kälter bleibenden Gebiete liegen: das eine im Norden der Hudsons-Bay, weil diese keine unmittelbare Verbindung mit dem wärmeren grossen Ocean hat, das andere an der Ostseite von Novaja Semlja, weil hier wegen der arktischen Strömung ungewöhnlich viel Eis angeschwemmt wird und gelagert bleibt; dort liegen Port Bowen und die Winter-Insel, hier die Karische Pforte. In der That in Port Bowen (73° N., 88° W. Gr.) erreicht die mittlere Temperatur des Juli kaum über 2° R. und das absolute maximum nur 8°,4, im August, und ähnlich verhält sich die Sommer-Temperatur 7 Breitegrade südlicher auf der Winter-Insel (66° N., 83 W.), sie ist hier im August 2°,1, das maximum nur 8°,0, im Juli, während doch zu gleicher Zeit noch acht Breitegrade nördlicher, auf dem westlichen Winter-Kältepol, auf der Melville-Insel (74° N.) die mittlere Temperatur des Juli 4°,7 beträgt und das maximum 12°,4 R. (selbst auf dem 78° N. im Renselaer Hafen nahe der Nordküste von Grönland ist die mittlere Temperatur des Juli 4°,7 gefunden, das max. 12°,4 R.). Auch bezieht sich diese locale anomale niedrige Temperatur nur auf den Sommer, denn im Winter bleibt sie weit höher auf der um acht Breitegrade südlicher gelegenen Winter-Insel, als auf der Melville-Insel, wie —23° zu —33°. Was ferner die locale Sommer-Anomalie auf der Küste von Asien betrifft, so hat man in der Karischen Pforte (70° N., 59° W.) im Juli nur 1°,9 mittlere Temperatur gefunden, obgleich sonst auf dem Sibirischen Continente, entsprechend seiner grossen Ausdehnung, die Sommer-Wärme weit höher steigt, als im nordamerikanischen Archipel (z. B. in Ustjansk [70° N.] hat der Juli mittlere Temperatur 11°.8). Dass aber die Ursache dieser localen Sommer-Kühle lagerndes Winter-Eis ist, erweist sich auch daraus, dass die Temperatur in späterer Zeit des Sommers höher steigt, nämlich gegen die sonstige Regel im August höher als im Juli, und auch der September zeigt noch die normale Temperatur freier hervorgetreten, weil das Eis mittlerweile geschmolzen ist. So verhält es sich sowohl auf der Winter-Insel wie in der Karischen Pforte; dort hat die mittlere Temperatur folgende Vertheilung: im Juli 1°,4, im August 2°,1, im September —0°,1, hier ergiebt sie: im Juli 1°,9, im August 2°,4, im September —0°,8 (während in Ustjansk der August und September schon weit kälter sind, als der Juli, nämlich der Juli 11°,8, August 5°,6, September — 6°,1 R., und auch im Ocean, an der Küste von Spitzbergen hat der Juli 1°,7, aber der August nur noch 0°,8 R.). — Wie zu erwarten ist, besteht auch die dürftigste Vegetation und Land-Thierwelt eben auf den genannten zwei polarischen anomal kühlen Sommer-Klimaten.

Gebrauchen wir hier einmal unsere S. 70 angegebene Methode der feineren Bestimmung des klimatischen Wärme-Centrum, so erhellt das Gesagte sogleich deutlicher. Das summirte mittlere Temperatur-Quantum über 0° der drei Sommer-Monate beträgt;

auf dem eigentlichen oceanischen Sommer-Kältepol, bei Spitzbergen, nur 3°,3
auf dem anomalen kühlen Sommer-Klima, Winter-Insel . . . . 3°,6
„ „ „ „ „ der Karischen Pforte . . . 4°,7
auf dem westlichen Winter-Pole, Melville-Insel . . . . 6°,6
auf dem östlichen Winter-Pole, Jakuzk . . . . 46°,9 R.

Also erscheint der eigentliche kühlste Sommer-Pol im Meere, bei Spitzbergen, obgleich im Sommer überhaupt, die Differenz zwischen Continent und Meer nicht so bedeutend in den Temperatur-Verhältnissen hervortritt, wie im Winter, eben des treibenden Eises wegen, was die Temperatur wenigstens nicht über 0° annimmt und nicht.

höher steigen lässt in seiner Nähe. Demnach kann man wohl annehmen, dass die Sommer-Temperatur auf der Melville-Insel (74° N.) und überhaupt auf den nicht wenigen bekannten Stationen des polarischen Archipels, z. B. auch im Renselaer Hafen (78 N.), höher sich erheben würde, obgleich nur noch 16 bis 12 Breitegrade vom Pole entfernt, wenn nördlich noch ein bedeutender Continent läge, wie man auch Eismassen eben von Norden her nicht herantreiben gefunden hat, aber wohl im Winter aus solcher Richtung wärmere Winde erfahren hat und nur im Sommer kühlere.

Zu Cap. II. (Winde).

N. 14. (S. 88.) Ueber die innere Begrenzung des Passats durch die Isotherme bemerkt Dove einmal (Monatsberichte der Berliner Akademie, 1850, S. 265), dass auf der Nord-Hälfte des Atlantischen Meeres die innere Grenze des Passats beinahe völlig an die Isotherme von 21° R. sich anschliesst und mit dieser zugleich jahreszeitlich sich bewegt.

N. 15. (S. 91.) Auf der Insel Singapur (1° N.), am Süd-Ende der Halbinsel Malacca, zwischen den grossen Inseln Sumátra, Java und Borneo, also inmitten des Monsun-Gebiets, wird exceptionell der Calmen-Gürtel wieder hergestellt. Dies erhellt aus den Winden und aus den Regen. Das ganze Jahr kommen erfrischende Schauer, es besteht wenig Wechsel der Witterung; im Winter spürt man etwas vom NO.-Monsun, aber gegen den SW.-Monsun ist man völlig geschützt; auch fehlen hier Stürme (s. Crawfurd, Journal of an embassy to Siam and Cochin-China, 1830). Auch Finlayson (Mission to Siam, 1826) sagt, die regelmässige Einwirkung des Monsun wird hier wenig oder gar nicht gespürt, daher kommen wiederholte Regen. Auch zu Padang auf Sumatra (0°,56 S.) herrscht kein Monsun, regnet es in allen Monaten (Utrecht. Waarn.)

N. 16. (S. 94.) a) Ueber den Passat in der Sahara besitzen wir auch einige Angaben von E. Vogel, der ein Meteorologe war (J. of geogr. Soc., Lond. 1855, S. 244.). Er sagt, indem er von dem Wege durch die Sahara, von Tripolis (32° N.) nach Kuka (12° N.) spricht, über Tibu (19° N.), nördlich vom Tschad-See, im December; „der Himmel war immer gleichsam mit einem dichten Nebel bedeckt, in Folge des feinen Staubes, den der ONO.-Wind aufregte, welcher Wind in diesem Lande jeden Tag von Sonnen-Aufgang bis 1 Uhr Mittags mit grosser Heftigkeit weht.“ In Kuka (12° N.), 880′ hoch gelegenen, westlich vom Tschad-See, hat dieser Reisende regelmässige und umsichtige meteorologische Beobachtungen besorgt, ein volles Jahr hindurch, welche jedoch nicht näher bekannt geworden sind. Aber es finden sich schon frühere an diesem Orte angestellte, in dem Reisewerke von Denham, Clapperton (und Oudney) 1826; daraus ersieht sich unzweifelhaft, dass hier in den Regen-Monaten SW.-Winde herrschen, in allen übrigen Monaten aber unablässig ONO.-Winde, d. i. für uns der Passat (die mittlere Temperatur des Jahres zu Kuka, beiläufig bemerkt, ist gefunden 23° R., im April, Mai und Juni 26°, im Juli, wo hier erst die Regenzeit beginnt, fiel sie auf 23° R.). — Hiermit stimmen überein die Aussagen aller übrigen Reisenden, namentlich Mungo Park's, Caillé's, J. Richardson's, Barth's, u. A., wie auch der die Küste befahrenden Seefahrer, wenn auch der Name „Passat“ dabei nie ausgesprochen wird. (Im III. Capitel wird auch in der Note 24 von den besonderen Wind-Verhältnissen in Nord-Afrika noch mehr die Rede sein, welche in so naher Verbindung mit den Regen-Verhältnissen stehen.)

b) Es ist von besonderem Werthe zu erfahren, ob der Calmen-Gürtel südlich von der Guinea-Küste (5° N.) wenigstens im Winter vorhanden ist, wenn er hier auch im Sommer verhindert wird wegen dann entstehender Monsuns, des besprochenen SW.-Windes vom Meere her. So verhält es sich wirklich. Wenn die Sonne auf der Süd-Hemisphäre herrscht, macht sich unstreitig der Calmen-Gürtel etwa zwischen 5° N. und 2° S. bemerklich, analog wie in Süd-Amerika (Näheres darüber findet sich im folgenden Capitel III. und in der dazu gehörenden Note 20). Am richtigsten wird die Vorstellung von der Lage des Calmen-Gürtels über den beiden Continenten, Afrika und Süd-Amerika, wenn man ihn sich denkt im Sommer nördlich vom Aequator, aber bei südlicher Declination der Sonne etwas auf die Süd-Hemisphäre hinübertretend, etwa bis 3° S. Demnach bliebe er nur auf dem Ocean, zumal auf dem Atlantischen Meere, immer nördlich vom Aequator.

c) Zu S. 97 ist noch zu bemerken, dass die viel berufenen heissen Wüsten-Winde, Samum, Chamsin, Harmattan, Sirocco, Scherki u. s. w., welche in der Sahara, in Arabien, Persien, Australien, Süd-Amerika, Süd-Afrika u. s. w. und in der Nachbarschaft dieser heissen und meist trockenen Gebiete bekannt sind, kaum anderer Natur sind als mit besonderer Heftigkeit wehende hoch erwärmte Luft, wodurch ihre Hitze theils wirksamer, theils durch den erhitzten Staub wirklich vermehrt, und wobei auch die Elektricität erhöht und durch die Trockenheit isolirter sein kann. Auf allen heissen Continental-Gebieten giebt es solche heftig wehende belästigende Winde, aber besonders ist der continentale Passat dabei in Berücksichtigung zu ziehen. — Von der Sahara sagt Richardson sehr gut, der unablässige Ostwind erscheine nur dann heiss, wenn die Haut ganz trocken sei; er sei aber sehr unangenehm, wenn er heftig werde.

N. 17a. (S. 112.) Die Grenze zwischen dem Tropen- und dem Subtropen-Gürtel erweisen fernere Untersuchungen als anzusetzen im Mittel etwa zwischen dem 25° und 27° der Breite auf beiden Hemisphären, und mit den Charakteren, dass hier sowohl im Sommer kurze Tropen-Regen, bei Passat-Wind erscheinen, wie auch im Winter kurze subtropische Regen, mit dem Anti-Passat aus SW., also wäre dies eine besondere, aber nur sehr schmale Regen-Zone, mit Regen in den beiden extremen Jahreszeiten, der auch nur stellenweise zur Erscheinung kommt. Als seltene Orte, wo solche Beweise deutlich sich kund geben, sind zu nennen: die Sandwich-Inseln (21° N.), die Arzobispo-Inseln (27° N.), die Küste von Beludschistan (26° N.) — auf der Süd-Hemisphäre die Wüste Atacama in Bolivia (26° S.), Gross-Namaqua (27° S.) an der Westküste von Afrika, und die Pitcairn-Insel.

N. 17b. (S. 116.) Zu der Erwähnung der gemeinsamen geographischen Beobachtung der beiden neben einander liegenden und alternirenden Passate in Europa, welche ja überhaupt als wünschenswerth anerkannt ist (wie auch Dove sagt, in „Die Verbreitung der Wärme auf der Oberfläche der Erde", 1852, S. 19, „den näheren Verlauf dieser in der jährlichen Periode sich mannigfach gegenseitig modificirenden Luftströme kennen zu lernen, ist die jetzt der Meteorologie zunächst gestellte Aufgabe"), finden sich schon sehr beachtenswerthe Veranstaltungen vorbereitet in den Utrechter „Meteorologische Waarnemingen in Nederland en zijne Besittingen, en Afwijkingen van Temperatuur en Barometerstand of vele plaatsen in Europa, uitgegeven door het konigl. nederlandsch Meteorologische Institut", Utrecht 1857, 1858 etc. Hier hat Buys Ballot eine Uebersicht der gleichzeitigen meteorischen

Vorgänge über einen grossen Theil des westlichen Europa's begonnen, nach einer Methode, welche kaum Etwas zu wünschen übrig lässt und deren Fortsetzung das Ziel zu erreichen verspricht, wenn es irgend möglich ist.

Zu Cap. III. (Dampf und Niederschläge).

N. 18. (S. 143.) Als populäre Zeichen zur Unterscheidung eines dampfreichen oder aber eines wirklich trockenen, d. i. dampfarmen Klima's lassen sich einige charakteristische Merkmale aufstellen, wenn die unzureichenden Bezeichnungen „feucht" oder „trocken" genauer beurtheilt und entschieden werden sollen. — Da zu den Zeichen eines wirklich trockenen Klima's nicht sowohl gehört Seltenheit der Regen, wie vielmehr niedriger Saturations-Stand und kräftige Evaporation, so zeigt sich dies in folgenden Erscheinungen: es fehlt an Thau selbst bei grosser Erniedrigung der Temperatur; auch mangeln Moose, Schimmel, Flechten, Pilze; nicht leicht tritt Fäulniss ein; aber man bemerkt rasches Abtrocknen der Nässe; gute Dauer hygroskopischer Gegenstände; Metall rostet wenig; Holz schrumpft ein (z. B. am Senegal zur Zeit des Harmattan reissen die Bretter, auf den Anden fällt der hölzerne Stiel aus dem geognostischen Hammer); Fleisch trocknet rasch; die Haut zeigt trotz der Hitze wenig Schweisstropfen, und Luftzug kühlt mehr, weil er mehr Wärme entzieht durch die Abdunstung; die elektrificirten Gegenstände zeigen mehr Isolation u. s. w. — Dagegen zu den Zeichen eines dampfreichen Klima's, was meistens, aber nicht immer häufige Ueberschreitung der vollen Saturation, d. i. Feuchtigkeit erfährt, gehören: es bildet sich Thau schon bei geringer Erniedrigung der Temperatur *); reichlich finden sich Moose, Flechten, Pilze und Schimmel; man bemerkt langsames Abtrocknen; die hygroskopischen Gegenstände quillen auf; die Messer und Gewehrläufe rosten leicht; das Fleisch fault leicht; das Holz brennt nicht leicht; Häuser, Brod, Wäsche u. s. w. trocknen ungewöhnlich langsam; die Haut zeigt nach Erhitzung starke Schweisstropfen; der Wind kühlt weniger; die Elektrification der Gegenstände erfolgt weniger, wegen mangelnder Isolation u. s. w.

Beispiele wie gleich scheinende Klimate hierin doch nicht wenig verschieden sein können, geben England und die Vereinigten Staaten von Nord-Amerika. In ersterem Lande ist der Regen zwar weit geringer, als in letzterem, fast um die Hälfte, aber dennoch ist dort das Klima weit höher saturirt. Dies ist meteorologisch erwiesen in der Tension des Dampfgehaltes, in der Saturation und in der Evaporation (letztere betrug zu New-York im Jahre 50 Zoll, zu Whitehaven in England nur 30 Zoll). Noch weit mehr stehen sich gegenüber zwei regenlose Gebiete der heissen Zone, beide sogenannte Wüsten, die Sahara und die Küste von Peru; denn erstere allein ist wirklich trocken, d. h. dampfleer und daher auch evaporationskräftig, ohne Thau und Nebel, und auch mit stärkerer Abkühlung der Nächte; letztere hat, bei eben so trocknem Boden, doch vom nahen Meere herkommend reichlich Dampf in der Atmosphäre. Ob dieser Unterschied auch in der Vegetation sich zu erkennen giebt, soll hier nicht entschieden werden. Succulente Pflanzen sind den trockenen Klimaten eigenthümlich, aber völlig fehlt der Dampf in keinem Klima; es handelt sich also hier nur um ein

*) Besässen wir die Mittel, Kälte anzumachen, wie man Feuer anmacht (wie Lichtenberg einmal sagte), so könnte man dadurch in manchen regenleeren, aber nicht dampfleeren Wüsten Thau in hinreichender Menge zum Trinken niederschlagen.

quantitatives Verhältniss in der Saturation, das aber sehr bedeutende bleibende Unterschiede zeigen kann.

N. 19. (S. 144.) Was das erwähnte neue schärfer messende Atmometer betrifft, so hat es über die Evaporations-Verhältnisse (zunächst in Göttingen), nach ein Jahr hindurch (von December 1858 bis December 1859) angestellten Beobachtungen, welche indess noch nicht für völlig fehlerfrei gelten konnten, schon einige annähernd gültige Belehrungen gegeben. Der Flächen-Inhalt der abdunstenden Oberfläche im Evaporator verhält sich zu dem Flächen-Inhalte der beiden Glasröhren, in welchen, nach Herunterlassen des Wassers, die Höhe des verdunsteten Verlustes in Scalentheilen abgelesen wird, etwa wie 5,6 zu 1, also wird die Messung selbst um eben so viel schärfer. Zu den Thatsachen, welche sich dabei ergeben haben, gehören: Eis verdunstete kaum weniger, als das flüssige Wasser in den Winter-Monaten, — während der Nacht 8 Stunden, von 10 bis 8 h, war die Verdunstung nicht nur immer sehr viel geringer, als bei Tageszeit, etwa wie 1 zu 12, sondern auch zuweilen gleich 0, und sogar war einigemal ein + nachweisbar hinzu gekommen (+ 0,02 '''), bei Thau-Bildung, — am intensivsten war die Evaporation im Juni, am schwächsten im December, etwa wie 10 zu 1, — die ganze verdunstete Wasser-Menge betrug im Jahre, annähernd ausgedrückt, etwa 30 Zoll — sie war sehr variirend nach Tageszeit und Tagesreihen, übereinstimmend im Ganzen mit dem Psychrometer-Stande, was sich schon aus der Vergleichung weniger Stunden erkennen lässt, — von der ganzen jährlichen Menge verdunsteten im December etwa 2 proc., im Juni 20 proc., im Juni mehr als im Juli; und wirklich war, übereinstimmend damit, auch die Saturation niedriger im ersteren Monate, obwohl auch die Temperatur normal niedriger war, als im Juli.

	Temperatur.	Saturation.	Regen.
Juni . . .	14°,0	68 proc.	16 Lin.
Juli . . .	15°,9	72 „	44 „

(S. Götting., Gel. Anzeig., 1860, Nr. 1.) — Das maximum eines ganzen Tages erreichte etwa 4 proc., — die drei Sommer-Monate nahmen 50 proc., die drei Winter-Monate nur 8 proc. (der Frühling 25 proc., der Herbst 15 proc.). Aus diesen Angaben lassen sich die Variationen der Evaporations-Kraft, ihre Fluctuation und Undulation, schon bis zu einem gewissen Grade genügend übersehen; sie sind hier schon mitgetheilt, weil überhaupt die Beobachtungen selten hierauf gerichtet sind und weil doch eine Unterscheidung der verschiedenen Klimate auch in diesem Factor keine unerhebliche Bedeutung hat.

In der That besitzen wir über die Evaporations-Kraft noch sehr wenige und darunter nicht immer brauchbare Beobachtungen (welche ja auch zur Controle des Psychrometers sehr dienlich sind), weil die gebräuchlichen Instrumente, die einfachen Atmometer, eine genaue Abmessung kaum gestatten. Beispiele erweisen diesen Mangel, aus der zu grossen Abweichung in gleichartigen Klimaten. In Schübler's „Grundsätze der Meteorologie", 1849, finden sich Beispiele gesammelt; danach betrüge die jährliche Verdunstung:

auf der heissen Zone, im Schatten, 9 Fuss (in der Sonne 28 Fuss)
in Rom „ „ 73 Zoll
„ Mannheim „ „ 68 „
„ Tübingen „ „ 23 „
„ Tegernsee „ „ 14 „

(in Utrecht, im Schatten, 35 Zoll)
„ Manchester „ „ 40 „

Diese Differenzen erscheinen nicht gerechtfertigt und wenig wahrscheinlich. — Da so selten die Beobachtungen über die Evaporation unter die regelmässigen meteorologischen Wahrnehmungen aufgenommen sich befinden, sind die in Utrecht angestellten um so willkommener (s. Meteorol. Waarnemingen in Nederland en sijne Besittingen, Utrecht 1854 bis 1858). In Utrecht betrug im Jahre 1858 die verdunstete Menge im ganzen Jahre 965 mm (35 Zoll), im Januar nur 10,8 mm (1 proc.), davon des Nachts, von 10^h bis 8^h, nur 1,6 mm; im Juni 196 mm (18 proc.), davon des Nachts nur 18 mm ($^1/_{11}$), noch mehr im Juli. Da auch von den holländischen Colonien, Surinam, Java und Sumatra, auch aus Japan, zuverlässige meteorologische Wahrnehmungen mitgetheilt werden, darf man vielleicht hoffen, dereinst von dorther auch über die Evaporations-Verhältnisse direct erhaltene, gültige Thatsachen zu erfahren. Wir haben Atmometer-Angaben aus Aden und Suez (s. Journal of the geograph. Soc. of London, 1854); danach betrug an diesen Orten die jährlich verdunstete Menge bez. 7 und 8 Fuss, im Schatten. Es ist zu erwarten, dass die Evaporations-Kraft noch weit grösser sich erweisen würde im Innern des Continents, in der Sahara, da diese das heisseste und zugleich das dampfärmste Gebiet der Erde darstellt (jedoch ist dabei die Nähe des Nils zu unterscheiden) *). Dennoch dürfte dies vielleicht an Evaporations-Kraft noch überboten werden von den höchsten, noch bewohnten Regionen des Abessinischen Hochlandes, oder der Anden **) oder des Himalaya, wo als Factor noch der rarificirte Zustand der Luft zu dem tiefen Saturations-Stande hinzukommt, ausserdem intensivere Insolation und bewegtere Luft, obwohl die klimatische Wärme geringer ist. Es ist nun wohl nicht zu bestreiten, dass solche Messungen noch werthvoller werden würden, wenn die Atmometer feiner messende Instrumente wären, fein genug um schon in kleinen Zeiträumen Unterschiede erkennbar zu machen. Das oben beschriebene Mikro-Atmometer verspricht, die Erwartungen in dieser Hinsicht nicht zu täuschen.

N. 20. (S. 150.) Die Lage und das Verhalten des Calmen-Gürtels unterhalb der Küste von Guinea verlangt noch näher nachgewiesen zu werden. Es ergiebt sich dann, dass er hier nur im Winter erscheint; im Sommer wird er weiter nördlich auf dem Continent durch den zu dieser Zeit hier entstehenden SW.-Monsun verdeckt (wenigstens in seiner unteren Schicht). Ueber die meteorischen Verhältnisse des ganzen Golfs von Guinea, zumal über Winde und Regen, finden sich seltene Angaben in Bouët-Willaumez, Descr. nautique des côtes de l'Afrique occidentale, comprise entre le Sénégal et l'équateur, 1849. Die herrschenden Winde längs der ostwestlich sich erstreckenden Küste von Guinea (5° N.) sind ganz verschieden in der trockenen und nassen Jahreszeit. In der trockenen Jahreszeit, also bei südlicher Declination der Sonne, von December bis Mai, weht weiter nördlich NO.-Wind (der Passat); aber südlich vom 5° N. bestehen zu dieser Zeit Calmen und veränderliche Winde mit Gewittern; dies gilt bis zum 2° S., wo dann der SO.-Passat der Süd-Hemisphäre beginnt. Damit ist deutlich, dass hier im Winter so weit der Calmen-

*) Auch die Westküste von Afrika, am Senegal oder in Sierra Leone, gäbe zur Zeit des Harmattan gewiss grosse Beispiele. Nördlich von Tonat (31° N.) ist im August einmal die Saturation nur 10 proc. gefunden (Duveyrier, Bull. soc. geogr., Par. 1859, Oct.).

**) Hier trocknet binnen wenigen Tagen ein geschlachtetes Schaf bis zum Gewicht von 15 bis 20 Pfund zusammen, Fäulniss erfolgt kaum, durch Anfeuchten wird leicht Frost-Temperatur erreicht u. s. w.

Gürtel sich herstellt. Dagegen während der Regenzeit, also bei nördlicher Declination der Sonne, von April bis October, wehen hier variable S. und SW.-Winde (ein Monsun), und der Passat ist dann weit nördlicher hinaufgerückt. Innerhalb dieser Sommer-Regen ist auf der Küste von Guinea, wenigstens local in Assinie (5 ⁰ N.), die normale Unterbrechung der Regenzeit dieser Regenzone wohl zu bemerken, nämlich von Juli bis September (doch nicht in Christiansborg (5 ⁰ N.), wie sich aus einer meteorologischen Tabelle in Dove's Klimatol. Beitr., 1857, S. 91 ersieht; dagegen findet sich auch in Baikie's Bericht über die Binue-Expedition im Jahre 1854 (Geogr. Mittheil., 1855, S. 211), die Bemerkung, etwa vom 8 ⁰ N. Br., dass nach August „die Nachregen" beginnen.)

Zwei Inseln sind in dem genannten Golf zur Erkennung der meteorischen Verhältnisse von besonderem Werthe, die sogenannte Principe (1⁰,50 N.) und Annobon (1⁰,30 S.); darüber findet sich Bericht im J. of the geogr. Soc. of London, 1830 (von Boteler). Auf der Insel Principe (1⁰,50 N.), wo der höchste Berg über 4000' hoch reicht, bleibt dieser selten von Wolken frei. Es giebt hier zwei Regenzeiten; die erste beginnt gegen den 15. April und dauert bis zum 10. Juni, die zweite dauert vom 25. August bis 15. November; indessen wird ausserdem die Insel von gelegentlichen sehr heftigen Regen auch in den trockenen Zeiten heimgesucht, wie auch das endemische Fieber hier nicht auf Jahreszeiten beschränkt ist, sondern das ganze Jahr herrscht. — Die Insel Annobon (1⁰,30 S.), etwa 2 Breitegrade südlicher, ist auch bergig, bis zu 3000' ansteigend; sie erfährt auch zweimal eine Regenzeit, im April und Mai, und im October und November. Hieraus lässt sich abnehmen, dass der Calmen-Gürtel auch hier besteht (analog wie an der Ost- und Westküste von Süd-Amerika, bei Parà, Guayaquil, den Galápagos-Inseln u. a.) etwa bis 2 ⁰ S., immer mit der Sonne etwas nördlich und südlich rückend und die zweite Regenzeit erscheint hier schon als südhemisphärisch.

N. 21. (S, 152.) Dass der normale Gürtel mit unterbrochener Regenzeit auch im tropischen Süd-Afrika sich findet, etwa bis 10⁰ S., erfahren wir in neuester Zeit sowohl von der Ostseite wie von der Westseite des Continentes (auf der Nord-Hemisphäre bewährt er sich an der Ostseite des Abessinischen Gebirges). Von der Westseite sagt Livingstone zu Loanda, in Angola (9 ⁰ S.) regne es zum ersten Male vom 1. bis 30. November, dann tritt eine Pause ein, im December und Januar, zum zweiten Male regnet es heftiger vom 1. Februar bis 15. Mai, dann kommt die lange trockene Zeit vom 20. Mai bis 1. November. Von der Ostseite wissen wir dasselbe von der Insel Zanzibar (6 ⁰ S.), wo es regnet von October bis December, dann wieder von März bis Mai; aber auch vom Continente., Zanzibar gegenüber (6⁰ S.), berichten Burton und Speke (s. Petermann's Geogr. Mitth., 1859), nicht nur, dass hier anhaltend Ostwinde herrschen (der Passat), sondern auch dass die Regenzeit im November beginnend, dauert bis April, und in ihrer Mitte unterbrochen wird. — Auch nördlich vom Aequator ist im südlichen Abessinien die Unterbrechung deutlich (etwa 5⁰ bis 10 ⁰ N.); es regnet hier einmal von Februar bis Mai, dann wieder von Juli bis September (nach Roth), und die Westseite ist trockner (nach Rüppell).

N. 22. (S. 156.) Die Grenze zwischen dem Tropen- und dem Subtropen-Gürtel, wie schon erwähnt ist, könnte man, streng genommen, noch als einen besonderen schmalen Regen-Gürtel oder Ring aufstellen, im Mittel vom 25 ⁰ bis 27 ⁰ der Breite, mit Regen in den beiden extremen Jahreszeiten, einmal mit dem Passat das andere Mal mit dem heruntersteigenden

Anti-Passat. Indessen kommen die Charaktere dieser Grenze nur auf so vereinzelten Strecken zur Erscheinung, dass sie als besondere Zone aufzustellen von geringer praktischer Bedeutung ist. Nachzuweisen aber sind sie unzweifelhaft (um dies noch einmal zu wiederholen), auf den Sandwich- (Hawai-) Inseln (21° N.), auf den Arzobispo- (Bonin-) Inseln (27° N.), auf der Küste von Beludschistan (26° N.), dann auf der Süd-Hemisphäre an der Küste von Bolivia und Nord-Chile, in der Wüste Atacama (26° S.), auf der Westseite von Süd-Afrika in Gross-Namaqua (27° S.), wahrscheinlich auch in West-Australien (26° S.) (worüber einige Andeutungen sich finden in Austin's Report of expedition etc. im J. of geogr. Soc. of London, 1856), deutlich aber auf der Pitcairn-Insel, in der Süd-See (25° S.).

Es giebt aber vielleicht kein Gebiet, welches mehr verdiente, dass dort die genannte Grenze mit ihren Charakteren studirt würde, als die Sandwich-Inseln, weil hier zwei über 13,000′ hohe Vulkane sich befinden, der Mauna Loa und der Mauna Kia, auf der Insel Hawai, von denen der eine beständig Rauch ausstösst. Die polarische Grenze des Passats findet sich hier ungewöhnlich weit südlich, wie schon früher angegeben ist (freilich analog auch auf der Süd-Hemisphäre). Sie wurde hier gefunden im März einmal bei 20°,40 N. (nach Kotzebue), ein ander Mal bei 21° N. (von Vancouver), auch am 16. November bei 22° N., dagegen freilich im Juni bei 29° N. (von Beechey). Ihre hiesige Südlichkeit wird erst erkannt, wenn man dieselbe Grenze auf dem Atlantischen Meere damit vergleicht; diese liegt im März bei 29° N., auch im November bei 26° N., und im Juni bei 32° N. (nach Berghaus). Da nun hiernach Honolulu (21°,18 N.) ganz die geeignete Lage hat, um die charakteristischen meteorischen Erscheinungen dieser Grenze genauer zu beobachten (abgesehen von der besonderen Gelegenheit, welche ausserdem der Vulkan Mauna Loa bietet), so sind nähere Angaben darüber von besonderem Werthe. Solche finden sich in Dupetit-Thouars' Reise auf der Fregatte Vénus, 1844, mitgetheilt, drei Jahre umfassend, 1837 bis 1839. Die Regen, welche an Menge im ganzen Jahre nur 21 Zoll ergaben, waren der Art vertheilt, dass im Winter, von Januar bis März, ihr Betrag 14″ war, im Sommer, von Juni bis August, nur 6″ (also kommen hier vor Regen in beiden extremen Jahreszeiten). Die Winde waren theils der nordöstliche Passat, theils südliche (d. i. wahrscheinlich südwestliche); jene verhielten sich zu diesen wie 295 zu 44, und von letzteren kamen in den zwei Winter-Monaten, von Januar bis Februar, 22, im Sommer nur 1. Demnach bestätigt diese Meteoration das im Allgemeinen zu Erwartende; hier herrscht weder der Tropen-Gürtel allein, noch der Subtropen-Gürtel allein, sondern beide abwechselnd; nicht nur kommen in beiden extremen Jahreszeiten Regen, sondern auch mit den beiden entgegengesetzten Passaten. — Die Gipfel der genannten hohen Vulkane werden im Sommer schneefrei; ob sie dann auch vom hohen Aequatorial-Strome bestrichen werden, ist eine der vielen hier vorliegenden Fragen und Antworten, welche man näher erörtert wünschen muss (s. auch C. Wilkes, Unit. States exploring expedition, 1838—1842, auch A. Petermann's „der Grosse Ocean“, in den „Geogr. Mittheilungen“, 1857, S. 44). — Uebrigens ergiebt sich aus jenen Zeugnissen über das Verhalten an der Grenze zwischen dem Tropen- und dem Subtropen-Gürtel, wie schon erwähnt ist, deutlich, dass nicht etwa der noch häufig angenommene, allgemeine, die ganze Erde umgebende, regenlose Wüsten-Gürtel besteht.

N. 23. (S. 154.) Es ist möglich, trotz mancher localen Schwierigkeiten, längs der Breitegrade der intertropischen Zone für die geographisch vorrückende Regen-Zeit, also für die Regen bei culminirendem Sonnen-

Stande und mit ascendirender Luft, den allgemeinen gesetzlichen Gang festzustellen. Bekannte Worte Dampier's bestätigen sich (sie werden auch in Dove's Klimatologischen Untersuchungen, 1857, S. 83 anerkannt): „In der heissen Zone ist, je weiter die Sonne entfernt ist, die Luft desto trockener; im Verhältniss wie die Sonne sich nähert, bedeckt sich der Himmel mit Wolken und die Regenzeit beginnt, denn „die Regen folgen hier der Sonne". Auf jeder Seite der Linie fangen sie an bald nach einem der Aequinoctien und dauern bis zum anderen. Nördlich vom Aequator beginnt die halbjährige Regenzeit im April und Mai und dauert bis zum September oder October; südlich vom Aequator ändern sich die Jahreszeiten in umgekehrter Weise, die Regen dauern von October bis April." — Man kann und muss jedoch, nach den zumal in Amerika, in Afrika und auf oceanischen Inseln beobachteten Verhältnissen, das regelmässige Fortrücken der Regenzeit mit der Sonne noch etwas genauer aufstellen in folgender Weise.

Die beiden Hemisphären erfahren eine jede ein halbes Jahr Regenzeit, zu entgegengesetzter Zeit. Auf dem Calmen-Gürtel fallen zwar, wie gesagt, Regen in allen Monaten, aber darin sind doch zwei maxima zu unterscheiden, eintretend beim Zenith-Stande der Sonne, und davon erscheint das eine angehörend der Nord-Hemisphäre, als Beginn der diesseitigen Regenzeit, das andere der Süd-Hemisphäre, als Beginn der jenseitigen Regenzeit, das erstere fällt im März (oder April), das andere im September (oder October). Also nimmt der Calmen-Gürtel Theil am Beginn der halbjährigen Regenzeit einer jeden der beiden Erd-Hälften. Rückt nun die Sonne weiter in die höheren Breitekreise, so erfahren diese successive den Beginn der Regenzeit später und das Ende früher. Auf der Nord-Hälfte beginnt sie, etwa auf dem 5° N., im April, auf dem 15° N. im Mai, auf dem 23° N. im Juni; dem entsprechend erfolgt auch ein früheres Aufhören, im September oder October (oder November). Zugleich aber wenn die Sonne ihre äusserste Declination, über dem Wendekreise, erreicht hat, pausiren die Regen auf den unteren Breitekreisen, etwa bis 10° N., oder wenigstens werden sie dann hier sehr gemindert, sie erfahren diese Unterbrechung oder Intermission etwa im Juni und Juli; aber später, bei Rückkehr des Sonnenganges werden sie wieder fortgesetzt, etwa im September. Jener erste Theil der Regenzeit, welcher meist der längere ist, heisst dann die grosse Regenzeit, der andere die kleine Regenzeit, und die zwischenliegende Pause heisst die kleine Trockenzeit, die eigentliche Winterzeit, aber, von November bis April, die grosse Trockenzeit. Analog verhält es sich auf der Süd-Hälfte; hier rückt die Regenzeit mit der Sonne vor, in der Weise, dass sich etwa im September, auf dem Calmen-Gürtel das maximum der Regen bildet, dann bei 5° S. im October, bei 15° S. im November und bei 23° S. im December eintritt, dass ferner auch hier auf den unteren Breitekreisen, bis 10° S., eine Unterbrechung im December und Januar, eine weitere Fortsetzung im Februar oder März erfolgt; und indem eben so das Ende der Regenzeiten mit dem Hinaufrücken sich zunehmend verspätet, im März oder April (oder Mai), dauert die eigentliche Winterzeit von Mai bis Ende October, und kürzer werdend auf den höheren Breiten.

Demnach kann man sich den Beginn der Regenzeiten gleichsam wie eine Circulation innerhalb des intertropischen Gürtels, auf die zwölf Monate vertheilt, vorstellen und folgendes Schema davon entwerfen.

Schema über die Circulation des Anfangs der Regenzeiten längs der Breitekreise im intertropischen Gürtel, wie sie als normales Mittel aufzustellen ist.

(Es ist wohl kaum nöthig, hinzuzufügen, dass hier nur die mittere allgemeine Gesetzlichkeit, aber diese nach empirischen Befunden angegeben ist. Locale Anomalien können durch die bekannten mannigfachen Ursachen entstehen, vor Allen durch Gebirge, Meer und die Wind-Verhältnisse.)

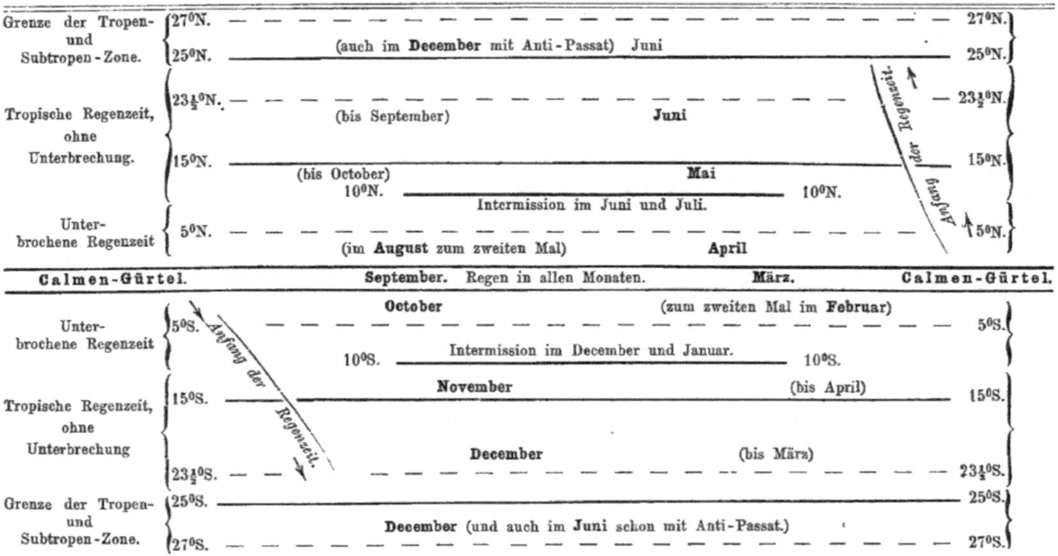

Grenze der Tropen- und Subtropen-Zone.
27⁰N. — 27⁰N.
(auch im **December** mit Anti-Passat) Juni
25⁰N. ———————————————————————— 25⁰N.

Tropische Regenzeit, ohne Unterbrechung.
$23\frac{1}{2}$⁰N. — — — — — — — — — — — — — — — — — — $23\frac{1}{2}$⁰N.
(bis September) **Juni**
15⁰N. ———————————————————————— 15⁰N.
(bis October) **Mai**
10⁰N. ——————————————— 10⁰N.
Intermission im Juni und Juli.

Unter-brochene Regenzeit
5⁰N. — 5⁰N.
(im **August** zum zweiten Mal) **April**

Anfang der Regenzeit.

Calmen-Gürtel. **September.** Regen in allen Monaten. **März.** **Calmen-Gürtel.**

Unter-brochene Regenzeit
October (zum zweiten Mal im **Februar**)
5⁰S. — 5⁰S.
Intermission im December und Januar.
10⁰S. ——————————————— 10⁰S.

Tropische Regenzeit, ohne Unterbrechung
November (bis April)
15⁰S. ———————————————————————— 15⁰S.
December (bis März)
$23\frac{1}{2}$⁰S. — — — — — — — — — — — — — — — — — — $23\frac{1}{2}$⁰S.

Anfang der Regenzeit.

Grenze der Tropen- und Subtropen-Zone.
25⁰S. ———————————————————————— 25⁰S.
December (und auch im **Juni** schon mit Anti-Passat.)
27⁰S. — 27⁰S.

N. 24. (S. 160.) Die Wind- und Regen-Verhältnisse in Nord-Afrika sind so verwickelt, dass es nöthig ist, sie in einer besonderen Uebersicht sich klar vorzustellen. — Längs der Nordküste von Afrika etwa bei 28° N., verläuft die südliche Grenze des subtropischen Gürtels, also in dem nördlich davon liegenden Theile kommt im Winter der obere Südwest-Passat herunter und bringt Regen, ist aber der Sommer mit O.-Passat ohne Regen; so verhält es sich in Marocco, Algerien, Tunis, Tripolis (sogar in Murzuk [26° N.]) und Unter-Egypten. Daran schliesst sich südlich das grosse Gebiet des eigentlichen Passats, von 28° N. bis mehre Grade nördlich vom Aequator. Aber dies zeigt hier eine besondere Natur in seiner oberen Hälfte, etwa bis 16° und 18° N.; diese nördliche Hälfte ist eine regenlose Wüste, aus dem Grunde, weil hier der Passat das ganze Jahr hindurch rein continental über Asien herkommend weht, während die südliche Hälfte, geschieden von jener durch eine ziemlich den Parallelen entsprechende Linie, im Sommer die gewöhnlichen tropischen Regen nicht entbehrt, theils weil der Passat hier über den Ocean herkommend oceanischer Natur ist und den östlichen Theil mit Dampf und Regen versorgt, theils aber weil im westlichen Theile dann vom Atlantischen Meere her ein südwestlicher Monsun-Regen bringend ist. Die nördliche dieser beiden contrastirenden Hälften des nordafrikanischen Passat-Gebietes heisst die Sahara, die südliche der Sudàn. Was letztere zuerst weiter betrifft, so kommen in der That in deren östlichem Theile kaum westliche Winde vor und erweist sich auch das Vorherrschen des Passats dadurch, dass die östliche Seite des Abessinischen Gebirges sehr feucht ist, die westliche Seite aber trocken, wie auch nicht die Regelmässigkeit in dem Vorkommen der Regen-Zone mit unterbrochener Regenzeit bis etwa 10° N. fehlt. Auch im westlichen Theile, muss man sich vorstellen, besteht die Herrschaft des Passats nicht nur im Winter, sondern auch im Sommer während des Südwest-Monsun (welcher das 3000' bis 4000' im Mittel hohe Kong-Gebirge überweht), indem dieser wahrscheinlich in senkrechter Höhe nur etwa einige tausend Fuss hoch reicht, und hoch darüber hin zieht dann doch, nördlich vom Calmen-Gürtel, unablässig der Passat, weshalb auch die Regengrenze nach Norden hin durch diesen Wind so scharf sich abzeichnet, nämlich nicht viel nördlicher, als im Osten der Ocean reicht (13° N.). — Südlicher findet sich der Calmen-Gürtel, jedoch im Inneren nur andeutungsweise mit seinen Charakteren nachzuweisen, z. B. in Gondokorò (4° N.); wahrscheinlich wird er im Sommer, wegen des dann nördlicher sich bildenden Wärme-Centrums, weit höher nördlich schwanken, im Winter aber ist er deutlich unterhalb der Guinea-Küste, von 5° N. bis 2° S. erkennbar.

Die Ansichten über die Natur der Sahara ändern sich mit der Deutung derselben als Wirkung continentalen Passats besonders in drei Punkten. Sie ist nicht etwa angehörend einem allgemeinen regenlosen Gürtel, welchen man bis vor Kurzem anzunehmen geneigt war, welcher aber gar nicht vorhanden ist; sondern man kann sicher behaupten, läge im Osten, an der Stelle von Asien, der Ocean, so würde die Sahara so wenig trocken und wüst sein, wie Brasilien oder Süd-Afrika oder das östliche Mexico. Ferner ist das Erdreich nicht Sand, d. i. Quarz-Detritus, wie eine Düne, sondern es enthält Kalk und Thon wie andere Länder von grosser Fruchtbarkeit, wie an allen Stellen bewiesen wird, wo nur Wasser vorhanden ist. Freilich fehlt auch ganz die dunkle Humus-Erde, welche die Folge der Vegetation ist. Irrthümlich war daher auch die Meinung, es liege hier ein ehemaliger Meeresboden vor, welcher die Dünen-Natur behalten habe. Der Boden ist eine grosse Hochfläche, etwa 1200' hoch, und nicht etwa eine Depression. Der Salz-Gehalt findet sich nur stellenweise und ist Folge der unter der Einwirkung der Hitze, der Regenlosigkeit und der intensiven Evaporations-Kraft hier versiegenden Quellen, deren Salztheile im Laufe von Jahrtausenden sich angehäuft haben, wie es in allen regenarmen Ländern, auch längs der ganzen subtropischen Zone, ein charakteristisches Vorkommen ist, und wie es auch überall in Binnen-Seen, die von Quellen gespeist werden, ohne einen Ausfluss zu haben, eine regelmässige Erscheinung ist; deshalb sind die Quellen selbst, dicht neben den Salzlagern, trinkbar.

Hieran möge sich noch eine Erläuterung der Wind- und Regen-Verhältnisse im Rothen Meere anschliessen, welche so exceptionell anomal sind, dass ihre Erläuterung zugleich als Beispiel dienen kann, wie die Kenntniss des normalen geographischen Wind-Systems sogar die grössten topographischen Verwickelungen aufklärt. — Dies schmale Meer-Becken hat seine Richtung von Nordwest nach Südost, vom 30° N. bis 12° N., und ist längs beider Küsten von Gebirgszügen eingefasst (der westliche hat eine mittlere Höhe von 3000′ bis 4000′). Demnach liegt es mit dem nördlichen Drittel noch im subtropischen Gürtel (30° bis 25° N.), aber mit den südlichen zwei Dritteln in der Tropen-Zone, d. i. im Passat-Gebiet. Dem allgemeinen Gesetze zufolge müsste jener nördliche Theil im Winter Regen erfahren mit dem heruntersteigenden südwestlichen Anti-Passat, im Sommer aber den nordöstlichen Passat, der hier aber anomal regenlos auch im Sommer ist; so verhält es sich wirklich. Die südlichen Theile dagegen müssten, dem allgemeinen Gesetze nach, das ganze Jahr hindurch den Passat erfahren, dabei die tropischen Regen im Sommer; aber nicht nur fehlen hier diese, in Folge der continentalen Natur des Passats, sondern auch es entstehen, sonderbarer Weise, hier im Winter Regen, in Folge davon, dass dann an den westlichen Gebirgen der oceanische Passat Ablenkung findet und, als Südost weiter nach Norden hin wehend, Niederschläge bewirkt. — Nach den Angaben der Reisenden (s. Russegger, Reisen u. s. w., 1840, Aubert-Roche, Annales d'hyg. publ., 1844, Buist, J. of geogr. Soc. Lond., 1854) folgen die Winde längs des ganzen Rothen Meeres der Richtung dieses von Gebirgen eingefassten schmalen Beckens. „Die Winde, heisst es, sind acht Monate hindurch Nordwest und die anderen Monate (die winterlichen) Südost.“ Dabei unterscheiden sich aber sehr der nördliche und der südliche Theil, während der mittlere bald jenem bald diesem sich anschliesst. Genauer angegeben, findet sich Folgendes: Oertliche Ablenkungen bringen hier Aenderungen. Im nördlichen Theile wehen im Winter südliche Winde, wenigstens im Golf von Suez (30° N.), von December bis April; da hier dann der subtropische Gürtel so weit herunter getreten ist oder vielmehr nur der Anti-Passat, so ist dies ganz in der Ordnung. Im Sommer aber sind vorherrschend die nördlichen Winde und zwar als nordwestliche, weil der Passat eine solche Ablenkung längs den Gebirgen erfährt, am entschiedensten im Juni und Juli; Regen kommen vornehmlich von November-bis März. Auch dies gehört zu den Charakteren des subtropischen Gürtels, dessen Grenze man etwa bei 25° N. ansetzen kann. Im südlichen Theile weht im Winter der Nordost-Passat von October bis Mai, aber beim Eingange in das Rothe Meer (12° N.) wird er vom Gebirge umgelenkt, zum Südost und so weiter die Westküste hinaufstreichend. Er ist ziemlich heftig, besonders von Ende October bis Anfang Februar; er erstreckt sich noch über Dschedda hinaus (21° N.), jedoch allmählich nachlassend. Im October und Januar bringt dieser Wind, wie schon gesagt, dichte Nebel, Windstösse, Regen und Gewitter, selbst noch im Februar. Im Sommer dagegen sind hier besonders nur die täglichen Küstenwinde bemerklich, während weiter südlich der Südost-Passat herrscht (der bei Aden [12 ° N.] ein Südwest-Monsun wird), und es fehlt dann der Regen hier, im Rothen Meere (obgleich er doch im Inneren von Afrika bis 16 ° N. hinaufreicht, wo die Grenze des Sudân und der Sahara dadurch bestimmt wird); er fehlt hier wahrscheinlich, weil der Südost-Passat abgehalten wird durch die Gebirge bei Aden, auf der Südwest-Küste von Arabien, und in Abessinien. — So erklären sich die so abnorm erscheinenden meteorischen Verhältnisse dieses Gebiets (was zugleich dem heissesten Gebiete der Erde angehört) dennoch nur als Abänderungen des allgemeinen Systems.

N. 25. (S. 162 und 165.) Die Schnee-Menge als Regen-Menge abzuschätzen, ohne den Schnee immer zu schmelzen, aus Bestimmung der Höhe, ist von klimatologischem Werthe, und man kann dafür, trotz der Schwierigkeiten, einige allgemeine Regeln angeben. Dabei müssen die verschiedenen Zustände der Dichtigkeit des Schneelagers unterschieden werden. Im Allgemeinen geben 5 Cubikzoll Schnee 1 Cubikzoll Regen; aber bei lockerem feinsten Schnee, wie er bei strengster Kälte fällt, geben zuweilen erst 24 Cubikzoll 1 Cubikzoll Regen. In Europa bildet der mit dem südwestlichen Winde fallende Schnee gewöhnlich grössere und dichter sich anlegende Flocken, als der mit dem nördlichen Winde fallende. Im Mittel kann man annehmen, ist eine 24 Zoll hohe Schneedecke entsprechend einer 1 bis 5 Zoll hohen Regen-Menge. Dies sind Erfahrungen nach den zuverlässigen „Grundsätze der Meteorologie", von Schübler in Tübingen, 1849. — A. Quételet nimmt an, das Verhältniss der Höhe einer Schneemasse zur Höhe ihres Wassergehaltes sei im Mittel wie 9 zu 1 (im maximum wie 18 zu 1, im minimum wie 2,8 zu 1). Diese Annahme kann als Norm gelten; aber zur genaueren Bestimmung, ergiebt sich, kann man des Schmelzens und Abmessens der geschmolzenen Schnee-Menge im Regenmesser doch nicht entbehren.

Zu Cap. IV. (Luftdruck).

N. 26. (S. 174.) Die Abnahme der Amplitude der täglichen Barometer-Fluctuation in senkrechter Erhebung kann auf der heissen Zone zweifelhaft erscheinen, wenn man sie nur bis zur Höhe von 8000 Fuss verfolgt. Sie ergiebt sich aber deutlicher in noch höherer Erhebung, wie neuere Beobachtungen auf den Anden, nahe dem Aequator erweisen (s. Comptes rendus de l'académie des sc. fr., 1851, Mai). C. Aguirre hat auf dem Antisana, in 12,300 ' Höhe, d. i. 3600 ' höher, als die nahe liegende Stadt Quito (0°,31 S.), regelmässig stündliche meteorologische Beobachtungen angestellt, ein Jahr lang, vom December 1845 bis December 1846, zuweilen selbst des Nachts und mit verglichenen Instrumenten. Es fand sich hier die Amplitude der täglichen Barometer-Fluctuation weit geringer als in Quito, 8970 ' hoch, und als in Bogotà, 8100 ' hoch. Sie betrug auf dem Antisana in der Höhe von 12,300 Fuss, nur 0,52 Millimeter, während sie in jenen Städten betrug 2,3 mm, und unten an der Küste 2,0 bis 3,7 mm. — Uebrigens ist diese Abnahme der täglichen Barometer-Fluctuation auf der gemässigten Zone schon in geringerer senkrechter Erhebung hervortretend; z. B. ist sie in Zürich (47 ° N.) 0,28 mm, auf dem Rigi, 5500 ' hoch, aber nur 0,10 mm (wenn auch durch die Unregelmässigkeit der Undulation und zumal durch die mit der täglichen Ascensions-Strömung aufsteigende Dampfmenge das normale nachmittägliche minimum des Barometer-Druckes hier verdeckt oder gar in ein maximum verwandelt wird). Aus dieser Abnahme nach oben hin ist aber ferner zu folgern, dass die Variationen des Luftdruckes überhaupt nur Wirkungen der Luft-Temperatur sind, da sie mit dieser auf der heissen Zone auch höher hinaufreichen. Sie hören wahrscheinlich ganz auf mit den Variationen der Temperatur, also etwa in der Höhe von zwei Meilen; das heisst zugleich, sie sind nicht etwa zu analogisiren mit den Gezeiten des Oceans, das Luftmeer schlägt auf seiner Aussenfläche keine Wellen, in Folge von der Anziehung der Sonne und des Mondes. Jedoch bleibt unerklärlich, warum die tägliche Fluctuation des Barometers bedeutender ist auf dem Aequator-Gürtel, als auf den dem Pole näher liegenden Breitekreisen, selbst wenn hier im Allgemeinen die tägliche Fluctuation der Temperatur bedeutender ist, und da hier sowohl die jahreszeitlichen Fluctuationen des Barometer-Druckes, wie dessen unregelmässige, vom Winde zunächst bestimmten täglichen Undulationen, übereinstimmend mit denen der Temperatur, beträchtlicher sind. (Die Amplitude der Undulationen fand Schlagintweit auf dem Himalaya, zu Leh, 11,000′ hoch (34° N.), nur 5mm, indem die der Temperatur betrug von 12° bis 24° R; dies war innerhalb 3 Sommer-Monate.) — Vielleicht liegt die Erklärung davon in dem stärkeren täglichen courant ascendant; und vielleicht gilt diese auch für die Jahreszeiten und für die auffallende Thatsache, dass zwar die Amplitude der täglichen Fluctuation auf den höheren Breiten grösser ist im Sommer, als im Winter, analog mit der Temperatur (z. B. in Halle, im Dec. 0,36 mm, im Aug. 0,56 mm), aber umgekehrt verhält sich die der Undulationen (z. B. in Frankfurt a. M. im Januar 13,1‴, im Juni 5,8‴).

N. 27. (S. 167.) Die Vergleichung der Barometer-Stände wird sehr erschwert durch die Verschiedenheit der gebrauchten Scalen, deren es besonders drei giebt; nach Pariser Zollen und Linien, nach englischem Maass (womit das russische übereinstimmt) und nach Millimetern. Man vermisste auch bisher eine vergleichende Tabelle dieser Scalen. Neuerlich ist eine solche gegeben von Kämtz (s. Repertorium der Meteorologie, Dorpat 1859, H. 1). Nach der Meinung Mancher wird dereinst das Meter-Maass allgemeine Annahme finden, obgleich immer wahrscheinlich bleibt, dass das als Einheit zu Grunde gelegte Meter nicht nach einem völlig genau gemessenen Längen-Grade bestimmt worden ist. (Eine Par. Linie ist = 2,256 Millimeter; 12‴ = 27,07 mm; 28″ = 336‴ = 757,95 mm).

Bei dieser Gelegenheit ist noch die allgemeine Bemerkung zu machen, dass unsere messenden meteorologischen Instrumente, von denen hier so viel die Rede gewesen ist, Thermometer, Barometer, Psychrometer, Atmometer, Anemoskope, trotz aller Bemühungen, niemals in völlig gleichen, übereinstimmenden Exemplaren erhalten werden können; so wie es auch keine vollkommen übereinstimmende Chronometer giebt. Dies erweist sich ja leicht bei Beobachtung einer Zahl von jenen, nahe neben einander aufgestellten Instrumenten. Eben so viele minima von Differenz werden immer sich ergeben. Vergleichungen und die mittleren Resultate gewähren die Probabilität. Unsere Messungen sind nur Annäherungen, aber hinreichend feine. Es kommt aber darauf an, dabei im Allgemeinen richtig zu unterscheiden zwischen gewissen unüberwindlich bleibenden Ungleichheiten jener Erkennungs-Mittel und zwischen Unterschieden der Objecte selbst. (Zu empfehlen ist in dieser Beziehung: F. Bessel, Populäre Vorlesungen über wissenschaftliche Gegenstände, Herausg. von H. Schumacher, 1848, S. 269.)

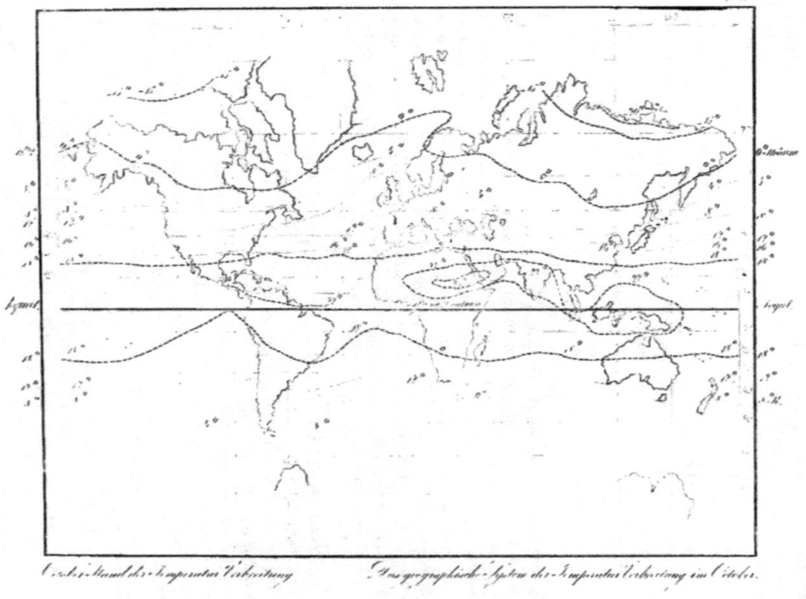

Erster Stand der Temperatur Verbreitung

Das geographische System der Temperatur Verbreitung im October.

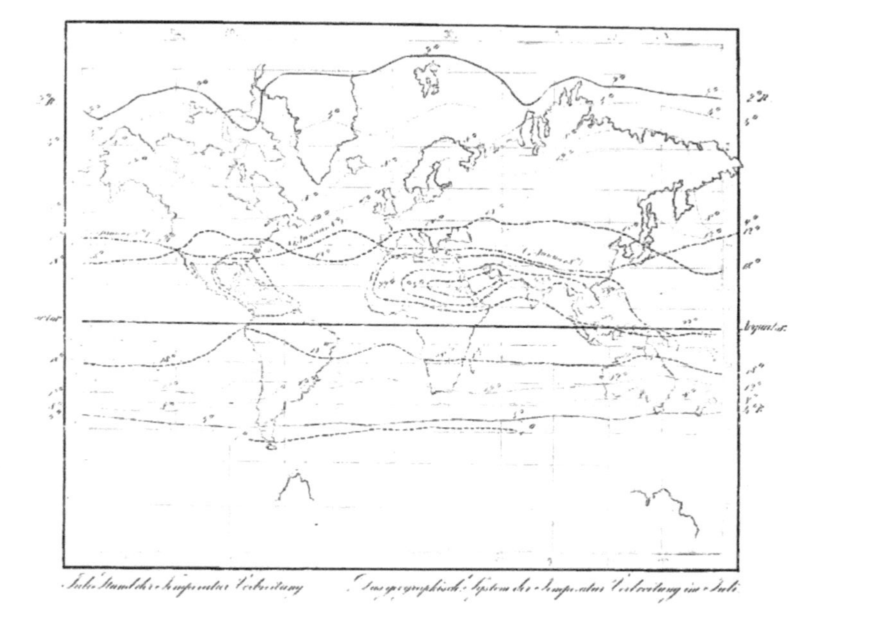

Juli-Stand der Temperatur-Verbreitung

Das geographische System der Temperatur-Verbreitung im Juli

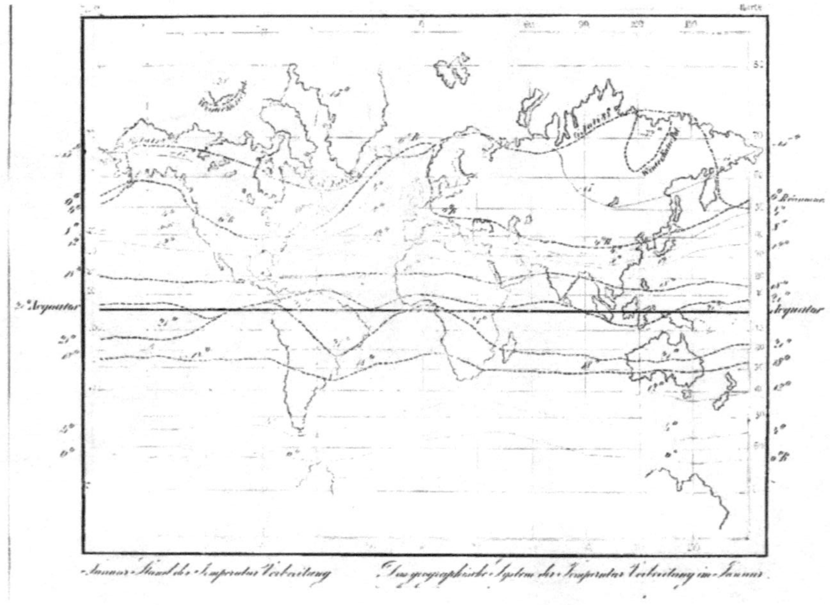

Januar-Stand der Temperatur Verbreitung

Das geographische System der Temperatur Verbreitung im Januar.

KARTE DES TELLURISCHEN REGEN-SYSTEMS
MIT 6 GÜRTELN.

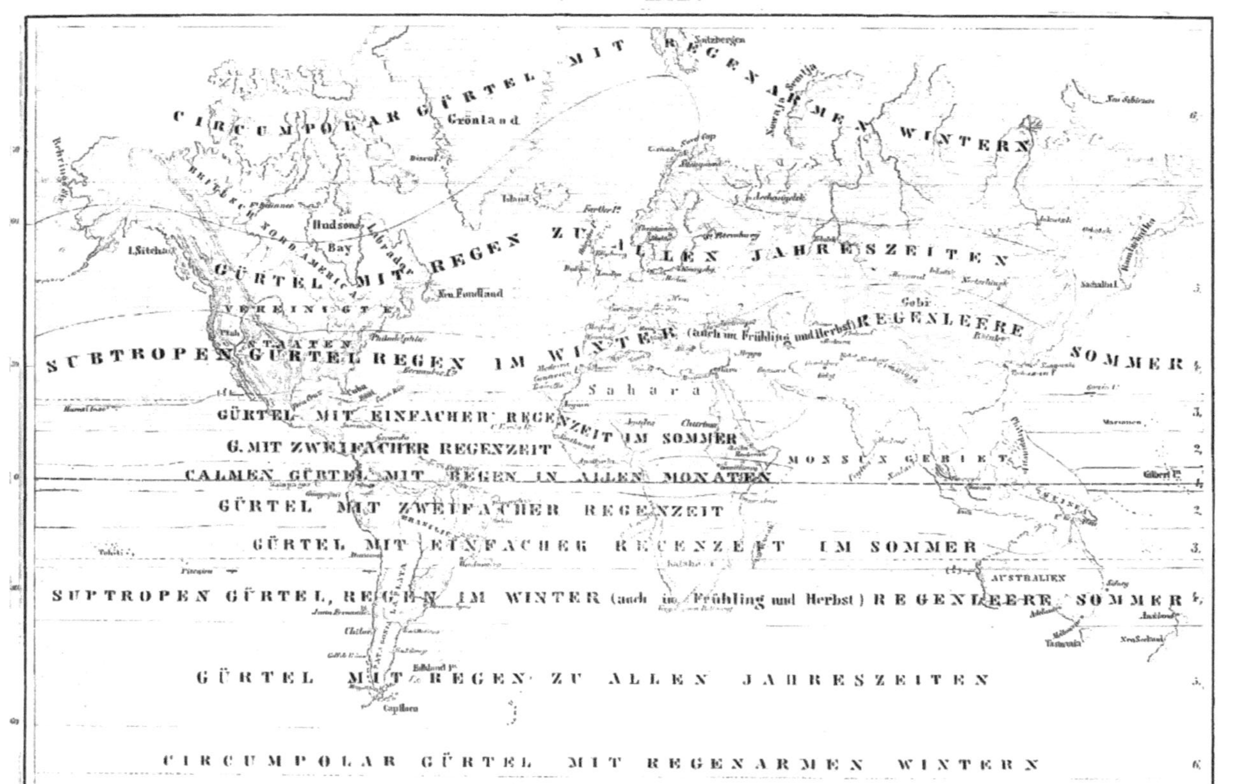

Zeitfracht Medien GmbH
Ferdinand-Jühlke-Straße 7
99095 Erfurt, Deutschland
produktsicherheit@kolibri360.de